JN154296

シリーズ 情報科学における確率モデル **2**

Series on Stochastic Models in Informatics and Data Science

ボルツマンマシン

恐神　貴行【著】

コロナ社

刊行のことば

われわれを取り巻く環境は，多くの場合，確定的というよりもむしろ不確実性にさらされており，自然科学，人文・社会科学，工学のあらゆる領域において不確実な現象を定量的に取り扱う必然性が生じる。「確率モデル」とは不確実な現象を数理的に記述する手段であり，古くから多くの領域において独自のモデルが考案されてきた経緯がある。情報化社会の成熟期である現在，幅広い裾野をもつ情報科学における多様な分野においてさえも，不確実性下での現象を数理的に記述し，データに基づいた定量的分析を行う必要性が増している。

一言で「確率モデル」といっても，その本質的な意味や粒度は各個別領域ごとに異なっている。統計物理学や数理生物学で現れる確率モデルでは，物理的な現象や実験的観測結果を数理的に記述する過程において不確実性を考慮し，さまざまな現象を説明するための描写をより精緻化することを目指している。一方，統計学やデータサイエンスの文脈で出現する確率モデルは，データ分析技術における数理的な仮定や確率分布関数そのものを表すことが多い。社会科学や工学の領域では，あらかじめモデルの抽象度を規定したうえで，人工物としてのシステムやそれによって派生する複雑な現象をモデルによって表現し，モデルの制御や評価を通じて現実に役立つ知見を導くことが目的となる。

昨今注目を集めている，ビッグデータ解析や人工知能開発の核となる機械学習の分野においても，確率モデルの重要性は十分に認識されていることは周知の通りである。一見して，機械学習技術は，深層学習，強化学習，サポートベクターマシンといったアルゴリズムの違いに基づいた縦串の分類と，自然言語処理，音声・画像認識，ロボット制御などの応用領域の違いによる横串の分類によって特徴づけられる。しかしながら，現実の問題を「モデリング」するためには経験とセンスが必要であるため，既存の手法やアルゴリズムをそのまま適用するだけでは不十分であることが多い。

本シリーズでは，情報科学分野で必要とされる確率・統計技法に焦点を当て，個別分野ごとに発展してきた確率モデルに関する理論的成果をオムニバス形式で俯瞰することを目指す。各分野固有の理論的な背景を深く理解しながらも，理論展開の主役はあくまでモデリングとアルゴリズムであり，確率論，統計学，最適化理論，学習理論がコア技術に相当する。このように「確率モデル」にスポットライトを当てながら，情報科学の広範な領域を深く概観するシリーズは多く見当たらず，データサイエンス，情報工学，オペレーションズ・リサーチなどの各領域に点在していた成果をモデリングの観点からあらためて整理した内容となっている。

本シリーズを構成する各書目は，おのおのの分野の第一線で活躍する研究者に執筆をお願いしており，初学者を対象とした教科書というよりも，各分野の体系を網羅的に著した専門書の色彩が強い。よって，基本的な数理的技法をマスターしたうえで，各分野における研究の最先端に上り詰めようとする意欲のある研究者や大学院生を読者として想定している。本シリーズの中に，読者の皆さんのアイデアやイマジネーションを掻き立てるような座右の書が含まれていたならば，編者にとっては存外の喜びである。

2018年11月

編集委員長　土肥　正

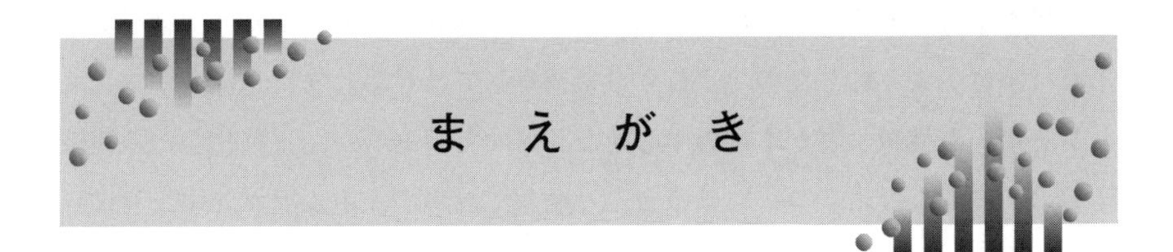

まえがき

筆者とボルツマンマシンとの出会いは2013年のことである。その前にも何度かすれ違っていると思うが，出会いには至っていない。そのころ「複数の選択肢から人がなにを選択するかをデータから学習する」という研究テーマに取り組んでいた。筆者が考えていたモデルをボルツマンマシンとして定式化して，さらに拡張してくれた[81),85)†]のが大塚誠氏である。また，大塚氏が取り組んでいた動的ボルツマンマシンの研究[82),83)]にも一緒に取り組むようになった。それからボルツマンマシンに関係する研究を行ってきて[22),23),76),79),80),82),83)]，2017年には人工知能の国際会議International Joint Conference on Artificial Intelligence（IJCAI-17）においてチュートリアルも実施した[77),78)]。

その過程で，ボルツマンマシンに関する既存研究を調査し，それを筆者が納得できるように理解しようと努めてきた。その中で筆者が理解したことを，筆者の言葉でまとめたのが本書である。その結果，勾配法から強化学習まで広範な話題を扱いつつ，その中のいくつかの話題については深く掘り下げることになった。深く掘り下げた話題については，結果を導出するだけでなく，直感的な理解が得られるように努めた。これは，難しい事柄を真に理解させてくれた書籍の影響を受けたものであり，Vašek Chvátal，Mor Harchol-Balter，Sheldon M. Ross，Steven E. Shreveといった著者の影響を強く受けている。これらの著者の域には残念ながら達していないが，直感的な理解を助けるような説明を本書にもいくつか取り入れられたと思う。

本書はボルツマンマシンに関する話題を網羅的に集めたものではないが，ボルツマンマシン・機械学習・強化学習に関わる重要な話題を盛り込んでいる。ボルツマンマシンに関するいくつかの話題は深く掘り下げているが，簡単に触れ

---

† 肩付き数字は，巻末の引用・参考文献の番号を表す。

ただけの話題もあり，まったく触れていない話題も多くある。参考文献をできるだけ挙げるようにしたので，これらで補足してほしい。また，ボルツマンマシンを用いた機械学習が本書の中心的なテーマではあるが，正則化などの機械学習の一般的な技術についてはほとんど触れておらず，ボルツマンマシンに特有な点を中心に取り上げている。本書を読み進めるうえで機械学習の知識は必要ではないが，ボルツマンマシンを機械学習の実問題に適用するには，本書の内容だけでは不十分である。優れた書籍が多くあるので[1),12),69),109),134),135)]，これらで機械学習を学んで欲しい。一方で，強化学習は基礎的な事柄から説明を始めた。そうしないとボルツマンマシンを強化学習でどのように使うのかを説明するのが難しいこともあるが，筆者の興味によるところも大きい。結果的に，7章は強化学習の入門にもなる内容になっている。

原稿に目を通していただき，詳細にコメントをくださった吉住貴幸氏に深く感謝いたします。

2018年12月

恐神　貴行

目　次

第3章 サンプリングと期待値の評価

第4章 深層モデルとその他の関連するモデル

第5章　時系列モデルの学習

第6章　時系列モデルのオンライン学習

第7章 強化学習

1 はじめに

2006年頃のG.E. Hintonらによるボルツマンマシンに関わる研究成果[35),36)]によってボルツマンマシンが広く注目されるようになったが，これが深層学習に注目が集まるきっかけともなった。この深層学習との関わりからも想像できるように，ボルツマンマシンのパラメータをデータから「学習する」ことで，さまざまなタスクにボルツマンマシンを適用できるようになる。ボルツマンマシンとはなにか，学習するとはどういうことか，学習によってなにができるようになるのか，これらが本章のテーマである。また，勾配法や確率的勾配法を適用してボルツマンマシンを学習することが多いので，これらの基礎についても本章で確認しておこう。

1.1 ボルツマンマシンと深層学習

深層学習（deep learning）は，データに基づいてモデルを定める（学習する），**機械学習**（machine learning）の一つの手法である。例えば，データが入力と出力の対（つい）からなるときには，入力と出力の関係を学習する。学習された機械学習モデルは，未知の入力に対して出力を予測できることが期待される。

機械学習モデルの一つが，**人工ニューラルネットワーク**（artificial neural network）であり，ボルツマンマシンは人工ニューラルネットワークの一つである。人工ニューラルネットワークは，生物の**神経細胞網**（neural network）を模倣した機械学習モデルと説明することもできるが，生物の神経細胞網が完全に解明されているわけではなく，なにをもって生物の神経細胞網を模倣できているといえるかもはっきりしない。また，生物の神経細胞網の理解を深めるための人工ニューラルネットワークであれば，生物の神経細胞網と似ていることが望ましいが，機械学習モデルとしての人工ニューラルネットワークは生物の神経細胞網と必ずしも似ている必要はない。

ここでは，人工ニューラルネットワークとは，つながりを持つ複数の**ユニット**（unit）からなるモデル（ネットワーク）であり，機械学習モデルとして使われたときに

① データを少しずつ使いながら逐次的にモデルを改善可能で，
② 必要な計算が各ユニットで分散して実行可能で，
③ 各ユニットで行われる演算はそのユニットの近くにある情報だけで計算可能である，

という性質を持つものと考えよう。生物の神経細胞網も，**神経細胞**（neuron）というユニットがつながったものであり，逐次的に学習が行われ，すべての情報処理は分散して，また局所的に行われているだろう。これらの点で，人工ニューラルネットワークは生物の神経細胞網と似ていると考える。

データを少しずつ逐次的に使うことで，人工ニューラルネットワークは一度に主記憶装置（メモリ）に載らないような大量のデータを活用できる。また，人工ニューラルネットワークは，多数のユニットの値の組合せで情報を表現（分散表現）するので，高次元のデータを効率的に扱うことができる。人工ニューラルネットワークを用いた機械学習においては，必ずしも各種計算を各ユニットごとに行う必要はないが，局所的な情報を用いて分散処理できるという性質が並列処理を可能にする。これにより，多数のユニットを用いた大規模で複雑な人工ニューラルネットワークで，高次元データに潜む複雑な関係を学習できるようになる。また，大規模で複雑なモデルを学習するにはデータが大量に必要で，それを可能にするのが逐次的な学習である。

ボルツマンマシンも逐次的に学習を進めることができる。また，特別な構造を持つときには，必要な計算を局所的な情報を用いて分散処理できる。特に，ボルツマンマシンは，確率的な人工ニューラルネットワークである。すなわち，

ボルツマンマシンは，高次元パターンの複雑な確率分布を，大量のデータから逐次的に学習することができる。例えば，データが入力と出力の対からなるときには，ボルツマンマシンは，入力が所与のときの出力の確率分布を学習することができる。これに対して，決定的な（非確率的な）人工ニューラルネットワークは，入力に対して出力を一意に返す決定的な関数を学習する。

深層学習では，多数の層を持つ複雑なモデルを用いて，データに潜む複雑な関係を，大量のデータを用いて学習する。例えば，**図 1.1** のように，入力層と出力層の間に，多数の中間層を挟むような人工ニューラルネットワークを用いる。このような人工ニューラルネットワークをうまく学習すると，中間の層が入力の表現ないし**特徴量**（feature）を表すようになることがある。これを**表現学習**（representation learning）という。

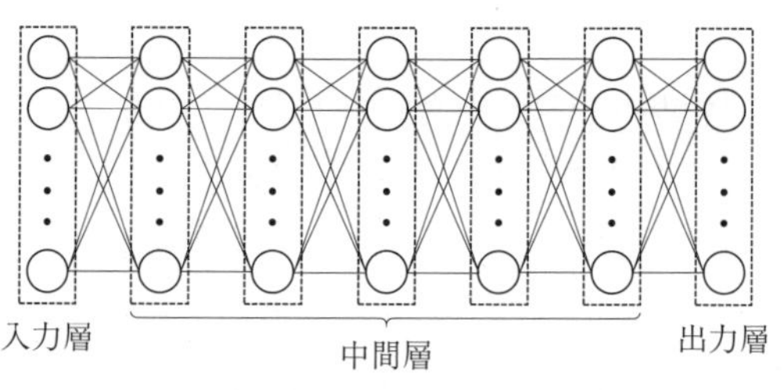

図 1.1　深層ネットワーク

深層学習が生まれる前の機械学習においては，人が特徴量を巧みに設計するのが普通であった。生データから特徴量を抽出して，特徴量を機械学習モデルに入力して，データに潜む関係を学習する。これに対して深層学習では，生データを機械学習モデルに入力しても，表現学習によって特徴量がデータから学習され，その特徴量を用いてデータに潜む関係が学習されることが期待できる。

この深層学習が脚光を浴びるきっかけが，ボルツマンマシンを用いた多層の人工ニューラルネットワークの学習に関わる 2006 年ごろの研究成果[35),36)] である。多層の人工ニューラルネットワークは 1960 年代には考えられていたといわれる[105)] が，ほかの機械学習モデルと比べて特に良い性能が出ていたわけではなかった。これにはさまざまな理由が考えられるだろう。

その一つ目は，多層の人工ニューラルネットワークを学習するには十分なデータがなかったこと。特に入力と出力の関係を学習するのに必要な，出力であるラベル（例えば，画像に対する分類ラベル）の付いたデータの量が限られていた。

二つ目は，多層の人工ニューラルネットワークで十分に学習を進めるには，計算機資源が不足していたこと。

三つ目は，学習の手法，すなわちアルゴリズムが十分に洗練されていなかったことである。

これらの三つの理由はたがいに関連するものであり，例えば大量のデータと，大規模な計算機資源があれば，アルゴリズムがあまり洗練されていなくても，多層の人工ニューラルネットワークのような複雑なモデルをうまく学習できることもあるだろう。

2006 年に G.E. Hinton らは，多層の人工ニューラルネットワーク（深層信念ネットワーク）をボルツマンマシンを用いて層ごとに学習する手法[35)]を発表した。この手法により，表現学習が行われ，手書き文字の分類の誤り率を，それまでの 1.4%から，1.2%に下げられることが示された[35),36)]。このボルツマンマシンを用いた深層学習は，4 章で詳しく取り上げる。

これがきっかけとなって，多層の人工ニューラルネットワークの研究や応用が盛んになった。2011 年ごろからは，画像の分類[54),136)]や音声認識[107)]などのタスクで圧倒的な精度を達成するようになり，深層学習が広く注目を浴びるようになった。

ところが，ボルツマンマシンを用いた多層の人工ニューラルネットワークは，その中で必ずしも中心的な役割を果たしてきたわけではない。例えば画像の分類には，**畳込みニューラルネットワーク**（convolutional neural network）のような非確率的な多層の人工ニューラルネットワークが盛んに用いられてきたのである。また，音声認識では，**再帰的ニューラルネットワーク**（recurrent neural network）[38),96)]も本質的な役割を果たしている。

しかし，高次元の複雑な確率分布を学習できるというボルツマンマシンの特長は，ほかの多くの人工ニューラルネットワークにはないものであり，特に生成モデルとして重要な役割を担っていくだろう。すなわち，ボルツマンマシンは，データから学習した確率分布に従って，新しいサンプルを生成できる。例えば，猫の画像を学習データとして，猫の画像の確率分布を学習したら，その確率分布に従って，（学習データにはない）新たな猫の画像を生成するといった使われ方が考えられる。

1.2 ボルツマンマシンの定義

ボルツマンマシン（Boltzmann machine）[3),37)] は，ユニット（ノード）とそのつながりからなり，ユニットがたがいに接続した**無向グラフ**（undirected graph）で表すことができる。ボルツマンマシンの一例を図 **1.2** に示すが，円がユニットを表し，線で結ばれたユニットどうしが接続されている。

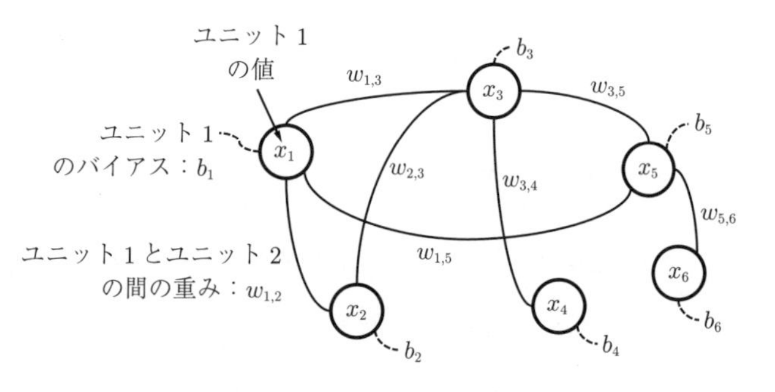

図 **1.2** ボルツマンマシン

各ユニットは0か1の二値を確率的にとる。ユニット数を N とし，各 $i \in [1, N]$ について，確率変数 X_i を i 番目のユニットの値とする。また，これらの N 個の確率変数（$X_1, \cdots, X_N$）をまとめて，列ベクトル $\boldsymbol{X}$ で表す。特に確率的であることを意味しないときには，x_i でユニット i の値を表し，列ベクトル $\mathbf{x}$ で N 個のユニットの値を表す。

ボルツマンマシンは，**バイアス**（bias）と**重み**（weight）の 2 種類のパラメータを持つ。各 $i \in [1, N]$ について，i 番目のユニットのバイアスを b_i とし，各 $(i, j) \in \{(i, j) \mid 1 \leq i < j \leq N\}$ について，i 番目のユニットと j 番目のユニットの間の重みを $w_{i,j}$ とする。また，すべてのユニットのバイアスをまとめて列ベクトル $\mathbf{b}$ で書き，すべてのユニット対(つい)の重みをまとめて行列 $\mathbf{W}$ で表すことにする[†1]。すなわち，$\mathbf{W}$ の (i, j) 要素は $w_{i,j}$ である。ただし，すべての $i \geq j$ について $w_{i,j} = 0$ とし，また直接接続されていないノード対 (i, j) についても $w_{i,j} = 0$ とする。

以下では，バイアスと重みをまとめて，ボルツマンマシンのパラメータを

$$\boldsymbol{\theta} \equiv (b_1, \cdots, b_N, w_{1,2}, \cdots, w_{N-1,N}) \tag{1.1}$$

で表す。また，$\boldsymbol{\theta} = (\mathbf{b}, \mathbf{W})$ と表すこともある。

ボルツマンマシンの各ユニットの値 $\mathbf{x}$ とパラメータの値 $\boldsymbol{\theta}$ が決まると，ボルツマンマシンの**エネルギー**（energy）$E_{\boldsymbol{\theta}}(\mathbf{x})$ が次式で決まる[†2]。

$$E_{\boldsymbol{\theta}}(\mathbf{x}) = -\sum_{i=1}^{N} b_i\, x_i - \sum_{i=1}^{N-1} \sum_{j=i+1}^{N} w_{i,j}\, x_i\, x_j \tag{1.2}$$

$$= -\mathbf{b}^\top \mathbf{x} - \mathbf{x}^\top \mathbf{W}\, \mathbf{x} \tag{1.3}$$

このエネルギーの定義を使って，パラメータ $\boldsymbol{\theta}$ を持つボルツマンマシンは，二値ベクトル（パターン）$\mathbf{x}$ についての確率分布を次式で定義する[†3]。

$$\mathbb{P}_{\boldsymbol{\theta}}(\mathbf{x}) = \frac{\exp\left(-E_{\boldsymbol{\theta}}(\mathbf{x})\right)}{\sum_{\tilde{\mathbf{x}}} \exp\left(-E_{\boldsymbol{\theta}}(\tilde{\mathbf{x}})\right)} \tag{1.4}$$

---

†1 本書では，ベクトルを太字の小文字で $\mathbf{b}$ のように表記し，行列を太字の大文字で $\mathbf{W}$ のように表記する。また，確率変数は大文字の斜体で X のように表記して，確率変数のベクトルは太字で斜体の大文字で $\boldsymbol{X}$ のように表記する。

†2 本書では，$\mathbf{b}$ のように太字の小文字で表記されるベクトルは列ベクトルであるとし，記号 $\top$ でベクトルや行列の転置を表記する。

†3 本書では，確率分布を $\mathbb{P}$ や $\mathbb{Q}$ などで表記するが，どの確率分布かを特定するために $\mathbb{P}_{\boldsymbol{\theta}}$ や $\mathbb{P}_{\mathrm{target}}$ のように添え字をつけることがある。また，期待値は $\mathbb{E}$ で表記して，同様に添え字を使って，どの確率分布についての期待値かを特定する。なお，斜体の大文字 E でエネルギーを表記するので，期待値と混同しないように注意されたい。

ただし，$\tilde{\mathbf{x}}$ についての和は，すべての可能な N ビットの二値ベクトル（各ユニットがとりうる値のすべての可能な組合せ）についての和とする†。すなわち，パターン $\mathbf{x}$ のエネルギーの値が高いほど，$\mathbf{x}$ が生成される確率が小さくなる。

式 (1.4) の右辺の分母

$$Z \equiv \sum_{\tilde{\mathbf{x}}} \exp\left(-E_{\boldsymbol{\theta}}(\tilde{\mathbf{x}})\right) \tag{1.5}$$

は**分配関数**（partition function）とも呼ばれる。この分配関数は 2^N 個の項の和であり，N が大きいときには計算量的に評価が困難になる。この計算量的困難さへの対処方法は 3 章で考えるが，それまでは分配関数を評価できるものとして議論を進めていこう。

1.3 ボルツマンマシンの可能性

ボルツマンマシンは二値ベクトルの確率分布 $\mathbb{P}_{\boldsymbol{\theta}}(\cdot)$ を定義するので，パラメータ $\boldsymbol{\theta}$ を適切に定めることで，与えられた二値ベクトルの確率分布 $\mathbb{P}_{\mathrm{target}}(\cdot)$ を $\mathbb{P}_{\boldsymbol{\theta}}(\cdot)$ で近似することができる。典型的には，二値ベクトルの集合が学習データとして与えられるが，この学習データがある確率分布 $\mathbb{P}_{\mathrm{target}}(\cdot)$ からサンプリングされたと考える。以下では，$\mathbb{P}_{\mathrm{target}}(\cdot)$ を学習対象の確率分布と呼び，$\mathbb{P}_{\mathrm{target}}(\cdot)$ からのサンプルまたは $\mathbb{P}_{\mathrm{target}}(\cdot)$ に基づいて $\boldsymbol{\theta}$ を決めることを学習と呼ぶ。

図 **1.3** に示すボルツマンマシンの各ユニットは，学習対象のパターンの各ビットと対応している。このように，学習対象のパターンと対応しているユニットを**可視ユニット**（visible unit）と呼ぶ。ところが，可視ユニットだけで表現できる確率分布は限られており，学習対象の確率分布をボルツマンマシンでうまく近似できないことがある（2.2.1 項参照）。

そこで，図 **1.4** のように，学習対象のパターンと対応しない**隠れユニット**（hidden unit）をボルツマンマシンに持たせるのが一般的である。ボルツマン

† 本書では，あるベクトルが取りうるすべての値についての和を表す際のベクトルは，太字の小文字の上にチルダ（˜）やチェック（ˇ）をつけて $\tilde{\mathbf{x}}$ や $\check{\mathbf{x}}$ などと表記する。

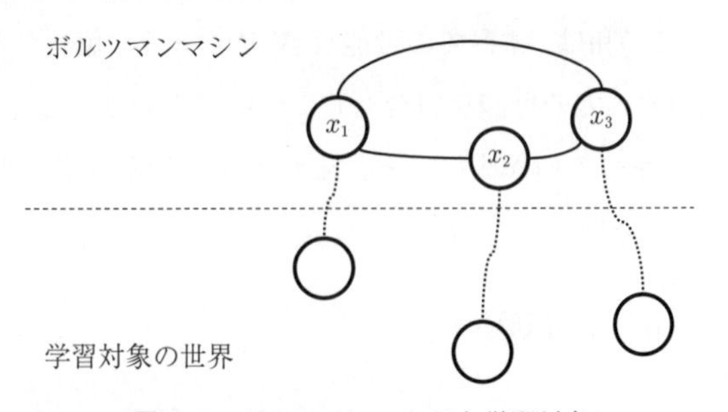

図 **1.3**　ボルツマンマシンと学習対象

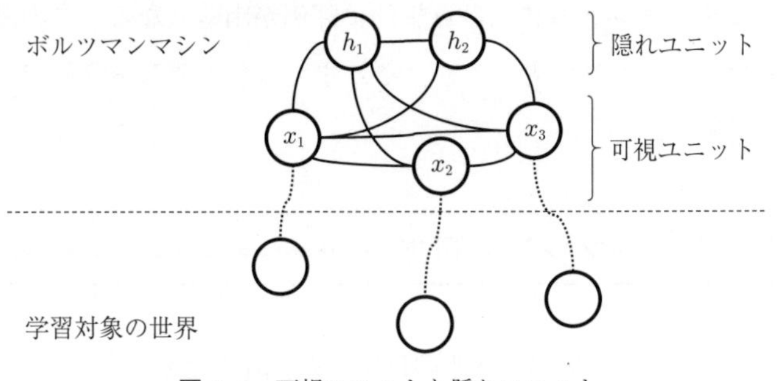

図 **1.4**　可視ユニットと隠れユニット

マシンに隠れユニットを十分に多く持たせることで，任意の二値ベクトルの確率分布を，任意の精度で近似できるようになる。

学習対象の確率分布 $\mathbb{P}_{\mathrm{target}}(\cdot)$ を $\mathbb{P}_{\boldsymbol{\theta}}(\cdot)$ で近似できたら，$\mathbb{P}_{\boldsymbol{\theta}}(\cdot)$ に従って新たにパターンのサンプルを生成することで，$\mathbb{P}_{\mathrm{target}}(\cdot)$ からのサンプルを近似的に得ることができる。このように，所望の確率分布に従ってサンプルを生成できるモデルが**生成モデル**（generative model）である。

猫の画像を生成できるような生成モデルを考えよう。猫の画像の真の確率分布 $\mathbb{P}_{\mathrm{target}}(\cdot)$ がわかれば，$\mathbb{P}_{\mathrm{target}}(\cdot)$ からサンプリングすればよいが，$\mathbb{P}_{\mathrm{target}}(\cdot)$ を知ることは難しく，また，かりに $\mathbb{P}_{\mathrm{target}}(\cdot)$ がわかったとしても，効率的にサンプリングすることは難しいかもしれない。このような場合でも，手元に得られている猫の画像が $\mathbb{P}_{\mathrm{target}}(\cdot)$ に従って生成されたものと考えれば，これらの画像の集合を学習データとして，$\mathbb{P}_{\mathrm{target}}(\cdot)$ を近似する $\mathbb{P}_{\boldsymbol{\theta}}(\cdot)$ を学習することができる。$\mathbb{P}_{\boldsymbol{\theta}}(\cdot)$ が $\mathbb{P}_{\mathrm{target}}(\cdot)$ をうまく近似するのであれば，$\mathbb{P}_{\boldsymbol{\theta}}(\cdot)$ に従ってサン

プルを生成することで，新しい猫の画像を得ることができるだろう。$\mathbb{P}_{\boldsymbol{\theta}}(\cdot)$ が $\mathbb{P}_{\mathrm{target}}(\cdot)$ を近似するとはどういうことか，またどのようにして $\boldsymbol{\theta}$ を学習できるかについては，2章で考えよう。

また，可視ユニットは入力ユニットと出力ユニットに分けることができる（図 **1.5** 参照）。入力ユニットと出力ユニットを持つボルツマンマシンは，入力パターン $\mathbf{x}$ が所与のときの出力パターンの条件付き確率分布 $\mathbb{P}_{\boldsymbol{\theta}}(\cdot \mid \mathbf{x})$ を表すことができる。このときの学習対象は，条件付き確率分布 $\mathbb{P}_{\mathrm{target}}(\cdot \mid \mathbf{x})$ となる。

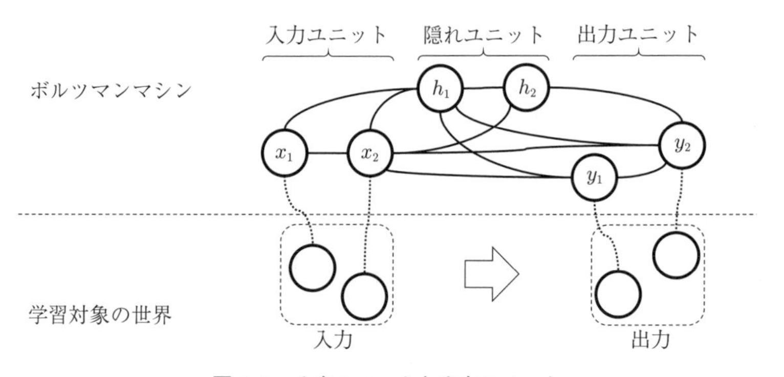

図 **1.5**　入力ユニットと出力ユニット

典型的には，入力パターンと出力パターンの対 $(\mathbf{x}, \mathbf{y})$ の集合が学習データとして与えられる。入力パターンが顔の画像で，出力パターンが「嬉（うれ）しい」「悲しい」などの感情を二値ベクトルで表したラベルだとしよう。嬉しそうな表情でも，実際は悲しかったりすることもあるだろうが，嬉しそうな表情のときは嬉しい確率が高い。そのように考えると，顔の画像が与えられたときの感情は確率分布で表すのが理にかなっているだろう。顔の画像 $\mathbf{x}$ に対して，真の条件付き確率分布 $\mathbb{P}_{\mathrm{target}}(\cdot \mid \mathbf{x})$ から感情が生成されたと考えて，任意の $\mathbf{x}$ について $\mathbb{P}_{\mathrm{target}}(\cdot \mid \mathbf{x})$ を近似する $\mathbb{P}_{\boldsymbol{\theta}}(\cdot \mid \mathbf{x})$ を学習できたとしよう。感情を知りたい顔の画像 $\mathbf{x}$ が与えられたときには，条件付き確率 $\mathbb{P}_{\boldsymbol{\theta}}(\mathbf{y} \mid \mathbf{x})$ の最も大きい感情 $\mathbf{y}$ を見つけることで，感情の判別ができるだろう。このように，与えられた入力に対して，その入力が属するクラスを出力できるモデルを**判別モデル**（discriminative model）と呼ぶ。

入力と出力を入れ替えて，感情 $\mathbf{y}$ を入力とし，顔の画像 $\mathbf{x}$ を出力と考えてみよう。このとき，ボルツマンマシンの条件付き確率分布 $\mathbb{P}_{\boldsymbol{\theta}}(\cdot \mid \mathbf{y})$ で，感情を所与としたときの顔の画像の条件付き確率分布 $\mathbb{P}_{\mathrm{target}}(\cdot \mid \mathbf{y})$ を近似できれば，「嬉しい」という入力に対して，嬉しいときの顔の画像を $\mathbb{P}_{\boldsymbol{\theta}}(\cdot \mid \mathbf{y})$ から確率的に生成できるようになる。このときのボルツマンマシンは，条件付きの生成モデルと呼んだほうがタスクの性質からはふさわしいが，本書では，条件付き確率分布を与えるという理由で判別モデルとして扱う。ボルツマンマシンを判別モデルとして学習する手法については，2.3 節で考えよう。

入力パターンに対して，実数値を推定したいこともあるだろう。例えば，食事の画像を入力として，カロリーを推定するモデルがあれば食事管理に便利である。カロリーのような実数値を出力するモデルを回帰モデルという。式 (1.3) のエネルギーや 2 章で導入する自由エネルギーを用いると，ボルツマンマシンを回帰モデルとして用いることができる。（自由）エネルギーは与えられたパターンに対して実数値を一つ決める。この関係を利用して，食事の画像に対して，ちょうどその（自由）エネルギーが食事のカロリーに対応するように，ボルツマンマシンのパラメータ $\boldsymbol{\theta}$ を決められるとよい。ボルツマンマシンを回帰モデルとして学習する手法については，2.4 節で考えよう。

観測されたパターンに基づいて，最適な行動を選びたい，または最適な意思決定をしたい，ということもあるだろう。障害物を避けながら，できるだけ早くゴールを目指すテレビゲームを例として考えよう。各時点での画面（または直近の数フレーム）を入力として，そのときに最適な行動（コントローラの動き）を出力したい。各時点で得られる得点だけを考えればよいのであれば，各行動でそのときにどれだけの得点が得られるかを回帰モデルで推定して，得られる得点が最も大きいと推定される行動を選択すればよい。ところが，高い得点が得られても，その直後に障害物にぶつかってゲームオーバーとなってしまっては，ゴールに到達することができない。ゴールに到達するには，どのような行動を取っていけばよいか，長期的な視点をもって，逐次的に行動を選んでいく必要がある。

このような**逐次的意思決定**（sequential decision making）が必要となるタ

スクにおいて，試行錯誤を通じて最適な方策を学習しようとするのが**強化学習**(reinforcement learning) である。各行動を選んだときに，その後どれだけの報酬が積算して得られるかを推定できれば，積算報酬が最も大きいと推定される行動を選ぶことができる。テレビゲームの例においては，画面を状態とし，コントローラーの動きを行動として，状態と行動の関数として，その後の積算報酬を推定したい。状態と行動の組に対して積算報酬の推定値を返す関数を価値関数と呼ぶ。価値関数は，入力パターン（状態と行動の組）に対して実数値を割り当てるという点で回帰モデルと似ているが，その学習の仕方は異なる。ボルツマンマシンを用いる強化学習の方法は，7 章で議論しよう。

標準的なボルツマンマシンのユニットは 0 か 1 の値をとるが，実数値を取るデータを扱いたいことも多い。これまで例としてあげてきた画像も，濃淡は実数値で表現される。また，機器のセンサー値は実数値で観測されることが多く，株価なども実数値を取る。ボルツマンマシンを変形して，このような実数値のパターンを取り扱えるようにする手法を 4 章で考えよう。

機器のセンサーの値や株価などは，時々刻々と変わっていく。過去の値の履歴から，将来の値を予測できれば，投資の判断材料になるだろう。時点 t での株価を $\mathbf{x}^{[t]}$ と書き，時点 $t-1$ 以前の株価の履歴を

$$\mathbf{x}^{[<t]} \equiv \left(\cdots, \mathbf{x}^{[t-2]}, \mathbf{x}^{[t-1]}\right) \tag{1.6}$$

と書こう。複数の株価を考えるときには，$\mathbf{x}^{[t]}$ はベクトルである。株価の履歴 $\mathbf{x}^{[<t]}$ を所与としたときに，つぎの時点 t の株価が条件付き確率分布 $\mathbb{P}_{\mathrm{target}}(\cdot \mid \mathbf{x}^{[<t]})$ に従うとしよう。この真の条件付き確率分布をボルツマンマシンの条件付き確率分布 $\mathbb{P}_{\boldsymbol{\theta}}(\cdot \mid \mathbf{x}^{[<t]})$ でうまく近似することができれば，将来の株価の予測に生かせる。

また，機器のセンサー値の時系列が通常時に従う条件付き確率分布 $\mathbb{P}_{\mathrm{target}}(\cdot \mid \mathbf{x}^{[<t]})$ をボルツマンマシンの条件付き確率分布 $\mathbb{P}_{\boldsymbol{\theta}}(\cdot \mid \mathbf{x}^{[<t]})$ でうまく近似できれば，異常検知に生かすこともできるだろう。すなわち，観測されたセンサー値 $\mathbf{x}^{[t]}$ の条件付き確率 $\mathbb{P}_{\boldsymbol{\theta}}(\mathbf{x}^{[t]} \mid \mathbf{x}^{[<t]})$ が異常に小さいときには，通常時のモデルでは説明できない異常が起こったと判断できる。

このように，過去の値の履歴を入力として将来の値（の確率分布）を出力するモデルを**時系列モデル**（time series model）と呼ぶ。時系列モデルは判別モデルや回帰モデルの一種と考えることもできるが，時間が経てば履歴が長くなるのが時系列の一つの特徴である。すなわち，入力パターンの長さが可変である。ボルツマンマシンを時系列モデルとして学習する手法は5章で考えよう。

さらに，時系列モデルをオンラインで学習する手法を6章で考えよう。**オンライン学習**（online learning）では，新しいパターンが観測されるたびに，パラメータ $\boldsymbol{\theta}$ を更新する。このとき新しいパターンにだけ適合するのではなく，それまでに観測されたすべてのパターンにモデルがうまく適合するように $\boldsymbol{\theta}$ を更新したい。このようなオンライン学習は，時系列データが非定常であり，データの変化に対してモデルを追随させたいときに必要になる。また，時系列データの長さや次元が大きいときには，すべてのデータをメモリに載せることができないため，各時点のパターンを一つずつ取り出して，パラメータ $\boldsymbol{\theta}$ を逐次的に更新するオンライン学習の手法が有効となる。

次章以降では，本節のおのおのの内容を詳細に議論していく。各章の間の依存関係を**図 1.6** に示している。実線の矢印は比較的強い依存関係を表し，破線

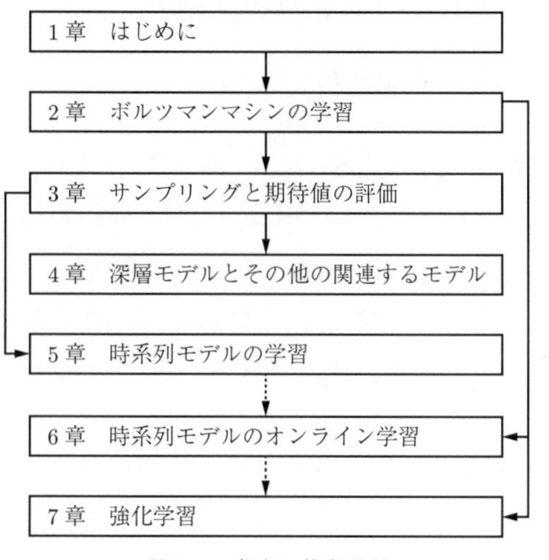

図 1.6　各章の依存関係

の矢印は弱い依存関係を表す。

1.4 学習の目的関数

次章以降でボルツマンマシンに関する具体的な問題を考える前に，学習対象の確率分布 $\mathbb{P}_{\text{target}}(\cdot)$ が与えられたときに，機械学習モデル $\mathbb{P}_{\boldsymbol{\theta}}(\cdot)$ が $\mathbb{P}_{\text{target}}(\cdot)$ を最もよく近似するように，パラメータ $\boldsymbol{\theta}$ を決める一般的な問題を考えておこう。ある確率分布から別の確率分布への近さの尺度に**カルバックライブラー**（Kullback-Leibler，**KL**）**ダイバージェンス**がある。$\mathbb{P}_{\boldsymbol{\theta}}$ から $\mathbb{P}_{\text{target}}$ への KL ダイバージェンスは次式で与えられる。

$$\begin{aligned}
&\mathrm{KL}(\mathbb{P}_{\text{target}} \,||\, \mathbb{P}_{\boldsymbol{\theta}}) \\
&\quad \equiv \sum_{\tilde{\mathbf{x}}} \mathbb{P}_{\text{target}}(\tilde{\mathbf{x}}) \log \frac{\mathbb{P}_{\text{target}}(\tilde{\mathbf{x}})}{\mathbb{P}_{\boldsymbol{\theta}}(\tilde{\mathbf{x}})} && (1.7) \\
&\quad = \sum_{\tilde{\mathbf{x}}} \mathbb{P}_{\text{target}}(\tilde{\mathbf{x}}) \log \mathbb{P}_{\text{target}}(\tilde{\mathbf{x}}) - \sum_{\tilde{\mathbf{x}}} \mathbb{P}_{\text{target}}(\tilde{\mathbf{x}}) \log \mathbb{P}_{\boldsymbol{\theta}}(\tilde{\mathbf{x}}) && (1.8)
\end{aligned}$$

$\mathbb{P}_{\text{target}}(\cdot) \equiv \mathbb{P}_{\boldsymbol{\theta}}(\cdot)$ のときに，$\mathrm{KL}(\mathbb{P}_{\text{target}} \,||\, \mathbb{P}_{\boldsymbol{\theta}}) = 0$ となるが，KL ダイバージェンスは距離尺度ではない。三角不等式は成り立たず，また，二つの分布 $\mathbb{P}$ と $\mathbb{Q}$ について一般に $\mathrm{KL}(\mathbb{P} \,||\, \mathbb{Q}) \neq \mathrm{KL}(\mathbb{Q} \,||\, \mathbb{P})$ である。

KL ダイバージェンスが最小となるように，$\boldsymbol{\theta}$ の値を求めよう[3]。式 (1.8) の最初の項は $\boldsymbol{\theta}$ と独立であるから，次式で表される第二項を最大にすればよい。

$$f(\boldsymbol{\theta}) \equiv \sum_{\tilde{\mathbf{x}}} \mathbb{P}_{\text{target}}(\tilde{\mathbf{x}}) \log \mathbb{P}_{\boldsymbol{\theta}}(\tilde{\mathbf{x}}) \tag{1.9}$$

訓練データ（training data）$\mathcal{D}$ 内のパターンの**経験分布**（empirical distribution）が $\mathbb{P}_{\text{target}}$ である場合を考えてみよう。D 個のパターン $\mathbf{x}^{(1)}, \cdots, \mathbf{x}^{(D)}$ からなる訓練データ $\mathcal{D}$ を

$$\mathcal{D} = \{\mathbf{x}^{(d)}\}_{d=1}^{D} \tag{1.10}$$

と書くと，式 (1.9) は次式で書けるようになる。

$$f(\boldsymbol{\theta}) = \frac{1}{D} \sum_{\mathbf{x} \in \mathcal{D}} \log \mathbb{P}_{\boldsymbol{\theta}}(\mathbf{x}) \tag{1.11}$$

$$= \frac{1}{D} \log \prod_{\mathbf{x} \in \mathcal{D}} \mathbb{P}_{\boldsymbol{\theta}}(\mathbf{x}) \tag{1.12}$$

最後の式 (1.12) は，$\mathbb{P}_{\boldsymbol{\theta}}$ に関する $\mathcal{D}$ の**対数尤度**（log likelihood）を D で割ったものである。ここで

$$\mathbb{P}_{\boldsymbol{\theta}}(\mathcal{D}) \equiv \prod_{\mathbf{x} \in \mathcal{D}} \mathbb{P}_{\boldsymbol{\theta}}(\mathbf{x}) \tag{1.13}$$

と定義すると，$f(\boldsymbol{\theta})$ を次式で表すことができる。

$$f(\boldsymbol{\theta}) = \frac{1}{D} \log \mathbb{P}_{\boldsymbol{\theta}}(\mathcal{D}) \tag{1.14}$$

すなわち，$\mathbb{P}_{\text{target}}$ が訓練データの経験分布であるときには，KL ダイバージェンスの最小化は，訓練データの対数尤度を最大化することにほかならない。

1.5 勾　配　法

パラメータ $\boldsymbol{\theta}$ の最適な値を見つけるために，式 (1.9) の $f(\boldsymbol{\theta})$ の $\boldsymbol{\theta}$ に関する**勾配**（gradient）$\boldsymbol{\nabla} f(\boldsymbol{\theta})$ を調べてみよう。

$$\boldsymbol{\nabla} f(\boldsymbol{\theta}) = \sum_{\tilde{\mathbf{x}}} \mathbb{P}_{\text{target}}(\tilde{\mathbf{x}}) \, \boldsymbol{\nabla} \log \mathbb{P}_{\boldsymbol{\theta}}(\tilde{\mathbf{x}}) \tag{1.15}$$

または，訓練データの対数尤度（式 (1.11)）の最大化を考えれば

$$\boldsymbol{\nabla} f(\boldsymbol{\theta}) = \frac{1}{D} \sum_{\mathbf{x} \in \mathcal{D}} \boldsymbol{\nabla} \log \mathbb{P}_{\boldsymbol{\theta}}(\mathbf{x}) \tag{1.16}$$

である。この勾配が得られたら，$f(\boldsymbol{\theta})$ の値を逐次的に増加させる勾配法を適用することができる。

勾配法の一つに，**最急上昇法**（steepest ascent method）が知られている。式 (1.16) を勾配として用いる場合の最急上昇法をアルゴリズム 1.1 に示している。

アルゴリズム 1.1　最急上昇法

1: 入力 パラメータの初期値 $\boldsymbol{\theta}$
2: **while** 停止条件が満たされるまで **do**
3: 　$\boldsymbol{\nabla} f(\boldsymbol{\theta}) \leftarrow \mathbf{0}$
4: 　**for** $\mathbf{x} \in \mathcal{D}$ **do**
5: 　　$\boldsymbol{\nabla} f(\boldsymbol{\theta}) \leftarrow \boldsymbol{\nabla} f(\boldsymbol{\theta}) + \frac{1}{D} \boldsymbol{\nabla} \log \mathbb{P}_{\boldsymbol{\theta}}(\mathbf{x})$
6: 　**end for**
7: 　$\boldsymbol{\theta} \leftarrow \boldsymbol{\theta} + \eta \boldsymbol{\nabla} f(\boldsymbol{\theta})$
8: **end while**
9: 出力 $\boldsymbol{\theta}$

最急上昇法は

$$\boldsymbol{\theta} \leftarrow \boldsymbol{\theta} + \eta \boldsymbol{\nabla} f(\boldsymbol{\theta}) \tag{1.17}$$

を繰り返し適用する。ここで，η は**学習率**（learning rate）や**ステップサイズ**（step size）などと呼ばれるが，十分に小さな η を選べば，式 (1.17) で $f(\boldsymbol{\theta})$ の値を大きくすることができるので，$f(\boldsymbol{\theta})$ の値が有界であれば最急上昇法は収束する。図 **1.7** に，最急上昇法が最適解に収束していく様子を図示する。

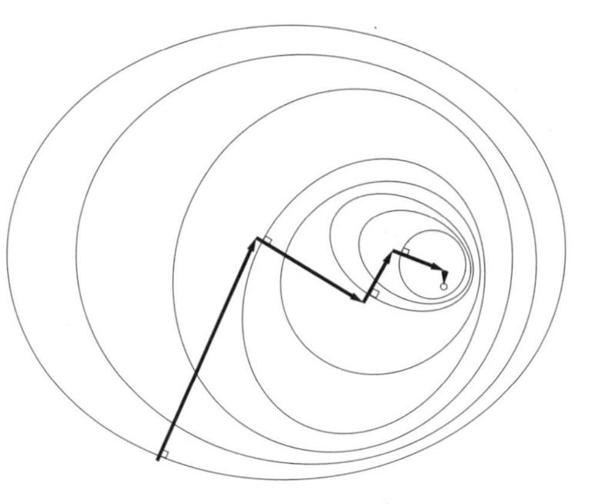

図 **1.7**　最急上昇法

最急上昇法の収束の速さは学習率に依存するが，学習率の決め方にはさまざまな方法が知られている。十分に大きな学習率から始めて，徐々に小さな学習率を試していき，最初に $f(\boldsymbol{\theta})$ の値が大きくなる学習率を用いて $\boldsymbol{\theta}$ の値を更新する手法は**直線探索**（line search）法と呼ばれる[5)]。すなわち，$f(\boldsymbol{\theta})$ の値が大きくなる学習率のなかで，できるだけ大きな学習率を用いて $\boldsymbol{\theta}$ を更新する。

どの程度の学習率が適切であるのかの感覚をつかむために，$0 < \ell \leq L$ について，$f(\cdot)$ が各点 $\boldsymbol{\theta}'$ で以下の性質を持つ場合を考えよう。

$$f(\boldsymbol{\theta}) \geq f(\boldsymbol{\theta}') + \nabla f(\boldsymbol{\theta}')^\top (\boldsymbol{\theta} - \boldsymbol{\theta}') - \frac{L}{2}||\boldsymbol{\theta} - \boldsymbol{\theta}'||^2 \tag{1.18}$$

$$f(\boldsymbol{\theta}) \leq f(\boldsymbol{\theta}') + \nabla f(\boldsymbol{\theta}')^\top (\boldsymbol{\theta} - \boldsymbol{\theta}') - \frac{\ell}{2}||\boldsymbol{\theta} - \boldsymbol{\theta}'||^2 \tag{1.19}$$

すなわち，曲率の大きな二次関数（式 (1.18) 右辺）で $f(\boldsymbol{\theta})$ を下から抑えることができ，曲率の小さな二次関数（式 (1.19) 右辺）で $f(\boldsymbol{\theta})$ を上から抑えることができる。このとき，学習率を

$$\eta = \frac{1}{L} \tag{1.20}$$

と設定すると，$f(\cdot)$ の最大値と $f(\boldsymbol{\theta})$ との差が，反復回数 k に対して $O((1-\ell/L)^k)$ で小さくなっていくことがつぎの定理 1.1 で確認できる。

定理 1.1　各点 $\boldsymbol{\theta}'$ において $f(\cdot)$ が式 (1.18)〜(1.19) を満たすと仮定し，$f(\cdot)$ の最大値を $f^\star$ とする。このとき

$$\boldsymbol{\theta}_{k+1} \leftarrow \boldsymbol{\theta}_k + \frac{1}{L} \nabla f(\boldsymbol{\theta}_k) \tag{1.21}$$

で $k = 1$ から $\boldsymbol{\theta}_k$ を更新していくと，$f^\star - f(\boldsymbol{\theta}_k)$ は $O((1-\ell/L)^k)$ で小さくなる。

【証明】　式 (1.18) に $\boldsymbol{\theta} \leftarrow \boldsymbol{\theta}_{k+1}$ と $\boldsymbol{\theta}' \leftarrow \boldsymbol{\theta}_k$ を代入すると

$$f(\boldsymbol{\theta}_{k+1}) \geq f(\boldsymbol{\theta}_k) + \nabla f(\boldsymbol{\theta}_k)^\top (\boldsymbol{\theta}_{k+1} - \boldsymbol{\theta}_k) - \frac{L}{2}||\boldsymbol{\theta}_{k+1} - \boldsymbol{\theta}_k||^2 \tag{1.22}$$

が得られるので，式 (1.21) を上式に代入すると，次式が得られる。

$$f(\boldsymbol{\theta}_{k+1}) \geq f(\boldsymbol{\theta}_k) + \frac{1}{2L}||\nabla f(\boldsymbol{\theta}_k)||^2 \tag{1.23}$$

最大値との差を

$$\Delta_k \equiv f^\star - f(\boldsymbol{\theta}_k) \tag{1.24}$$

と書いて，式 (1.23) の $f(\cdot)$ に代入すると

$$\Delta_{k+1} \le \Delta_k - \frac{1}{2L}||\boldsymbol{\nabla} f(\boldsymbol{\theta}_k)||^2 \tag{1.25}$$

が得られる。

つぎに，式 (1.19) に $\boldsymbol{\theta}' \leftarrow \boldsymbol{\theta}_k$ を代入すると，任意の $\boldsymbol{\theta}$ について

$$f(\boldsymbol{\theta}) \le f(\boldsymbol{\theta}_k) + \boldsymbol{\nabla} f(\boldsymbol{\theta}_k)^\top (\boldsymbol{\theta} - \boldsymbol{\theta}_k) - \frac{\ell}{2}||\boldsymbol{\theta} - \boldsymbol{\theta}_k||^2 \tag{1.26}$$

が成り立つので，次式が得られる。

$$f^\star = \max_{\boldsymbol{\theta}} f(\boldsymbol{\theta}) \tag{1.27}$$

$$\le \max_{\boldsymbol{\theta}} \left(f(\boldsymbol{\theta}_k) + \boldsymbol{\nabla} f(\boldsymbol{\theta}_k)^\top (\boldsymbol{\theta} - \boldsymbol{\theta}_k) - \frac{\ell}{2}||\boldsymbol{\theta} - \boldsymbol{\theta}_k||^2 \right) \tag{1.28}$$

最後の式の右辺は，$\boldsymbol{\theta}$ についての二次関数であるから

$$\boldsymbol{\theta} = \boldsymbol{\theta}_k + \frac{1}{\ell}\boldsymbol{\nabla} f(\boldsymbol{\theta}_k) \tag{1.29}$$

で最大になる。よって，式 (1.29) を式 (1.28) に代入して，次式を得ることができる。

$$f^\star \le f(\boldsymbol{\theta}_k) + \frac{1}{2\ell}||\boldsymbol{\nabla} f(\boldsymbol{\theta}_k)||^2 \tag{1.30}$$

また，式 (1.24) の Δ_k の定義から，上式は

$$\Delta_k \le \frac{1}{2\ell}||\boldsymbol{\nabla} f(\boldsymbol{\theta}_k)||^2 \tag{1.31}$$

と書ける。式 (1.31) から $||\boldsymbol{\nabla} f(\boldsymbol{\theta}_k)||^2$ の下限を得て，式 (1.25) に代入すると

$$\Delta_{k+1} \le \left(1 - \frac{\ell}{L}\right)\Delta_k \tag{1.32}$$

が得られる。よって，Δ_k が $O((1-\ell/L)^k)$ であることが示された。

◇

勾配法の中で最も単純なアルゴリズムの一つが最急上昇法であり，定理 1.1 で示される収束も，勾配法の中で最も速いわけではない。最急上昇法を改善するさまざまな勾配法[71]も知られている。また，定理 1.1 では学習率を $\eta = 1/L$

としたが，L の値は事前にわからないことが多い。このため，実用的には直線探索法などによって学習率が決められる。

どのようなときに最急上昇法が速く収束し，またどのようなときに収束が遅くなるか，**図 1.8** を見ながら考えてみよう。図 (a) は，最急上昇法の収束が遅い場合である。各ステップにおいて，局所的な最急上昇方向（勾配）の方向に進んで，解を更新している。また，各ステップで，関数の値が最も大きくなるように学習率を選んで，つぎの解を決めている。それにも関わらず，最適解への収束までに非常に多くのステップ数がかかっている。

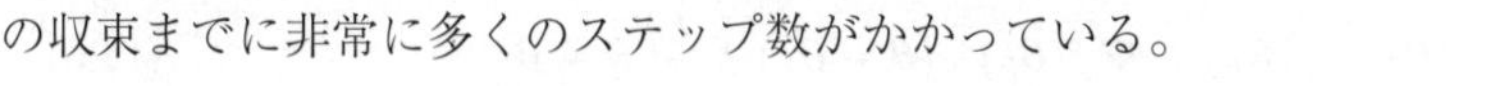

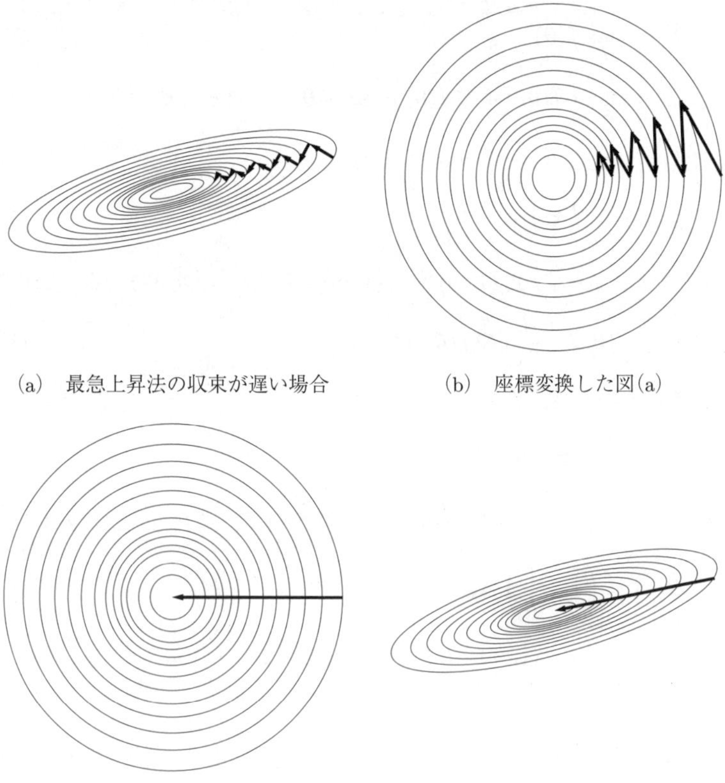

(a)　最急上昇法の収束が遅い場合　　(b)　座標変換した図 (a)

(c)　座標変換後の最急上昇法　　(d)　元の座標系での図 (c)

図 1.8　最急上昇法の収束の様子と座標変換

図 (a) の等高線は楕（だ）円形をしているが，楕円の長軸方向には関数の値がゆっくりと変化し，短軸方向には関数の値が急激に変化している。式 (1.18) で，楕円の短辺に置いた $\boldsymbol{\theta}$ と $\boldsymbol{\theta}'$ を考えると，L は大きな値をとる必要がある。また，式 (1.19) で，楕円の長辺に置いた $\boldsymbol{\theta}$ と $\boldsymbol{\theta}'$ を考えると，ℓ は小さな値をとる必要がある。よって ℓ/L は零に近い値となり，定理 1.1 の示唆する収束の速さも遅くなる。定理 1.1 は学習率を $1/L$ としているが，各ステップで関数の値が最も大きくなるように学習率を選んでも，図 (a) のような挙動になることから，最急上昇法にはなにか根本的な問題があると考えられるだろう。

図 (b) は，図 (a) の座標を変換したものである。具体的には，図 (a) の楕円の短軸方向を 4 倍に拡大する座標変換を行った。図 (a) における最急上昇法の挙動は，座標を変換すると，大きく異なって見える。特に，座標変換後は最急上昇方向に進んでいない。

座標変換後に最急上昇法を適用したのが，図 (c) である。最急上昇方向は最適解がある方向であり，学習率をうまく決めることができれば，1 ステップで最適解に到達できる。特に，この例の場合には，どの解から始めても，最急上昇方向は最適解がある方向である。

図 (c) を，図 (a) と同じ，元の座標系に戻したのが図 (d) である。元の座標系では，最急上昇方向には進んでいない。

どのように座標系を選んでも，図 (c) や図 (d) のような挙動をする勾配法が望ましい。それには，勾配だけではなく，関数の形についてもう少し詳しい情報が必要である。最急上昇法は，各解 $\boldsymbol{\theta}_0$ において

$$f(\boldsymbol{\theta}) \approx f(\boldsymbol{\theta}_0) + \boldsymbol{\nabla} f(\boldsymbol{\theta}_0)^\top (\boldsymbol{\theta} - \boldsymbol{\theta}_0) \tag{1.33}$$

のように関数 $f(\cdot)$ を近似して，そのときの最急上昇方向につぎの解を見つけにいく。これを改善するために，以下のような二次関数での近似を考えてみよう。

$$f(\boldsymbol{\theta}) \approx f(\boldsymbol{\theta}_0) + \boldsymbol{\nabla} f(\boldsymbol{\theta}_0)^\top (\boldsymbol{\theta} - \boldsymbol{\theta}_0) + \frac{1}{2} (\boldsymbol{\theta} - \boldsymbol{\theta}_0)^\top \boldsymbol{\nabla}^2 f(\boldsymbol{\theta}_0) (\boldsymbol{\theta} - \boldsymbol{\theta}_0) \tag{1.34}$$

式 (1.34) の

$$\boldsymbol{\nabla}^2 f(\boldsymbol{\theta}_0) = \begin{pmatrix} \frac{\partial^2 f(\boldsymbol{\theta}_0)}{\partial \theta_1^2} & \frac{\partial^2 f(\boldsymbol{\theta}_0)}{\partial \theta_1 \partial \theta_2} & \cdots & \frac{\partial^2 f(\boldsymbol{\theta}_0)}{\partial \theta_1 \partial \theta_n} \\ \frac{\partial^2 f(\boldsymbol{\theta}_0)}{\partial \theta_2 \partial \theta_1} & \frac{\partial^2 f(\boldsymbol{\theta}_0)}{\partial \theta_2^2} & \cdots & \frac{\partial^2 f(\boldsymbol{\theta}_0)}{\partial \theta_2 \partial \theta_n} \\ \vdots & \vdots & \ddots & \vdots \\ \frac{\partial^2 f(\boldsymbol{\theta}_0)}{\partial \theta_n \partial \theta_1} & \frac{\partial^2 f(\boldsymbol{\theta}_0)}{\partial \theta_n \partial \theta_2} & \cdots & \frac{\partial^2 f(\boldsymbol{\theta}_0)}{\partial \theta_n^2} \end{pmatrix} \tag{1.35}$$

は**ヘッセ行列**（Hessian）と呼ばれ，勾配法に有用な情報を与えてくれる。

まず，最急上昇法の学習率について改めて考えてみよう。解 $\boldsymbol{\theta}_0$ において，最急上昇方向 $\boldsymbol{\nabla} f(\boldsymbol{\theta}_0)$ が求まったら，$f(\boldsymbol{\theta}_0 + \eta\,\boldsymbol{\nabla} f(\boldsymbol{\theta}_0))$ が最も大きくなるように学習率 η を決めたい。式 (1.34) の近似を用いると

$$\begin{aligned} & f(\boldsymbol{\theta}_0 + \eta\,\boldsymbol{\nabla} f(\boldsymbol{\theta}_0)) \\ & \quad \approx f(\boldsymbol{\theta}_0) + \eta\,\boldsymbol{\nabla} f(\boldsymbol{\theta}_0)^\top\,\boldsymbol{\nabla} f(\boldsymbol{\theta}_0) + \frac{\eta^2}{2}\,\boldsymbol{\nabla} f(\boldsymbol{\theta}_0)^\top\,\boldsymbol{\nabla}^2 f(\boldsymbol{\theta}_0)\,\boldsymbol{\nabla} f(\boldsymbol{\theta}_0) \end{aligned} \tag{1.36}$$

である。右辺は η についての二次関数であるから，右辺を最大にする η は以下で与えられる。

$$\eta^\star = -\frac{\boldsymbol{\nabla} f(\boldsymbol{\theta}_0)^\top\,\boldsymbol{\nabla} f(\boldsymbol{\theta}_0)}{\boldsymbol{\nabla} f(\boldsymbol{\theta}_0)^\top\,\boldsymbol{\nabla}^2 f(\boldsymbol{\theta}_0)\,\boldsymbol{\nabla} f(\boldsymbol{\theta}_0)} \tag{1.37}$$

すなわち，ヘッセ行列がわかれば，（二次関数で近似したときに）最適な学習率を求めることができる。

また，各ステップで，式 (1.34) の右辺を最大にするように解を更新していくのが**ニュートン法**（Newton's method）である。ヘッセ行列の逆行列を用いて，ニュートン法は

$$\boldsymbol{\theta}_{k+1} \leftarrow \boldsymbol{\theta}_k - \boldsymbol{\nabla}^2 f(\boldsymbol{\theta}_k)^{-1}\,\boldsymbol{\nabla} f(\boldsymbol{\theta}_k) \tag{1.38}$$

で $\boldsymbol{\theta}_k$ を更新していく。ニュートン法は，$f(\cdot)$ が二次関数であれば最適解を 1 ステップで見つけるなど，再急上昇法に比べて収束が格段に速いことがある。ヘッ

セ行列の逆行列 $\boldsymbol{\nabla}^2 f(\boldsymbol{\theta}_k)^{-1}$ が求まらなければニュートン法を適用できないが，$\boldsymbol{\nabla}^2 f(\boldsymbol{\theta}_k)^{-1}$ を推定しながら $\boldsymbol{\theta}_k$ を更新していく**準ニュートン法**（quasi-Newton method）[63),72)] もある。このほかに，図 1.8 のような座標変換に対して不変性を持つ手法として，**共役勾配法**（conjugate gradient method）[110)] なども知られている。

1.6 確率的勾配法

最急上昇法の問題点の一つは，アルゴリズム 1.1 のステップ 4 からの for ループで，訓練データ $\mathcal{D}$ 内のすべてのパターン $\mathbf{x}$ についての勾配を算出する必要がある点である。訓練データが巨大である場合には，1 回の反復に時間がかかり，十分な回数の反復ができないだろう。巨大な訓練データについての勾配の算出に時間がかかるのは，最急上昇法だけの問題ではなく，勾配を利用してパラメータを更新していく勾配法に共通する問題である。

この問題を緩和するのが**確率的勾配法**（stochastic gradient method）である。確率的勾配法では，$\mathbb{P}_{\mathrm{target}}(\cdot)$ に従ってパターン $\boldsymbol{X}(\omega)$ をサンプリングし†，このサンプルだけを用いた確率的勾配 $\boldsymbol{\nabla}\mathbb{P}_{\boldsymbol{\theta}}(\boldsymbol{X}(\omega))$ に従ってパラメータ $\boldsymbol{\theta}$ を更新する。$\mathbb{P}_{\mathrm{target}}$ が訓練データ $\mathcal{D}$ の経験分布である場合には，$\mathcal{D}$ から一様ランダムに $\boldsymbol{X}(\omega)$ をサンプリングすればよい。訓練データ $\mathcal{D}$ が与えられた場合の確率的勾配法をアルゴリズム 1.2 に示す。

アルゴリズム 1.2　確率的勾配法

1: 入力 パラメータの初期値 $\boldsymbol{\theta}'$
2: **for** $k = 1, 2, \cdots$ **do**
3: 　$\mathcal{D}$ から一様ランダムにパターン $\boldsymbol{X}(\omega)$ をサンプリング
4: 　$\boldsymbol{\theta}_k \leftarrow \boldsymbol{\theta}_{k-1} + \eta_k \boldsymbol{\nabla} \log \mathbb{P}_{\boldsymbol{\theta}_{k-1}}(\boldsymbol{X}(\omega))$
5: 　停止条件が満たされたら終了
6: **end for**
7: 出力 $\boldsymbol{\theta}_k$

† 本書では，確率変数 $\boldsymbol{X}$ が定義された確率空間の標本 ω を意識して，確率変数の実現値（サンプル）を $\boldsymbol{X}(\omega)$ で表す。

確率的勾配法の挙動を**図 1.9** に図示するが，確率的勾配法では $f(\boldsymbol{\theta})$ の値が単調に増加するとは限らない。そのため最急上昇法と同様に収束を議論することができないが，確率 1 で（局所）最適解に収束するための条件が知られている[13),93)]。

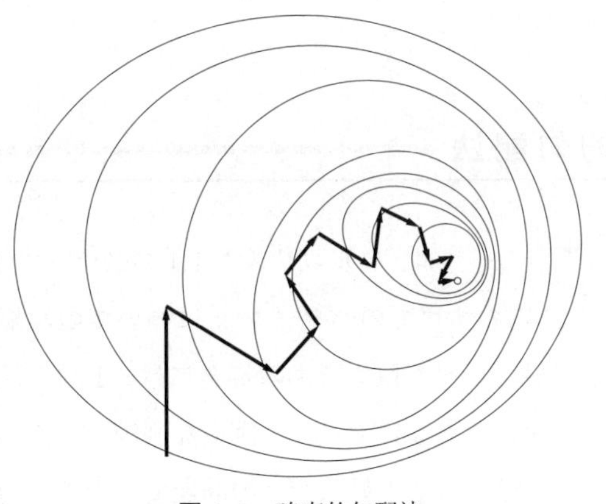

図 1.9　確率的勾配法

特にアルゴリズム 1.2 における学習率 η_k は，以下の二つの性質を満たすように選ぶとよい。

$$\sum_{k=1}^{\infty} \eta_k^2 < \infty \tag{1.39}$$

$$\sum_{k=1}^{\infty} \eta_k = \infty \tag{1.40}$$

例えば，$\eta_k = 1/k$ などがこれらの条件を満たす。

確率的勾配法が確率 1 で収束することの証明は煩雑なので，ここでは詳細には踏み入らずに，これより弱い性質について確認しておこう。具体的には，以下の二乗平均収束を証明する。

定理 1.2　　$f(\cdot)$ が式 (1.19) を満たす強凹関数であると仮定し，$f(\cdot)$ の最大値が $\boldsymbol{\theta}^\star$ で達成されるとする。また，ある正の定数 $m^2 < \infty$ について，$f(\boldsymbol{\theta})$ の確率的勾配 $\boldsymbol{G}(\boldsymbol{\theta})$ が任意の $\boldsymbol{\theta}$ について以下の二つの条件を満たすと

する。

$$\mathbb{E}[\boldsymbol{G}(\boldsymbol{\theta})] = \boldsymbol{\nabla} f(\boldsymbol{\theta}) \tag{1.41}$$

$$\mathbb{E}[\boldsymbol{G}(\boldsymbol{\theta})^2] \leq m^2 \tag{1.42}$$

このとき，正の定数 ℓ を用いて

$$\boldsymbol{\theta}_{k+1} \leftarrow \boldsymbol{\theta}_k + \frac{1}{\ell\, k} \boldsymbol{G}(\boldsymbol{\theta}_k) \tag{1.43}$$

で $k = 1$ から $\boldsymbol{\theta}_k$ を更新していくと，$\boldsymbol{\theta}_k$ の $\boldsymbol{\theta}^\star$ からの期待二乗誤差は次式で抑えられる。

$$\mathbb{E}\left[||\boldsymbol{\theta}_k - \boldsymbol{\theta}^\star||^2\right] < \frac{c}{k} \tag{1.44}$$

ただし，c は次式で定義される定数である。

$$c \equiv \max\left\{||\boldsymbol{\theta}_1 - \boldsymbol{\theta}^\star||^2, \frac{m^2}{\ell^2}\right\} \tag{1.45}$$

【証明】　まず，$k+1$ 回目の更新後の期待二乗誤差と k 回目の更新後の期待二乗誤差の関係を調べよう。式 (1.43) より，以下が得られる。

$$\begin{aligned}
&||\boldsymbol{\theta}_{k+1} - \boldsymbol{\theta}^\star||^2 \\
&\quad = ||\boldsymbol{\theta}_k + \frac{1}{\ell\, k} \boldsymbol{G}(\boldsymbol{\theta}_k) - \boldsymbol{\theta}^\star||^2 && (1.46) \\
&\quad = ||\boldsymbol{\theta}_k - \boldsymbol{\theta}^\star||^2 + \frac{2}{\ell\, k} \boldsymbol{G}(\boldsymbol{\theta}_k)^\top (\boldsymbol{\theta}_k - \boldsymbol{\theta}^\star) + \frac{1}{\ell^2 k^2} ||\boldsymbol{G}(\boldsymbol{\theta}_k)||^2 && (1.47)
\end{aligned}$$

両辺について，$\boldsymbol{\theta}_k$ を所与としたときの確率的勾配 $\boldsymbol{G}(\boldsymbol{\theta}_k)$ の分布に関する期待値をとると

$$\begin{aligned}
\mathbb{E}\left[||\boldsymbol{\theta}_{k+1} - \boldsymbol{\theta}^\star||^2 \mid \boldsymbol{\theta}_k\right] &= ||\boldsymbol{\theta}_k - \boldsymbol{\theta}^\star||^2 + \frac{2}{\ell\, k} \mathbb{E}[\boldsymbol{G}(\boldsymbol{\theta}_k) \mid \boldsymbol{\theta}_k]^\top (\boldsymbol{\theta}_k - \boldsymbol{\theta}^\star) \\
&\quad + \frac{1}{\ell^2 k^2} \mathbb{E}\left[||\boldsymbol{G}(\boldsymbol{\theta}_k)||^2 \mid \boldsymbol{\theta}_k\right] && (1.48)
\end{aligned}$$

であるから，式 (1.41)〜(1.42) を上式に代入して

$$\mathbb{E}\left[||\boldsymbol{\theta}_{k+1} - \boldsymbol{\theta}^\star||^2 \mid \boldsymbol{\theta}_k\right]$$

$$\leq ||\boldsymbol{\theta}_k - \boldsymbol{\theta}^\star||^2 + \frac{2}{\ell k} \boldsymbol{\nabla} f(\boldsymbol{\theta}_k)^\top (\boldsymbol{\theta}_k - \boldsymbol{\theta}^\star) + \frac{m^2}{\ell^2 k^2} \tag{1.49}$$

が得られる。さらに，$\boldsymbol{\theta}_k$ の分布について両辺の期待値をとると次式が得られる。

$$\begin{aligned} &\mathbb{E}\left[||\boldsymbol{\theta}_{k+1} - \boldsymbol{\theta}^\star||^2\right] \\ &\leq \mathbb{E}\left[||\boldsymbol{\theta}_k - \boldsymbol{\theta}^\star||^2\right] + \frac{2}{\ell k} \mathbb{E}\left[\boldsymbol{\nabla} f(\boldsymbol{\theta}_k)^\top (\boldsymbol{\theta}_k - \boldsymbol{\theta}^\star)\right] + \frac{m^2}{\ell^2 k^2} \end{aligned} \tag{1.50}$$

最後の式の右辺の第二項と期待二乗誤差を関連付けるために，式 (1.19) の強凹性から以下の 2 式を得る。

$$f(\boldsymbol{\theta}^\star) \leq f(\boldsymbol{\theta}_k) + \boldsymbol{\nabla} f(\boldsymbol{\theta}_k)^\top (\boldsymbol{\theta}^\star - \boldsymbol{\theta}_k) - \frac{\ell}{2}||\boldsymbol{\theta}^\star - \boldsymbol{\theta}_k||^2 \tag{1.51}$$

$$f(\boldsymbol{\theta}_k) \leq f(\boldsymbol{\theta}^\star) + \boldsymbol{\nabla} f(\boldsymbol{\theta}^\star)^\top (\boldsymbol{\theta}_k - \boldsymbol{\theta}^\star) - \frac{\ell}{2}||\boldsymbol{\theta}_k - \boldsymbol{\theta}^\star||^2 \tag{1.52}$$

これらの 2 式を足し合わせて，$\boldsymbol{\nabla} f(\boldsymbol{\theta}^\star) = 0$ を用いると，次式が得られる。

$$\boldsymbol{\nabla} f(\boldsymbol{\theta}_k)^\top (\boldsymbol{\theta}_k - \boldsymbol{\theta}^\star) \leq -\ell\, ||\boldsymbol{\theta}_k - \boldsymbol{\theta}^\star||^2 \tag{1.53}$$

最後の式を式 (1.50) の第二項に適用すると，次式が得られる。

$$\mathbb{E}\left[||\boldsymbol{\theta}_{k+1} - \boldsymbol{\theta}^\star||^2\right] \leq \left(1 - \frac{2}{k}\right) \mathbb{E}\left[||\boldsymbol{\theta}_k - \boldsymbol{\theta}^\star||^2\right] + \frac{m^2}{\ell^2 k^2} \tag{1.54}$$

最後の不等式を用いると，定理 1.2 を帰納法で証明できる（章末問題【 1 】)。

◇

確率的勾配法の収束を加速する**確率的平均勾配法**（stochastic average gradient，**SAG**）などの手法[24),46),94)] も知られている。また，漸近的な収束の速さではなく，有限ステップでの最適解からの差（リグレット）に関する保証を与える**適応的勾配法**（adaptive gradient method，**AdaGrad**）[25)] や，これに類する手法など[13),50),91),123)] も知られている。次章以降のボルツマンマシンの学習では，必要に応じて，これらの発展的な手法を用いればよい。

章 末 問 題

【 1 】 式 (1.54) を用いて，定理 1.2 を帰納法で証明せよ。

2 ボルツマンマシンの学習

ボルツマンマシンも勾配法で学習することができる。このとき，ボルツマンマシンの構造や，学習に使うデータや，学習の際の目的関数を適切に選ぶことで，所望のタスクにボルツマンマシンを適用できるようになる。ボルツマンマシンを勾配法で学習する際に必要となる勾配や，勾配法に有用な情報を与えるヘッセ行列を本章で具体的に導出しよう。ボルツマンマシンの学習は一般には計算量的に困難であり，なにかしらの近似をするか，ボルツマンマシンの構造を限定する必要がある。これらは次章以降のテーマであるが，2.4 節の回帰モデルの学習では，特別な構造を持つボルツマンマシンである制限ボルツマンマシンを導入する。ボルツマンマシンの計算困難さを制限ボルツマンマシンがどのように克服するか味わってほしい。

2.1 可視ユニットのみの場合

可視ユニットしかない簡単な場合（前出の図 1.3 参照）から考えよう。このとき，ボルツマンマシンのエネルギーは式 (1.3) で与えられ，対応する確率分布は式 (1.4) で与えられる。

2.1.1 勾　　配

勾配 $\boldsymbol{\nabla} f(\boldsymbol{\theta})$ を求めるために，まずボルツマンマシンにおける $\boldsymbol{\nabla} \log \mathbb{P}_{\boldsymbol{\theta}}(\mathbf{x})$ の具体的な表現を求めてみよう。

$$\nabla \log \mathbb{P}_{\boldsymbol{\theta}}(\mathbf{x}) = \nabla \log \frac{\exp\left(-E_{\boldsymbol{\theta}}(\mathbf{x})\right)}{\sum_{\check{\mathbf{x}}} \exp\left(-E_{\boldsymbol{\theta}}(\check{\mathbf{x}})\right)} \tag{2.1}$$

$$= -\nabla E_{\boldsymbol{\theta}}(\mathbf{x}) - \nabla \log \sum_{\check{\mathbf{x}}} \exp\left(-E_{\boldsymbol{\theta}}(\check{\mathbf{x}})\right) \tag{2.2}$$

$$= -\nabla E_{\boldsymbol{\theta}}(\mathbf{x}) + \frac{\sum_{\check{\mathbf{x}}} \exp\left(-E_{\boldsymbol{\theta}}(\check{\mathbf{x}})\right) \nabla E_{\boldsymbol{\theta}}(\check{\mathbf{x}})}{\sum_{\tilde{\mathbf{x}}} \exp\left(-E_{\boldsymbol{\theta}}(\tilde{\mathbf{x}})\right)} \tag{2.3}$$

$$= -\nabla E_{\boldsymbol{\theta}}(\mathbf{x}) + \sum_{\check{\mathbf{x}}} \mathbb{P}_{\boldsymbol{\theta}}(\check{\mathbf{x}}) \nabla E_{\boldsymbol{\theta}}(\check{\mathbf{x}}) \tag{2.4}$$

上式の $\check{\mathbf{x}}$ に関する和は，$\tilde{\mathbf{x}}$ に関する和と同様に定義され，すべての可能な二値のパターンに関する和を表す。また，式 (2.4) は，式 (1.4) と式 (2.3) とから導かれる。

最後の式を式 (1.15) に代入すると，つぎの勾配が得られる。

$$\nabla f(\boldsymbol{\theta}) = -\sum_{\tilde{\mathbf{x}}} \mathbb{P}_{\mathrm{target}}(\tilde{\mathbf{x}}) \nabla E_{\boldsymbol{\theta}}(\tilde{\mathbf{x}})$$

$$+ \sum_{\tilde{\mathbf{x}}} \mathbb{P}_{\mathrm{target}}(\tilde{\mathbf{x}}) \sum_{\check{\mathbf{x}}} \mathbb{P}_{\boldsymbol{\theta}}(\check{\mathbf{x}}) \nabla E_{\boldsymbol{\theta}}(\check{\mathbf{x}}) \tag{2.5}$$

$$= -\sum_{\tilde{\mathbf{x}}} \mathbb{P}_{\mathrm{target}}(\tilde{\mathbf{x}}) \nabla E_{\boldsymbol{\theta}}(\tilde{\mathbf{x}}) + \sum_{\check{\mathbf{x}}} \mathbb{P}_{\boldsymbol{\theta}}(\check{\mathbf{x}}) \nabla E_{\boldsymbol{\theta}}(\check{\mathbf{x}}) \tag{2.6}$$

$$= -\sum_{\tilde{\mathbf{x}}} \left(\mathbb{P}_{\mathrm{target}}(\tilde{\mathbf{x}}) - \mathbb{P}_{\boldsymbol{\theta}}(\tilde{\mathbf{x}})\right) \nabla E_{\boldsymbol{\theta}}(\tilde{\mathbf{x}}) \tag{2.7}$$

勾配の具体的な表現が得られたので，$f(\boldsymbol{\theta})$ の値を，式 (1.17) に従って，逐次的に増加させる勾配法を適用することができる。式 (2.7) をよく見て，この勾配法に対する直感的な理解を得よう。式 (2.7) では，訓練データ内の各パターン $\tilde{\mathbf{x}}$ について，$\mathbb{P}_{\boldsymbol{\theta}}(\tilde{\mathbf{x}})$ と $\mathbb{P}_{\mathrm{target}}(\tilde{\mathbf{x}})$ を比較している。もし，$\mathbb{P}_{\boldsymbol{\theta}}(\tilde{\mathbf{x}})$ が $\mathbb{P}_{\mathrm{target}}(\tilde{\mathbf{x}})$ よりも大きかったら，エネルギー $E_{\boldsymbol{\theta}}(\tilde{\mathbf{x}})$ が大きくなるように $\boldsymbol{\theta}$ の値を更新し，その結果 $\tilde{\mathbf{x}}$ が生成されにくくなるように $\mathbb{P}_{\boldsymbol{\theta}}$ が更新される。もし，$\mathbb{P}_{\boldsymbol{\theta}}(\tilde{\mathbf{x}})$ が $\mathbb{P}_{\mathrm{target}}(\tilde{\mathbf{x}})$ よりも小さかったら，$E_{\boldsymbol{\theta}}(\tilde{\mathbf{x}})$ が小さくなるように $\boldsymbol{\theta}$ の値が更新される。$\tilde{\mathbf{x}}$ のエネルギーが高ければ $\tilde{\mathbf{x}}$ は生成されにくく，低ければ $\tilde{\mathbf{x}}$ は生成されやすい。よっ

て，全体としてみると，$\mathbb{P}_{\boldsymbol{\theta}}$ における各 $\tilde{\mathbf{x}}$ の生成確率が，$\mathbb{P}_{\mathrm{target}}$ における各 $\tilde{\mathbf{x}}$ の生成確率に近づいていく傾向がある。

式 (2.6) は，以下のように期待値を用いて書くこともできる。

$$\boldsymbol{\nabla} f(\boldsymbol{\theta}) = -\mathbb{E}_{\mathrm{target}}\left[\boldsymbol{\nabla} E_{\boldsymbol{\theta}}(\boldsymbol{X})\right] + \mathbb{E}_{\boldsymbol{\theta}}\left[\boldsymbol{\nabla} E_{\boldsymbol{\theta}}(\boldsymbol{X})\right] \tag{2.8}$$

上式の $\mathbb{E}_{\mathrm{target}}[\cdot]$ は $\mathbb{P}_{\mathrm{target}}$ に関する期待値であり，$\mathbb{E}_{\boldsymbol{\theta}}[\cdot]$ は $\mathbb{P}_{\boldsymbol{\theta}}$ に関する期待値である。また，$\boldsymbol{X}$ は，N 個のユニットのとる値を表す確率変数のベクトルである。式 (2.8) の勾配の表現は，ボルツマンマシンに限らず，エネルギーを用いて式 (1.4) で確率分布を定義する，任意の**エネルギーベースのモデル**（energy-based model）について成り立つものである。

エネルギーが式 (1.3) で与えられるモデルがボルツマンマシンであるが，この場合の勾配をさらに具体的に書きくだしてみよう。各パラメータについてエネルギーを微分すると各 $i \in [1, N]$ および各 $(i, j) \in \{(i, j) \mid 1 \leq i < j \leq N\}$ について次式が得られる。

$$\frac{\partial}{\partial b_i} E_{\boldsymbol{\theta}}(\mathbf{x}) = -x_i \tag{2.9}$$

$$\frac{\partial}{\partial w_{i,j}} E_{\boldsymbol{\theta}}(\mathbf{x}) = -x_i\, x_j \tag{2.10}$$

したがって，式 (2.8) から以下が得られる。

$$\frac{\partial}{\partial b_i} f(\boldsymbol{\theta}) = \mathbb{E}_{\mathrm{target}}[X_i] - \mathbb{E}_{\boldsymbol{\theta}}[X_i] \tag{2.11}$$

$$\frac{\partial}{\partial w_{i,j}} f(\boldsymbol{\theta}) = \mathbb{E}_{\mathrm{target}}[X_i\, X_j] - \mathbb{E}_{\boldsymbol{\theta}}[X_i\, X_j] \tag{2.12}$$

ただし，各 $i \in [1, N]$ について，i 番目のユニットのとる値を表す確率変数を X_i とする。ここで，X_i は 0 か 1 の値をとる二値変数であるから，X_i の期待値は，$X_i = 1$ となる確率と等しい。一般に，$\mathbb{E}_{\boldsymbol{\theta}}[X_i]$ や $\mathbb{E}_{\boldsymbol{\theta}}[X_i\, X_j]$ を厳密に評価するのは，計算量的に困難である。これらの期待値の評価については 3 章で議論することにして，それまでは評価できるものとして議論を進めよう。

以上をまとめると，各 $i \in [1, N]$ と各 $(i, j) \in \{(i, j) \mid 1 \leq i < j \leq N\}$ とについて，以下のようにパラメータを反復的に更新していく勾配法が導かれる。

$$b_i \leftarrow b_i + \eta \left(\mathbb{E}_{\mathrm{target}}[X_i] - \mathbb{E}_{\boldsymbol{\theta}}[X_i]\right) \tag{2.13}$$

$$w_{i,j} \leftarrow w_{i,j} + \eta \left(\mathbb{E}_{\mathrm{target}}[X_i\, X_j] - \mathbb{E}_{\boldsymbol{\theta}}[X_i\, X_j]\right) \tag{2.14}$$

直感的には，i 番目のユニットがどれだけ値 1 を取りやすいかを b_i が表しており，i 番目のユニットと j 番目のユニットがどれだけ同時に値 1 を取りやすいかを $w_{i,j}$ が表していると考えられる。例えば，$\mathbb{E}_{\boldsymbol{\theta}}[X_i\, X_j]$ が $\mathbb{E}_{\mathrm{target}}[X_i\, X_j]$ よりも小さいときには，$w_{i,j}$ の値を増加させることで $\mathbb{E}_{\boldsymbol{\theta}}[X_i\, X_j]$ を増加させる。

まず，ボルツマンマシンが出す予測 $\mathbb{E}_{\boldsymbol{\theta}}[\cdot]$ を学習対象の期待値 $\mathbb{E}_{\mathrm{target}}[\cdot]$ と比較して，$\mathbb{E}_{\boldsymbol{\theta}}[\cdot]$ が $\mathbb{E}_{\mathrm{target}}[\cdot]$ に近くなるように $\boldsymbol{\theta}$ を更新するのが，このボルツマンマシンの学習則であると考えることができる。ボルツマンマシンの学習においては，この形の学習則が頻繁に現れる。

2.1.2 確率的勾配

式 (2.6) の勾配は，つぎのように表すこともできる。

$$\boldsymbol{\nabla} f(\boldsymbol{\theta}) = \sum_{\tilde{\mathbf{x}}} \mathbb{P}_{\mathrm{target}}(\tilde{\mathbf{x}}) \left(-\boldsymbol{\nabla} E_{\boldsymbol{\theta}}(\tilde{\mathbf{x}}) + \mathbb{E}_{\boldsymbol{\theta}}\left[\boldsymbol{\nabla} E_{\boldsymbol{\theta}}(\boldsymbol{X})\right]\right) \tag{2.15}$$

すなわち，$\boldsymbol{\nabla} f(\boldsymbol{\theta})$ は

$$-\boldsymbol{\nabla} E_{\boldsymbol{\theta}}(\boldsymbol{X}) + \mathbb{E}_{\boldsymbol{\theta}}\left[\boldsymbol{\nabla} E_{\boldsymbol{\theta}}(\boldsymbol{X})\right] \tag{2.16}$$

の $\mathbb{P}_{\mathrm{target}}$ に関する期待値である。ただし，最初の $\boldsymbol{X}$ が $\mathbb{P}_{\mathrm{target}}$ に従って分布している。

式 (2.15) が $\mathbb{P}_{\mathrm{target}}$ についての期待値であるから，以下の確率的勾配法が示唆される。すなわち，各反復において，$\mathbb{P}_{\mathrm{target}}$ に従って $\boldsymbol{X}(\omega)$ をサンプリングして，次式の確率的勾配 $\boldsymbol{G}_{\boldsymbol{\theta}}(\omega)$ を求める。

$$\boldsymbol{G}_{\boldsymbol{\theta}}(\omega) \equiv -\boldsymbol{\nabla} E_{\boldsymbol{\theta}}(\boldsymbol{X}(\omega)) + \mathbb{E}_{\boldsymbol{\theta}}\left[\boldsymbol{\nabla} E_{\boldsymbol{\theta}}(\boldsymbol{X})\right] \tag{2.17}$$

そして，以下のようにパラメータ $\boldsymbol{\theta}$ を更新していくのが確率的勾配法である。

$$\boldsymbol{\theta} \leftarrow \boldsymbol{\theta} + \eta\, \boldsymbol{G}_{\boldsymbol{\theta}}(\omega) \tag{2.18}$$

学習対象の確率分布が訓練データ $\mathcal{D}$ の経験分布であるときには，$\mathcal{D}$ から一様ランダムに $\boldsymbol{X}(\omega)$ をサンプリングすればよい。

式 (2.17)，(2.18) に基づく確率的勾配法は，以下のように直感的に解釈することができる。各反復において，学習対象の確率分布（または訓練データ）からパターンを一つサンプリングして，サンプリングされたパターンのエネルギーが小さくなるようにパラメータ $\boldsymbol{\theta}$ を更新する。同時に，すべてのパターンのエネルギーを少しずつ大きくする。このときの各パターンのエネルギーの増加量は，そのときのパラメータ $\boldsymbol{\theta}$ を持つボルツマンマシンでそのパターンが生成される確率に比例するようにする（図 **2.1** 参照）。

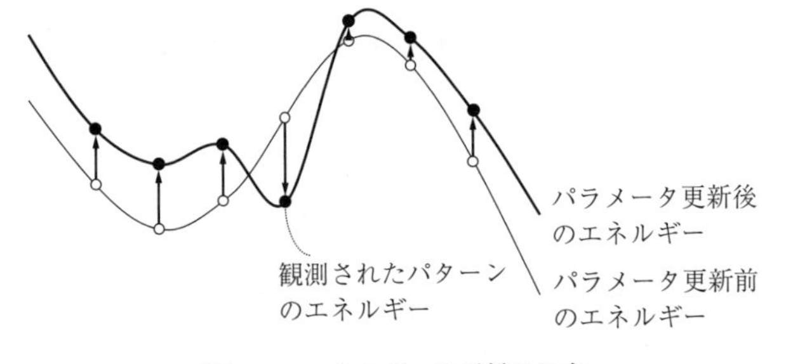

図 **2.1**　エネルギーの更新され方

ボルツマンマシンのエネルギーの具体的な形（式 (1.3)）を考慮すると，確率的勾配の具体的な表現が以下のように得られる。

$$\frac{\partial}{\partial b_i} E_{\boldsymbol{\theta}}(\mathbf{X}(\omega)) = X_i(\omega) - \mathbb{E}_{\boldsymbol{\theta}}[X_i] \tag{2.19}$$

$$\frac{\partial}{\partial w_{i,j}} E_{\boldsymbol{\theta}}(\mathbf{X}(\omega)) = X_i(\omega)\, X_j(\omega) - \mathbb{E}_{\boldsymbol{\theta}}[X_i\, X_j] \tag{2.20}$$

すなわち，学習対象の確率分布に従って，$\boldsymbol{X}(\omega)$ を繰り返しサンプリングして，以下の規則に従って，各 $i \in [1, N]$ と各 $(i, j) \in \{(i, j) \mid 1 \leq i < j \leq N\}$ について，パラメータの値を更新していけばよい。

$$b_i \leftarrow b_i + \eta \left(X_i(\omega) - \mathbb{E}_{\boldsymbol{\theta}}[X_i] \right) \tag{2.21}$$

$$w_{i,j} \leftarrow w_{i,j} + \eta \left(X_i(\omega)\, X_j(\omega) - \mathbb{E}_{\boldsymbol{\theta}}[X_i\, X_j] \right) \tag{2.22}$$

2.1.3　ヘブ則との関係

ボルツマンマシンの学習則である式 (2.22) は，神経科学で知られるヘブ則 (Hebb's rule) に対して理論的な基礎付けを与えるという点でも重要である。ヘブ則は以下のような学習規則として知られている[31)]。

> 神経細胞 A が神経細胞 B を刺激するほどに十分に近くにあり，また永続的に繰り返し A が B を発火させていると，一方の神経細胞または両方の神経細胞に成長ないし代謝変化が起こり，A が B を発火させる効率が高まる。

要約すると，「同時に発火する神経細胞間の結びつきは強くなる」[59)] ということである。

ボルツマンマシンのユニットを神経細胞に対応させると，$X_i = 1$ は i 番目の神経細胞が発火することを意味する。二つの神経細胞 i と j が同時に発火するとき（すなわち $X_i(\omega)\, X_j(\omega) = 1$），それらの二つの神経細胞間の結びつき $w_{i,j}$ が強くなることを式 (2.22) が示唆している。なお，各パラメータ値が有限であるときには，$0 < \mathbb{E}_{\boldsymbol{\theta}}[X_i\, X_j] < 1$ であるから，$w_{i,j}$ の値は多少なりとも変化する。

ボルツマンマシンの学習則は，ヘブ則によって示唆される規則だけではなく，もう一つの重要な仕組みを備えている。すなわち，二つの神経細胞（i と j）が同時に発火したときの結合強度 $w_{i,j}$ の変化量は，そのときの $\mathbb{P}_{\boldsymbol{\theta}}$ において，それらの神経細胞が同時に発火する確率に依存している。具体的には，すでに二つの神経細胞が同時に発火しやすいと期待されている（すなわち $\mathbb{E}_{\boldsymbol{\theta}}[X_i\, X_j] \approx 1$）ときには，それらの神経細胞が同時に発火して（つまり $X_i(\omega)\, X_j(\omega) = 1$ となって）も，結合強度 $w_{i,j}$ は少し（つまり $\eta\, (1 - \mathbb{E}_{\boldsymbol{\theta}}[X_i\, X_j])$ だけ）しか大きくならない。

この追加の項 $-\mathbb{E}_{\boldsymbol{\theta}}[X_i\,X_j]$ が式 (2.22) にないと，すべてのパラメータは単調に増加するか，または初期値のまま値が変わらない。つまり，$\mathbb{P}_{\mathrm{target}}$ において $X_i\,X_j = 1$ となる確率が非零であるときには，$w_{i,j}$ は ∞ に確率 1 で発散する。その確率が零のときには，$w_{i,j}$ の値は初期値から変わらない。

式 (2.21) の $-\mathbb{E}_{\boldsymbol{\theta}}[X_i]$ も $-\mathbb{E}_{\boldsymbol{\theta}}[X_i\,X_j]$ と同様の役割を果たす。この追加の項がないと，$\mathbb{P}_{\mathrm{target}}$ において $X_i = 1$ となる確率が非零であるときには，b_i は ∞ に確率 1 で発散する。その確率が零のときには，b_i の値は初期値から変わらない。

すなわち，これらの追加の項がないと学習にはならないのである。ヘブ則を単純に模倣してしまうと

$$b_i \leftarrow b_i + \eta\,X_i(\omega) \tag{2.23}$$

$$w_{i,j} \leftarrow w_{i,j} + \eta\,X_i(\omega)\,X_j(\omega) \tag{2.24}$$

のような，追加の項がない学習則を用いるのが自然に思われるだろう。その結果，うまく学習できないことがわかると，さまざまな工夫を加えて，試行錯誤することになる。

式 (2.22) の追加の項は形式的に導出されたものであり，その場しのぎに導入されたものではないという点が重要である。具体的には，KL ダイバージェンスの最小化ないし訓練データの対数尤度最大化という目的関数について，確率分布を定義するボルツマンマシンのパラメータについての勾配を求めることで，形式的に導出されたのが式 (2.22) の学習則である。

人工ニューラルネットワークは，生物の神経細胞網から着想を得たり，また生物の神経回路網と関連付けたりすることもできるが，ほかの機械学習モデルと同様に，数理モデルとして形式的に扱うことも重要である。特に，学習データの対数尤度など，学習として妥当な目的関数を最大化するように，そのモデルのパラメータを更新する学習則を形式的に導くことで，人工ニューラルネットワークに所望の学習をさせることができるようになる。機械学習モデル・目的関数・学習則のこの重要な関係を図 **2.2** にまとめておこう。

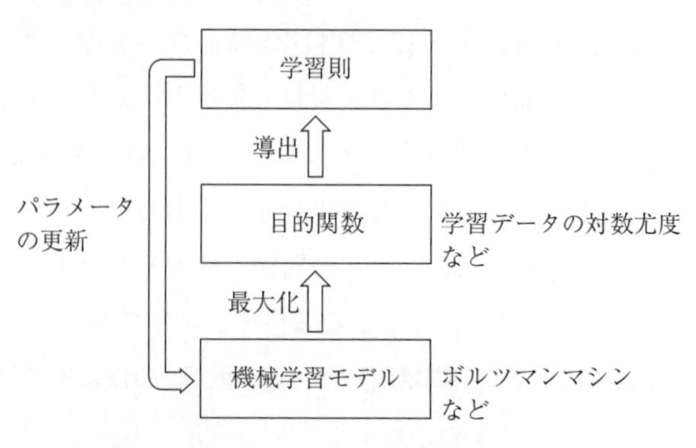

図 **2.2**　機械学習モデル・目的関数・学習則の関係

2.1.4 ヘ ッ セ 行 列

ここでは，ボルツマンマシンにおける $f(\boldsymbol{\theta})$ のヘッセ行列を具体的に求めてみよう。式 (2.12) から，以下の 2 階微分が得られる。

$$\begin{aligned}
&\frac{\partial}{\partial w_{k,\ell}}\frac{\partial}{\partial w_{i,j}} f(\boldsymbol{\theta}) \\
&= -\frac{\partial}{\partial w_{k,\ell}}\mathbb{E}_{\boldsymbol{\theta}}[X_i\, X_j] &\quad (2.25)\\
&= -\sum_{\tilde{\mathbf{x}}} \tilde{x}_i\, \tilde{x}_j\, \frac{\partial}{\partial w_{k,\ell}}\mathbb{P}_{\boldsymbol{\theta}}(\tilde{\mathbf{x}}) &\quad (2.26)\\
&= -\sum_{\tilde{\mathbf{x}}} \tilde{x}_i\, \tilde{x}_j\, \mathbb{P}_{\boldsymbol{\theta}}(\tilde{\mathbf{x}})\, \frac{\partial}{\partial w_{k,\ell}}\log \mathbb{P}_{\boldsymbol{\theta}}(\tilde{\mathbf{x}}) &\quad (2.27)\\
&= \left(\sum_{\tilde{\mathbf{x}}} \mathbb{P}_{\boldsymbol{\theta}}(\tilde{\mathbf{x}})\, \tilde{x}_i\, \tilde{x}_j\right)\left(\sum_{\tilde{\mathbf{x}}} \mathbb{P}_{\boldsymbol{\theta}}(\tilde{\mathbf{x}})\, \tilde{x}_k\, \tilde{x}_\ell\right) - \sum_{\tilde{\mathbf{x}}} \mathbb{P}_{\boldsymbol{\theta}}(\tilde{\mathbf{x}})\, \tilde{x}_i\, \tilde{x}_j\, \tilde{x}_k\, \tilde{x}_\ell &\quad (2.28)
\end{aligned}$$

ただし，最後の式は式 (2.4) と式 (2.10) とから得られる。また，最後の式は $\mathbb{P}_{\boldsymbol{\theta}}$ に関する期待値を用いて，以下のように簡潔に表すことができる。

$$\begin{aligned}
\frac{\partial}{\partial w_{k,\ell}}\frac{\partial}{\partial w_{i,j}} f(\boldsymbol{\theta}) &= \mathbb{E}_{\boldsymbol{\theta}}[X_i\, X_j]\,\mathbb{E}_{\boldsymbol{\theta}}[X_k\, X_\ell] - \mathbb{E}_{\boldsymbol{\theta}}[X_i\, X_j\, X_k\, X_\ell] &\quad (2.29)\\
&= -\mathbb{COV}_{\boldsymbol{\theta}}[X_i\, X_j, X_k\, X_\ell] &\quad (2.30)
\end{aligned}$$

ただし，$\mathbb{COV}_{\boldsymbol{\theta}}[A, B]$ は，確率分布 $\mathbb{P}_{\boldsymbol{\theta}}$ に従う二つの確率変数 A と B の共分散を表すものとする。同様にして，以下の 2 階微分も得られる。

$$\frac{\partial}{\partial b_k}\frac{\partial}{\partial w_{i,j}} f(\boldsymbol{\theta}) = -\mathbb{COV}_{\boldsymbol{\theta}}[X_i\,X_j, X_k] \tag{2.31}$$

$$\frac{\partial}{\partial b_j}\frac{\partial}{\partial b_i} f(\boldsymbol{\theta}) = -\mathbb{COV}_{\boldsymbol{\theta}}[X_i, X_j] \tag{2.32}$$

したがって，$\mathbb{P}_{\boldsymbol{\theta}}$ に関する共分散行列を $\mathbb{COV}_{\boldsymbol{\theta}}$ で表すことにすると，$f(\boldsymbol{\theta})$ のヘッセ行列は以下の共分散行列で書くことができる。

$$\boldsymbol{\nabla}^2 f(\boldsymbol{\theta}) = -\mathbb{COV}_{\boldsymbol{\theta}}[X_1, \cdots, X_N, X_1\,X_2, \cdots, X_{N-1}\,X_N] \tag{2.33}$$

パラメータ $\boldsymbol{\theta}$ の値が有限であれば，この共分散行列は**正定値** (positive definite) であり，$f(\boldsymbol{\theta})$ は凹関数であることがわかる。このことから，（確率的）勾配法によって，逐次的に $\boldsymbol{\theta}$ を最適化する手法が正当化される。

2.1.5 ま と め

ここで，可視ユニットのみを持つボルツマンマシンによる生成モデルの学習についてまとめておこう。ボルツマンマシンのパラメータを $\boldsymbol{\theta} = (\mathbf{b}, \mathbf{W})$ と書く。このとき，ボルツマンマシンはエネルギーを次式で定義する。

$$E_{\boldsymbol{\theta}}(\mathbf{x}) \equiv -\mathbf{b}^\top \mathbf{x} - \mathbf{x}^\top \mathbf{W}\,\mathbf{x} \tag{2.34}$$

また，このエネルギーを用いて，N ビットの二値のパターンについての確率分布 $\mathbb{P}_{\boldsymbol{\theta}}$ を以下のように定義する。

$$\mathbb{P}_{\boldsymbol{\theta}}(\mathbf{x}) = \frac{\exp\left(-E_{\boldsymbol{\theta}}(\mathbf{x})\right)}{\sum_{\tilde{\mathbf{x}}} \exp\left(-E_{\boldsymbol{\theta}}(\tilde{\mathbf{x}})\right)} \tag{2.35}$$

学習対象の確率分布を $\mathbb{P}_{\mathrm{target}}$ とするとき，$\mathbb{P}_{\boldsymbol{\theta}}$ から $\mathbb{P}_{\mathrm{target}}$ への KL ダイバージェンスを最小化するには，以下の目的関数を最大にすればよい。

$$f(\boldsymbol{\theta}) \equiv \mathbb{E}_{\mathrm{target}}\left[\log \mathbb{P}_{\boldsymbol{\theta}}(\boldsymbol{X})\right] \tag{2.36}$$

また，$\mathbb{P}_{\mathrm{target}}$ が訓練データの経験分布であるときには，この目的関数を最大化することで，訓練データの対数尤度を最大にできる。

$f(\boldsymbol{\theta})$ の勾配とヘッセ行列は，それぞれ以下のように表される。

$$\boldsymbol{\nabla} f(\boldsymbol{\theta}) = \mathbb{E}_{\boldsymbol{\theta}}[\boldsymbol{S}] - \mathbb{E}_{\mathrm{target}}[\boldsymbol{S}] \tag{2.37}$$

$$\boldsymbol{\nabla}^2 f(\boldsymbol{\theta}) = -\mathbb{COV}_{\boldsymbol{\theta}}(\boldsymbol{S}) \tag{2.38}$$

ただし，$\boldsymbol{S}$ は，ボルツマンマシンの各ユニットの値を表す確率変数と，各ユニット対の値の積を表す確率変数とを並べた，以下のベクトルである。

$$\boldsymbol{S} = (X_1, \cdots, X_N, X_1 X_2, \cdots, X_{N-1} X_N) \tag{2.39}$$

2.2 隠れユニットを持つ場合

本節では，可視ユニットに加えて隠れユニットを持つボルツマンマシンを考えよう。可視ユニットの数を N とし，隠れユニットの数を M と書く。

2.2.1 隠れユニットの必要性

まず，隠れユニットがなぜ必要かを考えよう[3)]。N 個の可視ユニットを持つボルツマンマシンは，バイアスと重みを合わせて

$$N + \frac{1}{2}N(N-1) = \frac{1}{2}N(N+1) \tag{2.40}$$

個のパラメータを持つ。このボルツマンマシンは，N ビットの二値パターンの確率分布を表す。ところが，N ビットの二値パターンは 2^N 通りあり，2^N 通りのパターンのそれぞれに確率を割り当てる一般の確率分布を表すには

$$2^N - 1 \tag{2.41}$$

個のパラメータが必要となる。

したがって，$N > 2$ において，ボルツマンマシンのパラメータの数は一般の確率分布のパラメータの数よりも少なく，可視ユニットしか持たないボルツマンマシンが表現できる確率分布は限られていることがわかる。隠れユニットを加えることで，ボルツマンマシンが表現できる確率分布の幅を広げることができる。

2.2.2 自由エネルギー

可視ユニットの値を $\mathbf{x}$ とし，隠れユニットの値を $\mathbf{h}$ としよう。また，すべてのユニットの値をまとめて $(\mathbf{x}, \mathbf{h})$ と表記しよう。このとき，エネルギーは以下のように書ける。

$$
\begin{aligned}
&E_{\boldsymbol{\theta}}(\mathbf{x}, \mathbf{h}) \\
&\quad = -\mathbf{b}^\top \begin{pmatrix} \mathbf{x} \\ \mathbf{h} \end{pmatrix} - \left(\mathbf{x}^\top, \mathbf{h}^\top\right) \mathbf{W} \begin{pmatrix} \mathbf{x} \\ \mathbf{h} \end{pmatrix} && (2.42) \\
&\quad = -(\mathbf{b}^{\mathrm{V}})^\top \mathbf{x} - (\mathbf{b}^{\mathrm{H}})^\top \mathbf{h} - \mathbf{x}^\top \mathbf{W}^{\mathrm{VV}} \mathbf{x} - \mathbf{x}^\top \mathbf{W}^{\mathrm{VH}} \mathbf{h} - \mathbf{h}^\top \mathbf{W}^{\mathrm{HH}} \mathbf{h} && (2.43)
\end{aligned}
$$

エネルギーを用いて

$$
\mathbb{P}_{\boldsymbol{\theta}}(\mathbf{x}, \mathbf{h}) = \frac{\exp\left(-E_{\boldsymbol{\theta}}(\mathbf{x}, \mathbf{h})\right)}{\sum_{\tilde{\mathbf{x}}, \tilde{\mathbf{h}}} \exp\left(-E_{\boldsymbol{\theta}}(\tilde{\mathbf{x}}, \tilde{\mathbf{h}})\right)} \tag{2.44}
$$

を定義すると，可視ユニットの値の周辺確率分布は以下で与えられる。

$$
\mathbb{P}_{\boldsymbol{\theta}}(\mathbf{x}) = \sum_{\tilde{\mathbf{h}}} \mathbb{P}_{\boldsymbol{\theta}}(\mathbf{x}, \tilde{\mathbf{h}}) \tag{2.45}
$$

ただし，$\tilde{\mathbf{h}}$ に関する和は，隠れユニットのすべての可能な二値パターンに関する和である。

ここで，以下のように**自由エネルギー**（free energy）を定義しよう。

$$F_{\boldsymbol{\theta}}(\mathbf{x}) \equiv -\log \sum_{\tilde{\mathbf{h}}} \exp\left(-E_{\boldsymbol{\theta}}(\mathbf{x}, \tilde{\mathbf{h}})\right) \tag{2.46}$$

自由エネルギーを用いると，$\mathbb{P}_{\boldsymbol{\theta}}(\mathbf{x})$ を以下のように書くことができる。

$$\mathbb{P}_{\boldsymbol{\theta}}(\mathbf{x}) = \sum_{\tilde{\mathbf{h}}} \mathbb{P}_{\boldsymbol{\theta}}(\mathbf{x}, \tilde{\mathbf{h}}) \tag{2.47}$$

$$= \frac{\sum_{\tilde{\mathbf{h}}} \exp\left(-E_{\boldsymbol{\theta}}(\mathbf{x}, \tilde{\mathbf{h}})\right)}{\sum_{\tilde{\mathbf{x}}, \tilde{\mathbf{h}}} \exp\left(-E_{\boldsymbol{\theta}}(\tilde{\mathbf{x}}, \tilde{\mathbf{h}})\right)} \tag{2.48}$$

$$= \frac{\exp\left(-F_{\boldsymbol{\theta}}(\mathbf{x})\right)}{\sum_{\tilde{\mathbf{x}}} \exp\left(-F_{\boldsymbol{\theta}}(\tilde{\mathbf{x}})\right)} \tag{2.49}$$

これは，可視ユニットしか持たない場合のエネルギー $E_{\boldsymbol{\theta}}(\mathbf{x})$ を自由エネルギー $F_{\boldsymbol{\theta}}(\mathbf{x})$ に置き換えたものにほかならない。

2.2.3 勾　　　配

式 (2.6) のエネルギーを自由エネルギーに置き換えることによって，隠れユニットを持つ場合の目的関数 $f(\boldsymbol{\theta})$ の勾配が以下のように得られる。

$$\nabla f(\boldsymbol{\theta}) = -\sum_{\tilde{\mathbf{x}}} \mathbb{P}_{\mathrm{target}}(\tilde{\mathbf{x}})\, \nabla F_{\boldsymbol{\theta}}(\tilde{\mathbf{x}}) + \sum_{\tilde{\mathbf{x}}} \mathbb{P}_{\boldsymbol{\theta}}(\tilde{\mathbf{x}})\, \nabla F_{\boldsymbol{\theta}}(\tilde{\mathbf{x}}) \tag{2.50}$$

$$= -\mathbb{E}_{\mathrm{target}}\left[\nabla F_{\boldsymbol{\theta}}(\boldsymbol{X})\right] + \mathbb{E}_{\boldsymbol{\theta}}\left[\nabla F_{\boldsymbol{\theta}}(\boldsymbol{X})\right] \tag{2.51}$$

したがって，自由エネルギーの勾配が得られれば，$f(\boldsymbol{\theta})$ の勾配が得られる。

自由エネルギーの勾配を具体的に求めてみよう。

$$\nabla F_{\boldsymbol{\theta}}(\mathbf{x}) = -\nabla \log \sum_{\tilde{\mathbf{h}}} \exp\left(-E_{\boldsymbol{\theta}}(\mathbf{x}, \tilde{\mathbf{h}})\right) \tag{2.52}$$

$$= \frac{\sum_{\tilde{\mathbf{h}}} \exp\left(-E_{\boldsymbol{\theta}}(\mathbf{x}, \tilde{\mathbf{h}})\right)\, \nabla E_{\boldsymbol{\theta}}(\mathbf{x}, \tilde{\mathbf{h}})}{\sum_{\tilde{\mathbf{h}}} \exp\left(-E_{\boldsymbol{\theta}}(\mathbf{x}, \tilde{\mathbf{h}})\right)} \tag{2.53}$$

$$= \sum_{\tilde{\mathbf{h}}} \mathbb{P}_{\boldsymbol{\theta}}(\tilde{\mathbf{h}} \mid \mathbf{x}) \, \boldsymbol{\nabla} E_{\boldsymbol{\theta}}(\mathbf{x}, \tilde{\mathbf{h}}) \tag{2.54}$$

上式の $\mathbb{P}_{\boldsymbol{\theta}}(\mathbf{h} \mid \mathbf{x})$ は，可視ユニットの値 $\mathbf{x}$ を所与としたときの，隠れユニットの値 $\mathbf{h}$ の条件付き確率分布で，以下のように書ける。

$$\mathbb{P}_{\boldsymbol{\theta}}(\mathbf{h} \mid \mathbf{x}) \equiv \frac{\exp\left(-E_{\boldsymbol{\theta}}(\mathbf{x}, \mathbf{h})\right)}{\sum_{\tilde{\mathbf{h}}} \exp\left(-E_{\boldsymbol{\theta}}(\mathbf{x}, \tilde{\mathbf{h}})\right)} \tag{2.55}$$

$$= \frac{\exp\left(-E_{\boldsymbol{\theta}}(\mathbf{x}, \mathbf{h})\right)}{\sum_{\tilde{\mathbf{x}}, \tilde{\mathbf{h}}} \exp\left(-E_{\boldsymbol{\theta}}(\mathbf{x}, \tilde{\mathbf{h}})\right)} \frac{\sum_{\tilde{\mathbf{x}}, \tilde{\mathbf{h}}} \exp\left(-E_{\boldsymbol{\theta}}(\mathbf{x}, \tilde{\mathbf{h}})\right)}{\sum_{\tilde{\mathbf{h}}} \exp\left(-E_{\boldsymbol{\theta}}(\mathbf{x}, \tilde{\mathbf{h}})\right)} \tag{2.56}$$

$$= \frac{\mathbb{P}_{\boldsymbol{\theta}}(\mathbf{x}, \mathbf{h})}{\sum_{\tilde{\mathbf{h}}} \mathbb{P}_{\boldsymbol{\theta}}(\mathbf{x}, \tilde{\mathbf{h}})} \tag{2.57}$$

$$= \frac{\mathbb{P}_{\boldsymbol{\theta}}(\mathbf{x}, \mathbf{h})}{\mathbb{P}_{\boldsymbol{\theta}}(\mathbf{x})} \tag{2.58}$$

式 (2.54) によると，自由エネルギーの勾配は，エネルギーの勾配の期待値として書けることがわかった。この期待値は，可視ユニットの値を所与としたときの隠れユニットの値の条件付き確率分布に関する期待値である。したがって，$f(\boldsymbol{\theta})$ の勾配を以下のように書くことができる。

$$\begin{aligned}
&\boldsymbol{\nabla} f(\boldsymbol{\theta}) \\
&= -\sum_{\tilde{\mathbf{x}}} \mathbb{P}_{\mathrm{target}}(\tilde{\mathbf{x}}) \sum_{\tilde{\mathbf{h}}} \mathbb{P}_{\boldsymbol{\theta}}(\tilde{\mathbf{h}} \mid \tilde{\mathbf{x}}) \, \boldsymbol{\nabla} E_{\boldsymbol{\theta}}(\tilde{\mathbf{x}}, \tilde{\mathbf{h}}) \\
&\quad + \sum_{\tilde{\mathbf{x}}} \mathbb{P}_{\boldsymbol{\theta}}(\tilde{\mathbf{x}}) \sum_{\tilde{\mathbf{h}}} \mathbb{P}_{\boldsymbol{\theta}}(\tilde{\mathbf{h}} \mid \tilde{\mathbf{x}}) \, \boldsymbol{\nabla} E_{\boldsymbol{\theta}}(\tilde{\mathbf{x}}, \tilde{\mathbf{h}}) \qquad (2.59) \\
&= -\sum_{\tilde{\mathbf{x}}, \tilde{\mathbf{h}}} \mathbb{P}_{\mathrm{target}}(\tilde{\mathbf{x}}) \, \mathbb{P}_{\boldsymbol{\theta}}(\tilde{\mathbf{h}} \mid \tilde{\mathbf{x}}) \, \boldsymbol{\nabla} E_{\boldsymbol{\theta}}(\tilde{\mathbf{x}}, \tilde{\mathbf{h}}) + \sum_{\tilde{\mathbf{x}}, \tilde{\mathbf{h}}} \mathbb{P}_{\boldsymbol{\theta}}(\tilde{\mathbf{x}}, \tilde{\mathbf{h}}) \, \boldsymbol{\nabla} E_{\boldsymbol{\theta}}(\tilde{\mathbf{x}}, \tilde{\mathbf{h}}) \qquad (2.60)
\end{aligned}$$

最後の式の（負の符号を除く）第一項は，エネルギーの勾配の期待値であり，

期待値は $\mathbb{P}_{\mathrm{target}}$ と $\mathbb{P}_{\boldsymbol{\theta}}$ で定義される確率分布に関するものである。具体的には，可視ユニットの値は $\mathbb{P}_{\mathrm{target}}$ に従い，可視ユニットの値 $\mathbf{x}$ を所与としたときに隠れユニットの値は $\mathbb{P}_{\boldsymbol{\theta}}(\cdot \mid \mathbf{x})$ に従う。この期待値を $\mathbb{E}_{\mathrm{target}}[\mathbb{E}_{\boldsymbol{\theta}}[\cdot \mid \boldsymbol{X}]]$ と書くことにしよう。

また，式 (2.60) の第二項は，$\mathbb{P}_{\boldsymbol{\theta}}$ に関する期待値であり，$\mathbb{E}_{\boldsymbol{\theta}}[\cdot]$ を用いて表す。式 (2.42) の隠れユニットがある場合のエネルギーは，式 (2.34) の可視ユニットしかない場合のエネルギーと同様の形をしているので，式 (2.37) と同様にして，$\boldsymbol{\nabla} f(\boldsymbol{\theta})$ を次式で表すことができる。

$$\begin{aligned}
&\boldsymbol{\nabla} f(\boldsymbol{\theta}) \\
&\quad = -\mathbb{E}_{\mathrm{target}}\left[\mathbb{E}_{\boldsymbol{\theta}}\left[\boldsymbol{\nabla} E_{\boldsymbol{\theta}}(\boldsymbol{X}, \boldsymbol{H}) \mid \boldsymbol{X}\right]\right] + \mathbb{E}_{\boldsymbol{\theta}}\left[\boldsymbol{\nabla} E_{\boldsymbol{\theta}}(\boldsymbol{X}, \boldsymbol{H})\right] \qquad (2.61) \\
&\quad = \mathbb{E}_{\mathrm{target}}\left[\mathbb{E}_{\boldsymbol{\theta}}[\boldsymbol{S} \mid \boldsymbol{X}]\right] - \mathbb{E}_{\boldsymbol{\theta}}[\boldsymbol{S}] \qquad (2.62)
\end{aligned}$$

ただし，可視ユニットの値を表す確率変数のベクトルを $\boldsymbol{X}$ とし，隠れユニットの値を表す確率変数 $(H_i, i \in [1, N])$ のベクトルを $\boldsymbol{H}$ とする。$\boldsymbol{S}$ は，式 (2.39) と同様にして，すべてのユニット（可視ユニットと隠れユニット）の値とそれらの組を用いて以下で定義される。

$$\boldsymbol{S} = (U_1, \cdots, U_{N+M}, U_1 U_2, \cdots, U_{N+M-1} U_{N+M}) \qquad (2.63)$$

ただし，各 $i \in [1, N]$ について $U_i \equiv X_i$ とし，各 $i \in [1, M]$ について $U_{N+i} \equiv H_i$ とする。

2.2.4 確率的勾配

式 (2.60) は期待値の形をしているので，確率的勾配法が適用できることを示唆している。以下のように勾配 $\boldsymbol{\nabla} f(\boldsymbol{\theta})$ を書き直してみよう。

$$\boldsymbol{\nabla} f(\boldsymbol{\theta}) = \sum_{\tilde{\mathbf{x}}} \mathbb{P}_{\mathrm{target}}(\tilde{\mathbf{x}}) \left(\mathbb{E}_{\boldsymbol{\theta}}\left[\boldsymbol{\nabla} E_{\boldsymbol{\theta}}(\boldsymbol{X}, \boldsymbol{H})\right] - \mathbb{E}_{\boldsymbol{\theta}}\left[\boldsymbol{\nabla} E_{\boldsymbol{\theta}}(\tilde{\mathbf{x}}, \boldsymbol{H}) \mid \tilde{\mathbf{x}}\right]\right) \qquad (2.64)$$

上式の $\mathbb{E}_{\boldsymbol{\theta}}\left[\boldsymbol{\nabla} E_{\boldsymbol{\theta}}(\boldsymbol{X}, \boldsymbol{H})\right]$ は，可視ユニットの値と隠れユニットの値が共に $\mathbb{P}_{\boldsymbol{\theta}}$ に従って分布するときのエネルギーの勾配の期待値である。$\mathbb{E}_{\boldsymbol{\theta}}[\boldsymbol{\nabla} E_{\boldsymbol{\theta}}(\tilde{\mathbf{x}}, \boldsymbol{H}) \mid \tilde{\mathbf{x}}]$ は，可視ユニットの値 $\tilde{\mathbf{x}}$ を所与とするときの隠れユニットの値の条件付き確率分布 $\mathbb{P}_{\boldsymbol{\theta}}(\cdot \mid \tilde{\mathbf{x}})$ に関するエネルギーの勾配の期待値である。

したがって，$\mathbb{P}_{\mathrm{target}}$ に従って可視ユニットの値 $\boldsymbol{X}(\omega)$ をサンプリングして，つぎの確率的勾配に基づいて $\boldsymbol{\theta}$ を更新するのが確率的勾配法である。

$$\boldsymbol{G}_{\boldsymbol{\theta}}(\omega) = \mathbb{E}_{\boldsymbol{\theta}}\left[\boldsymbol{\nabla} E_{\boldsymbol{\theta}}(\boldsymbol{X}, \boldsymbol{H})\right] - \mathbb{E}_{\boldsymbol{\theta}}\left[\boldsymbol{\nabla} E_{\boldsymbol{\theta}}(\boldsymbol{X}(\omega), \boldsymbol{H}) \mid \boldsymbol{X}(\omega)\right] \tag{2.65}$$

ボルツマンマシンのエネルギーの具体的な形を考慮すると，具体的な更新則が以下のように得られる。

$$b_i \leftarrow b_i + \eta\left(\mathbb{E}_{\boldsymbol{\theta}}[U_i \mid \boldsymbol{X}(\omega)] - \mathbb{E}_{\boldsymbol{\theta}}[U_i]\right) \tag{2.66}$$

$$w_{i,j} \leftarrow w_{i,j} + \eta\left(\mathbb{E}_{\boldsymbol{\theta}}[U_i\, U_j \mid \boldsymbol{X}(\omega)] - \mathbb{E}_{\boldsymbol{\theta}}[U_i\, U_j]\right) \tag{2.67}$$

ただし，各ユニット（i や j）は可視ユニットでも隠れユニットでもありえる。具体的には，可視ユニット数が N で，隠れユニット数が M であれば，$(i,j) \in \{(i,j) \mid 1 \leq i < j \leq N+M\}$ であり，U_i は i 番目のユニットの値を表す。i 番目のユニットが可視ユニットであれば，上の期待値は

$$\mathbb{E}_{\boldsymbol{\theta}}[U_i \mid \boldsymbol{X}(\omega)] = X_i(\omega) \tag{2.68}$$

$$\mathbb{E}_{\boldsymbol{\theta}}[U_i\, U_j \mid \boldsymbol{X}(\omega)] = X_i(\omega)\, \mathbb{E}_{\boldsymbol{\theta}}[U_j \mid \boldsymbol{X}(\omega)] \tag{2.69}$$

になる。また，i と j の両方のユニットが可視ユニットであれば

$$\mathbb{E}_{\boldsymbol{\theta}}[U_i\, U_j \mid \boldsymbol{X}(\omega)] = X_i(\omega)\, X_j(\omega) \tag{2.70}$$

となる。

すなわち，以下の更新則が得られる。可視ユニット $i \in [1, N]$ について

$$b_i \leftarrow b_i + \eta\left(X_i(\omega) - \mathbb{E}_{\boldsymbol{\theta}}[X_i]\right) \tag{2.71}$$

隠れユニット $i \in [N+1, N+M]$ について

$$b_i \leftarrow b_i + \eta \left(\mathbb{E}_{\boldsymbol{\theta}}[H_i \mid \boldsymbol{X}(\omega)] - \mathbb{E}_{\boldsymbol{\theta}}[H_i]\right) \tag{2.72}$$

可視ユニットの対 $(i,j) \in \{(i,j) \mid 1 \leq i < j \leq N\}$ について

$$w_{i,j} \leftarrow w_{i,j} + \eta \left(X_i(\omega)\, X_j(\omega) - \mathbb{E}_{\boldsymbol{\theta}}[X_i\, X_j]\right) \tag{2.73}$$

可視ユニットと隠れユニットの対 $(i,j) \in \{(i,j) \mid 1 \leq i < j \leq N+M\}$ について

$$w_{i,j} \leftarrow w_{i,j} + \eta \left(X_i(\omega)\, \mathbb{E}_{\boldsymbol{\theta}}[H_j \mid \boldsymbol{X}(\omega)] - \mathbb{E}_{\boldsymbol{\theta}}[X_i\, H_j]\right) \tag{2.74}$$

隠れユニットの対 $(i,j) \in \{(i,j) \mid N+1 \leq i < j \leq N+M\}$ について

$$w_{i,j} \leftarrow w_{i,j} + \eta \left(\mathbb{E}_{\boldsymbol{\theta}}[H_i\, H_j \mid \boldsymbol{X}(\omega)] - \mathbb{E}_{\boldsymbol{\theta}}[H_i\, H_j]\right) \tag{2.75}$$

である。

2.2.5 ヘッセ行列

隠れユニットがある場合の $f(\boldsymbol{\theta})$ のヘッセ行列を調べてみよう。式 (2.60) で与えられる $f(\boldsymbol{\theta})$ の勾配から，つぎの偏微分が得られる。

$$\frac{\partial}{\partial w_{i,j}} f(\boldsymbol{\theta}) = \sum_{\tilde{\mathbf{x}}} \mathbb{P}_{\mathrm{target}}(\tilde{\mathbf{x}}) \sum_{\tilde{\mathbf{h}}} \mathbb{P}_{\boldsymbol{\theta}}(\tilde{\mathbf{h}} \mid \tilde{\mathbf{x}}) \tilde{u}_i\, \tilde{u}_j - \sum_{\tilde{\mathbf{u}}} \mathbb{P}_{\boldsymbol{\theta}}(\tilde{\mathbf{u}})\, \tilde{u}_i\, \tilde{u}_j \tag{2.76}$$

$$\frac{\partial}{\partial w_{k,\ell}} \frac{\partial}{\partial w_{i,j}} f(\boldsymbol{\theta}) = \sum_{\tilde{\mathbf{x}}} \mathbb{P}_{\mathrm{target}}(\tilde{\mathbf{x}}) \sum_{\tilde{\mathbf{h}}} \frac{\partial}{\partial w_{k,\ell}} \mathbb{P}_{\boldsymbol{\theta}}(\tilde{\mathbf{h}} \mid \tilde{\mathbf{x}}) \tilde{u}_i\, \tilde{u}_j - \sum_{\tilde{\mathbf{u}}} \frac{\partial}{\partial w_{k,\ell}} \mathbb{P}_{\boldsymbol{\theta}}(\tilde{\mathbf{u}})\, \tilde{u}_i\, \tilde{u}_j \tag{2.77}$$

ただし，$i \in [1, N]$ については $u_i \equiv x_i$ とし，$i \in [N+1, N+M]$ については $u_i \equiv h_{i-N}$ とする。

すべてのユニットが可視ユニットであるときの勾配である式 (2.12) の第一項

は，学習対象の確率分布に関する期待値であり，$\boldsymbol{\theta}$ には依存しなかった。これに対して，隠れユニットがあるときの勾配が式 (2.76) であるが，この第一項は $\boldsymbol{\theta}$ に依存している。この第一項は期待値であるが，可視ユニットの値は $\mathbb{P}_{\mathrm{target}}$ に従い，隠れユニットの値は，可視ユニットの値 $\tilde{\mathbf{x}}$ を所与としたときの条件付き確率分布 $\mathbb{P}_{\boldsymbol{\theta}}(\cdot \mid \tilde{\mathbf{x}})$ に従うときの期待値である。この違いがヘッセ行列の違いにつながっていく。

式 (2.77) の右辺の第二項は，式 (2.26) と同じ形をしており，以下のように共分散行列として書ける。

$$\sum_{\tilde{\mathbf{u}}} \frac{\partial}{\partial w_{k,\ell}} \mathbb{P}_{\boldsymbol{\theta}}(\tilde{\mathbf{u}})\, \tilde{u}_i\, \tilde{u}_j = \mathbb{COV}_{\boldsymbol{\theta}}[U_i\, U_j, U_k\, U_\ell] \tag{2.78}$$

式 (2.77) の右辺の第一項は，式 (2.26) と似ているが，二つの違いがある。まず，式 (2.26) には $\mathbb{P}_{\boldsymbol{\theta}}(\cdot)$ が現れるのに対して，式 (2.77) には可視ユニットの値 $\tilde{\mathbf{x}}$ が所与としたときの条件付き確率分布 $\mathbb{P}_{\boldsymbol{\theta}}(\cdot \mid \tilde{\mathbf{x}})$ が現れる。つぎに，式 (2.77) の右辺の第一項は $\mathbb{P}_{\mathrm{target}}$ についての期待値になっている。

これらの違いを埋めるために，**図 2.3** を参照しながら，$\mathbb{P}_{\boldsymbol{\theta}}(\cdot \mid \mathbf{x})$ を確率分布として与えるボルツマンマシンが存在することをつぎの補題 2.1 で確認しよう。

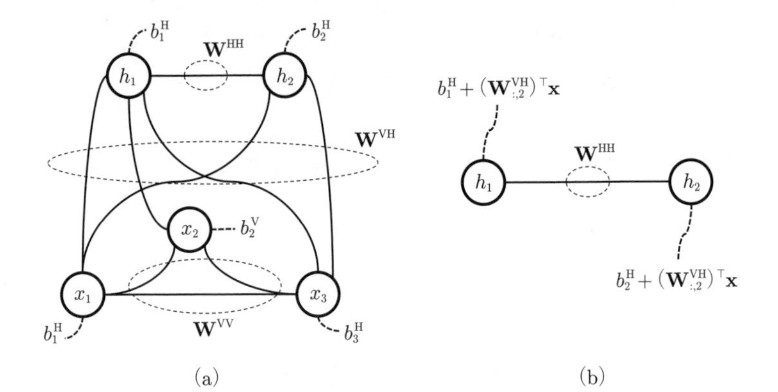

図 **2.3**　補題 2.1 の図解。図 (a) のボルツマンマシンにおける $\mathbf{x}$ を所与としたときの $\mathbf{h}$ の条件付き確率分布は，図 (b) のボルツマン分布における $\mathbf{h}$ の確率分布と等しい。

補題 2.1 エネルギーが式 (2.43) で与えられるボルツマンマシンを考える。可視ユニットの値 $\mathbf{x}$ が所与であるときの隠れユニットの値の条件付き確率分布は，バイアスが $\mathbf{b}(\mathbf{x})$ で重みが $\mathbf{W}(\mathbf{x})$ のボルツマンマシンの与える確率分布と等しい。ただし，$\mathbf{b}(\mathbf{x})$ と $\mathbf{W}(\mathbf{x})$ は次式で与えられる。

$$\mathbf{b}(\mathbf{x}) \equiv \mathbf{b}^{\mathrm{H}} + (\mathbf{W}^{\mathrm{VH}})^\top \mathbf{x} \tag{2.79}$$

$$\mathbf{W}(\mathbf{x}) \equiv \mathbf{W}^{\mathrm{HH}} \tag{2.80}$$

※ 補題 2.1 の証明は章末問題【 1 】とする。

式 (2.77) と補題 2.1 とから，$f(\boldsymbol{\theta})$ の 2 階偏微分が以下のように導かれる。

$$\frac{\partial}{\partial w_{k,\ell}} \frac{\partial}{\partial w_{i,j}} f(\boldsymbol{\theta}) = \mathbb{E}_{\mathrm{target}}\left[\mathbb{COV}_{\boldsymbol{\theta}}[U_i U_j, U_k U_\ell \mid \boldsymbol{X}]\right] - \mathbb{COV}_{\boldsymbol{\theta}}[U_i U_j, U_k U_\ell] \tag{2.81}$$

上式の $\mathbb{COV}_{\boldsymbol{\theta}}[\cdot,\cdot \mid \boldsymbol{X}]$ は，可視ユニットの値 $\boldsymbol{X}$ を所与としたときの隠れユニットの値の条件付き確率分布 $\mathbb{P}_{\boldsymbol{\theta}}(\cdot \mid \boldsymbol{X})$ についての条件付き共分散を表す。

したがって，$f(\boldsymbol{\theta})$ のヘッセ行列は以下で書ける。

$$\boldsymbol{\nabla}^2 f(\boldsymbol{\theta}) = \mathbb{E}_{\mathrm{target}}\left[\mathbb{COV}_{\boldsymbol{\theta}}[\boldsymbol{S} \mid \boldsymbol{X}]\right] - \mathbb{COV}_{\boldsymbol{\theta}}[\boldsymbol{S}] \tag{2.82}$$

ただし，$\boldsymbol{S}$ は式 (2.63) のように定義し，可視ユニットの値 $\boldsymbol{X}$ を所与としたときの条件付き確率分布 $\mathbb{P}_{\boldsymbol{\theta}}(\cdot \mid \boldsymbol{X})$ に関する共分散行列を $\mathbb{COV}_{\boldsymbol{\theta}}[\cdot \mid \boldsymbol{X}]$ とする。一般に，式 (2.82) のヘッセ行列は正定値とならないので，$f(\boldsymbol{\theta})$ は凹関数ではない。したがって，$f(\boldsymbol{\theta})$ を最大にする大域的最適解を（確率的）勾配法で見つけられる保証はない。

2.2.6 ま と め

少なくとも一つの隠れユニットを持つボルツマンマシンを考え，そのパラメータを $\boldsymbol{\theta} \equiv (\mathbf{b}, \mathbf{W})$ とする。そのようなボルツマンマシンは，エネルギーを

$$E_{\boldsymbol{\theta}}(\mathbf{x}, \mathbf{h}) = -\mathbf{b}^\top \begin{pmatrix} \mathbf{x} \\ \mathbf{h} \end{pmatrix} - \left(\mathbf{x}^\top, \mathbf{h}^\top\right) \mathbf{W} \begin{pmatrix} \mathbf{x} \\ \mathbf{h} \end{pmatrix} \tag{2.83}$$

で定義し，隠れユニットの値 $\mathbf{x}$ と隠れユニットの値 $\mathbf{h}$ の確率分布 $\mathbb{P}_{\boldsymbol{\theta}}$ を以下のように与える。

$$\mathbb{P}_{\boldsymbol{\theta}}(\mathbf{x}, \mathbf{h}) = \frac{\exp\left(-E_{\boldsymbol{\theta}}(\mathbf{x}, \mathbf{h})\right)}{\sum_{\tilde{\mathbf{x}}, \tilde{\mathbf{h}}} \exp\left(-E_{\boldsymbol{\theta}}(\tilde{\mathbf{x}}, \tilde{\mathbf{h}})\right)} \tag{2.84}$$

また，自由エネルギーを

$$F_{\boldsymbol{\theta}}(\mathbf{x}) \equiv -\log \sum_{\tilde{\mathbf{h}}} \exp\left(-E_{\boldsymbol{\theta}}(\mathbf{x}, \tilde{\mathbf{h}})\right) \tag{2.85}$$

で定義すると，可視ユニットの値の周辺確率分布は

$$\mathbb{P}_{\boldsymbol{\theta}}(\mathbf{x}) = \sum_{\tilde{\mathbf{h}}} \mathbb{P}_{\boldsymbol{\theta}}(\mathbf{x}, \tilde{\mathbf{h}}) \tag{2.86}$$

$$= \frac{\exp\left(-F_{\boldsymbol{\theta}}(\mathbf{x})\right)}{\sum_{\tilde{\mathbf{x}}} \exp\left(-F_{\boldsymbol{\theta}}(\tilde{\mathbf{x}})\right)} \tag{2.87}$$

で与えられる。

$\mathbb{P}_{\boldsymbol{\theta}}$ から $\mathbb{P}_{\mathrm{target}}$ への KL ダイバージェンスを最小にするには，つぎの目的関数を最大にすればよい。

$$f(\boldsymbol{\theta}) \equiv \mathbb{E}_{\mathrm{target}}\left[\log \mathbb{P}_{\boldsymbol{\theta}}(\boldsymbol{X})\right] \tag{2.88}$$

これは，$\mathbb{P}_{\mathrm{target}}$ が訓練データの経験分布であるときには，訓練データの対数尤度を最大化することと等価である。

目的関数 $f(\boldsymbol{\theta})$ の勾配とヘッセ行列は以下で与えられる。

$$\nabla f(\boldsymbol{\theta}) = \mathbb{E}_{\mathrm{target}}\left[\mathbb{E}_{\boldsymbol{\theta}}[\boldsymbol{S} \mid \boldsymbol{X}]\right] - \mathbb{E}_{\boldsymbol{\theta}}[\boldsymbol{S}] \tag{2.89}$$

$$\nabla^2 f(\boldsymbol{\theta}) = \mathbb{E}_{\mathrm{target}}\left[\mathbb{COV}_{\boldsymbol{\theta}}[\boldsymbol{S} \mid \boldsymbol{X}]\right] - \mathbb{COV}_{\boldsymbol{\theta}}[\boldsymbol{S}] \tag{2.90}$$

ただし，$i \in [1, N]$ については $U_i = X_i$ と定義し，$i \in [N+1, N+M]$ については $U_i \equiv H_{i-N}$ と定義したときに，$\boldsymbol{S}$ は次式で定義される。

$$\boldsymbol{S} \equiv (U_1, \cdots, U_{N+M}, U_1 U_2, \cdots, U_{N+M-1} U_{N+M}) \tag{2.91}$$

これは，すべてのユニットの値を表す確率変数と，すべてのユニット対の値の積を表す確率変数とで作られるベクトルである。

2.3 判別モデルの学習

図 1.5 のように，入力ユニットと出力ユニットを持つボルツマンマシンを本節で考えよう。そのようなボルツマンマシンは，**条件付きボルツマンマシン** (conditional Boltzmann machine)[34] とも呼ばれる。

2.3.1 目 的 関 数

条件付きボルツマンマシンは，入力ユニットの値 $\mathbf{x}$ を所与としたときの出力ユニットの値 $\mathbf{y}$ の条件付き確率分布 $\mathbb{P}_{\boldsymbol{\theta}}(\mathbf{y} \mid \mathbf{x})$ を定める。隠れユニットがあるときには，この条件付き確率は以下のように書ける。

$$\mathbb{P}_{\boldsymbol{\theta}}(\mathbf{y} \mid \mathbf{x}) = \sum_{\tilde{\mathbf{h}}} \mathbb{P}_{\boldsymbol{\theta}}(\mathbf{y}, \tilde{\mathbf{h}} \mid \mathbf{x}) \tag{2.92}$$

$$= \frac{\sum_{\tilde{\mathbf{h}}} \mathbb{P}_{\boldsymbol{\theta}}(\mathbf{x}, \mathbf{y}, \tilde{\mathbf{h}})}{\sum_{\tilde{\mathbf{y}}, \tilde{\mathbf{h}}} \mathbb{P}_{\boldsymbol{\theta}}(\mathbf{x}, \tilde{\mathbf{y}}, \tilde{\mathbf{h}})} \tag{2.93}$$

以下では，入力ユニットの数を N_{in} とし，出力ユニットの数を N_{out} とする。また，これらを合わせた可視ユニットの数を $N = N_{\mathrm{in}} + N_{\mathrm{out}}$ と書き，隠れユニットの数を M と書く。

判別モデルの訓練データ $\mathcal{D}$ は，入力 $\mathbf{x}^{(d)}$ と出力 $\mathbf{y}^{(d)}$ の対の集合からなる。

$$\mathcal{D} = \{(\mathbf{x}^{(d)}, \mathbf{y}^{(d)})\}_{d=1}^{D} \tag{2.94}$$

判別モデルの訓練データ $\mathcal{D}$ に対しては，以下の対数尤度を目的関数とするのが自然である。

$$f(\boldsymbol{\theta}) = \frac{1}{D} \sum_{(\mathbf{x},\mathbf{y})\in\mathcal{D}} \log \mathbb{P}_{\boldsymbol{\theta}}(\mathbf{y} \mid \mathbf{x}) \tag{2.95}$$

$$= \frac{1}{D} \log \prod_{(\mathbf{x},\mathbf{y})\in\mathcal{D}} \mathbb{P}_{\boldsymbol{\theta}}(\mathbf{y} \mid \mathbf{x}) \tag{2.96}$$

すなわち，各入出力対の対数尤度 $\log \mathbb{P}_{\boldsymbol{\theta}}(\mathbf{y} \mid \mathbf{x})$ を，同じ重み $1/D$ で，最大化するように $\boldsymbol{\theta}$ を決める。

この目的関数も KL ダイバージェンスと関連付けることができる。$\mathbb{P}_{\text{target}}(\cdot \mid \cdot)$ を学習対象の条件付き確率分布とする。この条件付き確率分布を $\mathbb{P}_{\boldsymbol{\theta}}(\cdot \mid \cdot)$ で近似したい。そこで，$\mathbb{P}_{\text{target}}$ に従う入力ユニットの値を表す確率変数を $\boldsymbol{X}$ として，$\mathbb{P}_{\boldsymbol{\theta}}(\cdot \mid \boldsymbol{X})$ から $\mathbb{P}_{\text{target}}(\cdot \mid \boldsymbol{X})$ への KL ダイバージェンスの期待値を考えよう。ただし，KL ダイバージェンスの期待値は以下で書き表される。

$$\mathbb{E}_{\text{target}}\left[\mathrm{KL}(\mathbb{P}_{\text{target}}(\cdot \mid \boldsymbol{X}) \,||\, \mathbb{P}_{\boldsymbol{\theta}}(\cdot \mid \boldsymbol{X}))\right]$$

$$= \sum_{\tilde{\mathbf{x}}} \mathbb{P}_{\text{target}}(\tilde{\mathbf{x}}) \sum_{\tilde{\mathbf{y}}} \mathbb{P}_{\text{target}}(\tilde{\mathbf{y}} \mid \tilde{\mathbf{x}}) \log \frac{\mathbb{P}_{\text{target}}(\tilde{\mathbf{y}} \mid \tilde{\mathbf{x}})}{\mathbb{P}_{\boldsymbol{\theta}}(\tilde{\mathbf{y}} \mid \tilde{\mathbf{x}})} \tag{2.97}$$

$$= \sum_{\tilde{\mathbf{x}},\tilde{\mathbf{y}}} \mathbb{P}_{\text{target}}(\tilde{\mathbf{x}}, \tilde{\mathbf{y}}) \log \mathbb{P}_{\text{target}}(\tilde{\mathbf{y}} \mid \tilde{\mathbf{x}}) - \sum_{\tilde{\mathbf{x}},\tilde{\mathbf{y}}} \mathbb{P}_{\text{target}}(\tilde{\mathbf{x}}, \tilde{\mathbf{y}}) \log \mathbb{P}_{\boldsymbol{\theta}}(\tilde{\mathbf{y}} \mid \tilde{\mathbf{x}}) \tag{2.98}$$

最後の式の第一項は $\boldsymbol{\theta}$ に依存しない。よって，第二項から負の符号を除いた項を最大にすれば，KL ダイバージェンスの期待値を最小にできる。すなわち，以下の目的関数を最大にすればよい。

$$f(\boldsymbol{\theta}) = \sum_{\tilde{\mathbf{x}},\tilde{\mathbf{y}}} \mathbb{P}_{\text{target}}(\tilde{\mathbf{x}}, \tilde{\mathbf{y}}) \log \mathbb{P}_{\boldsymbol{\theta}}(\tilde{\mathbf{y}} \mid \tilde{\mathbf{x}}) \tag{2.99}$$

$$= \sum_{\tilde{\mathbf{x}},\tilde{\mathbf{y}}} \mathbb{P}_{\text{target}}(\tilde{\mathbf{x}},\tilde{\mathbf{y}}) \log \frac{\mathbb{P}_{\boldsymbol{\theta}}(\tilde{\mathbf{x}},\tilde{\mathbf{y}})}{\mathbb{P}_{\boldsymbol{\theta}}(\tilde{\mathbf{x}})} \tag{2.100}$$

$$= \sum_{\tilde{\mathbf{x}},\tilde{\mathbf{y}}} \mathbb{P}_{\text{target}}(\tilde{\mathbf{x}},\tilde{\mathbf{y}}) \log \mathbb{P}_{\boldsymbol{\theta}}(\tilde{\mathbf{x}},\tilde{\mathbf{y}}) - \sum_{\tilde{\mathbf{x}}} \mathbb{P}_{\text{target}}(\tilde{\mathbf{x}}) \log \mathbb{P}_{\boldsymbol{\theta}}(\tilde{\mathbf{x}}) \tag{2.101}$$

$$= \mathbb{E}_{\text{target}}\left[\log \mathbb{P}_{\boldsymbol{\theta}}(\boldsymbol{X},\boldsymbol{Y})\right] - \mathbb{E}_{\text{target}}\left[\log \mathbb{P}_{\boldsymbol{\theta}}(\boldsymbol{X})\right] \tag{2.102}$$

特に，訓練データ内の入出力対の経験分布を $\mathbb{P}_{\text{target}}$ とするとき，式 (2.99) は式 (2.95) に帰着する。

2.3.2 勾配とヘッセ行列

式 (2.102) の第一項は，生成モデルの学習の目的関数と等価である。すなわち，式 (2.102) の入力ユニットと出力ユニットを，式 (2.89) の可視ユニットと考えればよい。第二項も第一項と同様にして考えよう。入力ユニットだけを生成モデルの可視ユニットと考え，出力ユニットと隠れユニットを生成モデルの隠れユニットと考えることで，式 (2.102) の第二項は式 (2.89) と等価になる。

したがって，目的関数の勾配は式 (2.89) から以下のように導かれる。

$$\nabla f(\boldsymbol{\theta})$$

$$= \mathbb{E}_{\text{target}}\left[\mathbb{E}_{\boldsymbol{\theta}}[\boldsymbol{S} \mid \boldsymbol{X},\boldsymbol{Y}]\right] - \mathbb{E}_{\boldsymbol{\theta}}[\boldsymbol{S}] - \left(\mathbb{E}_{\text{target}}\left[\mathbb{E}_{\boldsymbol{\theta}}[\boldsymbol{S} \mid \boldsymbol{X}]\right] - \mathbb{E}_{\boldsymbol{\theta}}[\boldsymbol{S}]\right) \tag{2.103}$$

$$= \mathbb{E}_{\text{target}}\left[\mathbb{E}_{\boldsymbol{\theta}}[\boldsymbol{S} \mid \boldsymbol{X},\boldsymbol{Y}] - \mathbb{E}_{\boldsymbol{\theta}}[\boldsymbol{S} \mid \boldsymbol{X}]\right] \tag{2.104}$$

ただし，$\boldsymbol{S}$ は，各ユニットの値を表す確率変数と各ユニット対の値の積を表す確率変数のベクトルを表す。

$$\boldsymbol{S} \equiv (U_1, \cdots, U_{N+M}, U_1 U_2, \cdots, U_{N+M-1} U_{N+M}) \tag{2.105}$$

なお，$i \in [1, N_{\text{in}}]$ については $U_i \equiv X_i$ とし，$i \in [N_{\text{in}}+1, N]$ については $U_i \equiv Y_{i-N_{\text{in}}}$ とし，$i \in [N+1, N+M]$ については $U_i \equiv H_{i-N}$ とする。

式 (2.104) は $\mathbb{P}_{\mathrm{target}}$ についての期待値として書けているので，$(\boldsymbol{X}(\omega), \boldsymbol{Y}(\omega))$ を $\mathbb{P}_{\mathrm{target}}$ に従ってサンプリングすることで，以下の確率的勾配が得られる。

$$g_{\boldsymbol{\theta}}(\omega) = \mathbb{E}_{\boldsymbol{\theta}}[\boldsymbol{S} \mid \boldsymbol{X}(\omega), \boldsymbol{Y}(\omega)] - \mathbb{E}_{\boldsymbol{\theta}}[\boldsymbol{S} \mid \boldsymbol{X}(\omega)] \tag{2.106}$$

具体的には，以下の確率的勾配法による更新則が得られる。出力ユニット $i \in [N_{\mathrm{in}}+1, N]$ について

$$b_i \leftarrow b_i + \eta\left(Y_i(\omega) - \mathbb{E}_{\boldsymbol{\theta}}[Y_i \mid \boldsymbol{X}(\omega)]\right) \tag{2.107}$$

隠れユニット $i \in [N+1, N+M]$ について

$$b_i \leftarrow b_i + \eta\left(\mathbb{E}_{\boldsymbol{\theta}}[H_i \mid \boldsymbol{X}(\omega), \boldsymbol{Y}(\omega)] - \mathbb{E}_{\boldsymbol{\theta}}[H_i \mid \boldsymbol{X}(\omega)]\right) \tag{2.108}$$

入力ユニットと出力ユニットの対 $(i,j) \in [1, N_{\mathrm{in}}] \times [N_{\mathrm{in}}+1, N]$ について

$$w_{i,j} \leftarrow w_{i,j} + \eta\left(X_i(\omega)\, Y_j(\omega) - X_i(\omega)\, \mathbb{E}_{\boldsymbol{\theta}}[Y_j \mid \boldsymbol{X}(\omega)]\right) \tag{2.109}$$

入力ユニットと隠れユニットの対 $(i,j) \in [1, N_{\mathrm{in}}] \times [N+1, N+M]$ について

$$w_{i,j} \leftarrow w_{i,j} + \eta\left(X_i(\omega)\, \mathbb{E}_{\boldsymbol{\theta}}\left[H_j \mid \boldsymbol{X}(\omega), \boldsymbol{Y}(\omega)\right] - X_i(\omega)\, \mathbb{E}_{\boldsymbol{\theta}}[H_j \mid \boldsymbol{X}(\omega)]\right) \tag{2.110}$$

出力ユニットの対 $(i,j) \in \{(i,j) \mid N_{\mathrm{in}}+1 \leq i < j \leq N\}$ について

$$w_{i,j} \leftarrow w_{i,j} + \eta\left(Y_i(\omega)\, Y_j(\omega) - \mathbb{E}_{\boldsymbol{\theta}}[Y_i\, Y_j \mid \boldsymbol{X}(\omega)]\right) \tag{2.111}$$

出力ユニットと隠れユニットの対 $(i,j) \in [N_{\mathrm{in}}+1, N] \times [N+1, N+M]$ について

$$w_{i,j} \leftarrow w_{i,j} + \eta\left(Y_i(\omega)\, \mathbb{E}_{\boldsymbol{\theta}}\left[H_j \mid \boldsymbol{X}(\omega), \boldsymbol{Y}(\omega)\right] - \mathbb{E}_{\boldsymbol{\theta}}[Y_i\, H_j \mid \boldsymbol{X}(\omega)]\right) \tag{2.112}$$

隠れユニットの対 $(i,j) \in \{(i,j) \mid N+1 \leq i < j \leq N+M\}$ について

$$w_{i,j} \leftarrow w_{i,j} + \eta \left(\mathbb{E}_{\boldsymbol{\theta}}\left[H_i H_j \mid \boldsymbol{X}(\omega), \boldsymbol{Y}(\omega)\right] - \mathbb{E}_{\boldsymbol{\theta}}[H_i H_j \mid \boldsymbol{X}(\omega)]\right) \tag{2.113}$$

また，入力ユニット $i \in [1, N_{\mathrm{in}}]$ と，入力ユニットの対 $(i,j) \in \{(i,j) \mid 1 \leq i < j \leq N_{\mathrm{in}}\}$ とについて，以下の自明な学習則が得られる。

$$b_i \leftarrow b_i \tag{2.114}$$

$$w_{i,j} \leftarrow w_{i,j} \tag{2.115}$$

実際，これらのパラメータは冗長であり，$\mathbb{P}_{\boldsymbol{\theta}}(\mathbf{y} \mid \mathbf{x})$ に寄与しない。

式 (2.88) から式 (2.90) のヘッセ行列が得られたことを考えると，式 (2.102) の判別モデル学習の目的関数のヘッセ行列は次式のように導かれる。

$$\begin{aligned}\boldsymbol{\nabla}^2 f(\boldsymbol{\theta}) = \mathbb{E}_{\mathrm{target}}\left[\mathbb{COV}_{\boldsymbol{\theta}}[\boldsymbol{S} \mid \boldsymbol{X}, \boldsymbol{Y}]\right] \\ - \mathbb{COV}_{\boldsymbol{\theta}}[\boldsymbol{S}] - \left(\mathbb{E}_{\mathrm{target}}\left[\mathbb{COV}_{\boldsymbol{\theta}}[\boldsymbol{S} \mid \boldsymbol{X}]\right] - \mathbb{COV}_{\boldsymbol{\theta}}[\boldsymbol{S}]\right)\end{aligned} \tag{2.116}$$

$$= \mathbb{E}_{\mathrm{target}}\left[\mathbb{COV}_{\boldsymbol{\theta}}[\boldsymbol{S} \mid \boldsymbol{X}, \boldsymbol{Y}] - \mathbb{COV}_{\boldsymbol{\theta}}[\boldsymbol{S} \mid \boldsymbol{X}]\right] \tag{2.117}$$

ただし，$\mathbb{COV}_{\boldsymbol{\theta}}[\cdot \mid \boldsymbol{X}, \boldsymbol{Y}]$ は，$(\boldsymbol{X}, \boldsymbol{Y})$ が所与のときの隠れユニットの条件付き確率分布 $\mathbb{P}_{\boldsymbol{\theta}}(\cdot \mid \boldsymbol{X}, \boldsymbol{Y})$ に関する条件付き共分散行列であり，また $\mathbb{COV}_{\boldsymbol{\theta}}[\cdot \mid \boldsymbol{X}]$ は，$\boldsymbol{X}$ を所与としたときの出力ユニットと隠れユニットの条件付き確率分布 $\mathbb{P}_{\boldsymbol{\theta}}(\cdot \mid \boldsymbol{X})$ に関する条件付き共分散行列である。

2.3.3 ま　と　め

入力ユニット・出力ユニット・隠れユニットを持つボルツマンマシンは，入力ユニット値 $\mathbf{x}$ が与えられたとき，出力ユニット値 $\mathbf{y}$ の条件付き確率分布を

$$\mathbb{P}_{\boldsymbol{\theta}}(\mathbf{y} \mid \mathbf{x}) = \frac{\displaystyle\sum_{\tilde{\mathbf{h}}} \mathbb{P}_{\boldsymbol{\theta}}(\mathbf{x}, \mathbf{y}, \tilde{\mathbf{h}})}{\displaystyle\sum_{\tilde{\mathbf{y}}, \tilde{\mathbf{h}}} \mathbb{P}_{\boldsymbol{\theta}}(\mathbf{x}, \tilde{\mathbf{y}}, \tilde{\mathbf{h}})} \tag{2.118}$$

で与える。ただし，$\boldsymbol{\theta} = (\mathbf{b}, \mathbf{W})$ はボルツマンマシンのパラメータであり，このボルツマンマシンの可視ユニットの値が $(\mathbf{x}, \mathbf{y})$ で，隠れユニットの値が $\mathbf{h}$ となる確率を $\mathbb{P}_{\boldsymbol{\theta}}(\mathbf{x}, \mathbf{y}, \mathbf{h})$ とする。

このボルツマンマシンの学習の目的関数として，$\mathbb{P}_{\boldsymbol{\theta}}(\cdot \mid \boldsymbol{X})$ から $\mathbb{P}_{\mathrm{target}}(\cdot \mid \boldsymbol{X})$ への KL ダイバージェンスの，入力の値 $\boldsymbol{X}$ の学習対象の確率分布に関する期待値 $\mathbb{E}_{\mathrm{target}}[\mathrm{KL}(\mathbb{P}_{\boldsymbol{\theta}}(\cdot \mid \boldsymbol{X}) \,||\, \mathbb{P}_{\mathrm{target}}(\cdot \mid \boldsymbol{X}))]$ を考えることができる。この KL ダイバージェンスの期待値を最小にするには

$$f(\boldsymbol{\theta}) \equiv \mathbb{E}_{\mathrm{target}}\left[\log \mathbb{P}_{\boldsymbol{\theta}}(\boldsymbol{X}, \boldsymbol{Y})\right] - \mathbb{E}_{\mathrm{target}}\left[\log \mathbb{P}_{\boldsymbol{\theta}}(\boldsymbol{X})\right] \tag{2.119}$$

を最大にすればよい。なお，訓練データ内の入力と出力の対について，入力が与えられたときの出力の条件付き対数尤度の和を最大にするには，上の目的関数において $\mathbb{P}_{\mathrm{target}}$ を訓練データの経験分布とすればよい。

目的関数 $f(\boldsymbol{\theta})$ の勾配とヘッセ行列は以下で与えられる。

$$\boldsymbol{\nabla} f(\boldsymbol{\theta}) = \mathbb{E}_{\mathrm{target}}\left[\mathbb{E}_{\boldsymbol{\theta}}[\boldsymbol{S} \mid \boldsymbol{X}, \boldsymbol{Y}]\right] - \mathbb{E}_{\mathrm{target}}[\mathbb{E}_{\boldsymbol{\theta}}[\boldsymbol{S} \mid \boldsymbol{X}]] \tag{2.120}$$

$$\boldsymbol{\nabla}^2 f(\boldsymbol{\theta}) = \mathbb{E}_{\mathrm{target}}\left[\mathbb{COV}_{\boldsymbol{\theta}}[\boldsymbol{S} \mid \boldsymbol{X}, \boldsymbol{Y}]\right] - \mathbb{E}_{\mathrm{target}}\left[\mathbb{COV}_{\boldsymbol{\theta}}[\boldsymbol{S} \mid \boldsymbol{X}]\right] \tag{2.121}$$

ただし，各ユニットの値を表す確率変数と，各ユニット対の値の積を表す確率変数からなるベクトルを

$$\boldsymbol{S} \equiv (U_1, \cdots, U_{N+M}, U_1 U_2, \cdots, U_{N+M-1} U_{N+M}) \tag{2.122}$$

とし，各 $i \in [1, N_{\mathrm{in}}]$ については $U_i = X_i$ とし，各 $i \in [N_{\mathrm{in}}+1, N]$ については $U_i = Y_{i-N_{\mathrm{in}}}$ とし，各 $i \in [N+1, N+M]$ については $U_i = H_{i-N}$ とする。

2.4 回帰モデルの学習

本節では，ボルツマンマシンを回帰の問題に適用してみよう。説明変数 $\mathbf{x}$ が与えられたときに，実数値をとる目的変数 y の値を推定するのが回帰の目的である。$f(\mathbf{x})$ で目的変数の推定値を与える回帰モデル f をデータから学習した

い。このとき，$(\mathbf{x}, y)$ の組の集合 $\mathcal{D}$ が訓練データである。

2.4.1 自由エネルギーを用いた回帰

ボルツマンマシンの自由エネルギー $F_{\boldsymbol{\theta}}(\mathbf{x})$ を，二値ベクトルから実数値への回帰モデルと考える手法を考えよう。すなわち，可視ユニットの二値パターン $\mathbf{x}$ が決まると，実数値を取る自由エネルギー $F_{\boldsymbol{\theta}}(\mathbf{x})$ が決まるので，この関係を回帰（regression）に利用したい。自由エネルギーは，エネルギー $E_{\boldsymbol{\theta}}(\mathbf{x}, \mathbf{h})$ を用いて，以下のように定義されるのを思い出そう（式 (2.46) 参照)。

$$F_{\boldsymbol{\theta}}(\mathbf{x}) \equiv -\log \sum_{\tilde{\mathbf{h}}} \exp\left(-E_{\boldsymbol{\theta}}(\mathbf{x}, \tilde{\mathbf{h}})\right) \tag{2.123}$$

説明変数ベクトル $\mathbf{x}$ から対応する実数値 y を推定するモデルが回帰モデルであるが，ここでは，$\mathbf{x}$ は二値パターンに限定する。回帰モデルの学習では，訓練データとして与えられる $(\mathbf{x}, y)$ の組の集合 $\mathcal{D}$ について，以下の二乗誤差を最小化するのが標準的である。

$$\mathrm{MSE}(\boldsymbol{\theta}) = \frac{1}{2} \sum_{(\mathbf{x},y)\in\mathcal{D}} (F_{\boldsymbol{\theta}}(\mathbf{x}) - y)^2 \tag{2.124}$$

パラメータ $\boldsymbol{\theta}$ について，この目的関数の勾配を求めよう。

$$\begin{aligned}
\boldsymbol{\nabla}\mathrm{MSE}(\boldsymbol{\theta}) &= \sum_{(\mathbf{x},y)\in\mathcal{D}} (F_{\boldsymbol{\theta}}(\mathbf{x}) - y)\, \boldsymbol{\nabla} F_{\boldsymbol{\theta}}(\mathbf{x}) && (2.125)\\
&= \sum_{(\mathbf{x},y)\in\mathcal{D}} (F_{\boldsymbol{\theta}}(\mathbf{x}) - y) \sum_{\tilde{\mathbf{h}}} \mathbb{P}_{\boldsymbol{\theta}}(\tilde{\mathbf{h}} \mid \mathbf{x})\, \boldsymbol{\nabla} E_{\boldsymbol{\theta}}(\mathbf{x}, \tilde{\mathbf{h}}) && (2.126)\\
&= \sum_{(\mathbf{x},y)\in\mathcal{D}} \sum_{\tilde{\mathbf{h}}} \mathbb{P}_{\boldsymbol{\theta}}(\tilde{\mathbf{h}} \mid \mathbf{x})\, (F_{\boldsymbol{\theta}}(\mathbf{x}) - y)\, \boldsymbol{\nabla} E_{\boldsymbol{\theta}}(\mathbf{x}, \tilde{\mathbf{h}}) && (2.127)\\
&= \sum_{(\mathbf{x},y)\in\mathcal{D}} \mathbb{E}_{\boldsymbol{\theta}}\left[(F_{\boldsymbol{\theta}}(\mathbf{x}) - y)\, \boldsymbol{\nabla} E_{\boldsymbol{\theta}}(\mathbf{x}, \boldsymbol{H}) \mid \mathbf{x}\right] && (2.128)
\end{aligned}$$

ただし，2 番目の等号は，式 (2.54) の自由エネルギーの勾配から得られる。

最後の式は，可視ユニットの値 $\mathbf{x}$ がデータ $\mathcal{D}$ の経験分布に従い，隠れユニッ

トの値 $\mathbf{h}$ が条件付き確率分布 $\mathbb{P}_{\boldsymbol{\theta}}(\cdot \mid \mathbf{x})$ に従うときの，期待値の形をしている。期待値の形は，確率的勾配法を適用できることを示唆する。具体的には，$\mathcal{D}$ からのサンプル $(\boldsymbol{X}(\omega), Y(\omega))$ を一つ一様ランダムに選び，$\boldsymbol{H}(\omega)$ を $\mathbb{P}_{\boldsymbol{\theta}}(\cdot \mid \boldsymbol{X}(\omega))$ に従ってサンプリングし，以下の学習則でパラメータ $\boldsymbol{\theta}$ を更新する。

$$\boldsymbol{\theta} \leftarrow \boldsymbol{\theta} - \eta \left(F_{\boldsymbol{\theta}}(\boldsymbol{X}(\omega)) - Y(\omega)\right) \boldsymbol{\nabla} E_{\boldsymbol{\theta}}(\boldsymbol{X}(\omega), \boldsymbol{H}(\omega)) \tag{2.129}$$

2.2.3 項でも確認したように，ボルツマンマシンのエネルギーの勾配 $\boldsymbol{\nabla} E_{\boldsymbol{\theta}}(\mathbf{x}, \mathbf{h})$ は，隠れユニットを持つ場合であっても，簡単に計算できる。したがって，自由エネルギー $F_{\boldsymbol{\theta}}(\mathbf{x})$ を効率的に計算できれば，式 (2.129) の更新則を効率的に適用することができる。

2.4.2 制限ボルツマンマシンの自由エネルギー

ボルツマンマシンの自由エネルギーの評価は一般に計算量的に困難であるが，**図 2.4** に示すような構造を持つボルツマンマシンの場合には，自由エネルギーを効率的に計算することができる。図のボルツマンマシンは，可視ユニットと隠れユニットを持つが，可視ユニット間に接続はなく，また隠れユニット間にも接続を持たない。

このような構造を持つボルツマンマシンを**制限ボルツマンマシン** (restricted

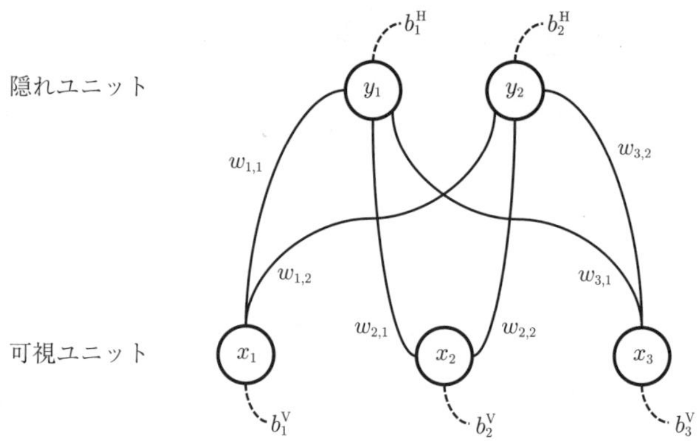

図 2.4 制限ボルツマンマシン

Boltzmann machine, **RBM**）と呼ぶ[114)]。可視ユニットのバイアスをベクトル $\mathbf{b}^{\mathrm{V}}$ で，隠れユニットのバイアスをベクトル $\mathbf{b}^{\mathrm{H}}$ で表して，可視ユニットと隠れユニットの間の重みを行列 $\mathbf{W}$ で表そう。このとき制限ボルツマンマシンのエネルギーは次式で表される。

$$E_{\boldsymbol{\theta}}(\mathbf{x}, \mathbf{h}) = -(\mathbf{b}^{\mathrm{V}})^{\top} \mathbf{x} - (\mathbf{b}^{\mathrm{H}})^{\top} \mathbf{h} - \mathbf{x}^{\top} \mathbf{W} \mathbf{h} \tag{2.130}$$

可視ユニットだけのボルツマンマシンで表現できる確率分布は限られていることを 2.2.1 項で議論したが，制限ボルツマンマシンの隠れユニットの数を十分に大きくすることで，任意の二値パターンの確率分布を任意の精度で近似できることが知られている[95)]。

制限ボルツマンマシンの自由エネルギーを計算してみよう。まず

$$\mathbf{b}(\mathbf{x})^{\top} \equiv (\mathbf{b}^{\mathrm{H}})^{\top} + \mathbf{x}^{\top} \mathbf{W} \tag{2.131}$$

と定義すると，式 (2.130) の制限ボルツマンマシンのエネルギーの式を，次式のように書き直すことができる。

$$E_{\boldsymbol{\theta}}(\mathbf{x}, \mathbf{h}) = -(\mathbf{b}^{\mathrm{V}})^{\top} \mathbf{x} - \mathbf{b}(\mathbf{x})^{\top} \mathbf{h} \tag{2.132}$$

この表現を用いると，制限ボルツマンマシンの自由エネルギーの式を以下のように変形できる。

$$\begin{aligned}
F_{\boldsymbol{\theta}}(\mathbf{x}) &= -\log \sum_{\tilde{\mathbf{h}}} \exp\left(-E_{\boldsymbol{\theta}}(\mathbf{x}, \mathbf{h})\right) && (2.133)\\
&= -\log \sum_{\tilde{\mathbf{h}}} \exp\left((\mathbf{b}^{\mathrm{V}})^{\top} \mathbf{x} + \mathbf{b}(\mathbf{x})^{\top} \mathbf{h}\right) && (2.134)\\
&= -\log \exp\left((\mathbf{b}^{\mathrm{V}})^{\top} \mathbf{x}\right) - \log \sum_{\tilde{\mathbf{h}}} \exp\left(\mathbf{b}(\mathbf{x})^{\top} \mathbf{h}\right) && (2.135)\\
&= -(\mathbf{b}^{\mathrm{V}})^{\top} \mathbf{x} - \log \sum_{\tilde{\mathbf{h}}} \exp\left(\sum_{i=1}^{M} b_i(\mathbf{x})\, h_i\right) && (2.136)\\
&= -(\mathbf{b}^{\mathrm{V}})^{\top} \mathbf{x} - \log \sum_{\tilde{\mathbf{h}}} \prod_{i=1}^{M} \exp\left(b_i(\mathbf{x})\, h_i\right) && (2.137)
\end{aligned}$$

$$= -(\mathbf{b}^{\mathrm{V}})^\top \mathbf{x} - \log \prod_{i=1}^{M} (1 + \exp(b_i(\mathbf{x}))) \tag{2.138}$$

以上を定理 2.1 としてまとめておこう。

定理 2.1　可視ユニットのバイアスが $\mathbf{b}^{\mathrm{V}}$ であり，隠れユニットのバイアスが $\mathbf{b}^{\mathrm{H}}$ であり，可視ユニットと隠れユニットの間の重みが $\mathbf{W}$ である制限ボルツマンマシンを考える。このとき，可視ユニットの値が $\mathbf{x}$ であるときの自由エネルギーは次式で与えられる。

$$F_{\boldsymbol{\theta}}(\mathbf{x}) = -(\mathbf{b}^{\mathrm{V}})^\top \mathbf{x} - \log \prod_{i=1}^{M} (1 + \exp(b_i(\mathbf{x}))) \tag{2.139}$$

式 (2.133) は一般のボルツマンマシンの自由エネルギーの式であるが，この式の $\tilde{\mathbf{h}}$ についての和は，隠れユニットのすべての可能な二値パターンについての和であるから，隠れユニットが M 個あれば，2^M 個の項の和である。したがって，一般のボルツマンマシンの自由エネルギーの評価は，隠れユニットの数について指数的に大きな計算時間を要する。これに対して，制限ボルツマンマシンの自由エネルギーは，隠れユニットの数 M について線形の時間で計算ができることを定理 2.1 が示している。

アルゴリズム 2.1　制限ボルツマンマシンの自由エネルギーによる回帰

1: **入力** 二値パターン $\mathbf{x}$ と実数値 y の組の集合からなる学習データ $\mathcal{D}$
2: **while** 停止条件を満たすまで **do**
3: 　$\mathcal{D}$ から $(\boldsymbol{X}(\omega), Y(\omega))$ を一様ランダムにサンプリングする
4: 　$\mathbb{P}_{\boldsymbol{\theta}}(\cdot \mid \boldsymbol{X}(\omega))$ に従って，隠れユニットのパターン $\boldsymbol{H}(\omega)$ をサンプリングする
5: 　$\mathbf{b} \leftarrow \mathbf{b}^{\mathrm{H}} + \mathbf{W}^\top \boldsymbol{X}(\omega)$
6: 　$F_{\boldsymbol{\theta}} \leftarrow -(\mathbf{b}^{\mathrm{V}})^\top \boldsymbol{X}(\omega) - \log \prod_{i=1}^{M} (1 + \exp(b_i))$
7: 　$\mathbf{b}^{\mathrm{V}} \leftarrow \mathbf{b}^{\mathrm{V}} + \eta\,(F_{\boldsymbol{\theta}} - Y(\omega))\,\boldsymbol{X}(\omega)$
8: 　$\mathbf{b}^{\mathrm{H}} \leftarrow \mathbf{b}^{\mathrm{H}} + \eta\,(F_{\boldsymbol{\theta}} - Y(\omega))\,\boldsymbol{H}(\omega)$
9: 　$\mathbf{W} \leftarrow \mathbf{W} + \eta\,(F_{\boldsymbol{\theta}} - Y(\omega))\,\boldsymbol{X}(\omega)\,\boldsymbol{H}(\omega)^\top$
10: **end while**
11: **出力** ボルツマンマシンのパラメータ $\boldsymbol{\theta}$

制限ボルツマンマシンの自由エネルギーを回帰モデルとするときの，確率的勾配法による学習アルゴリズムをアルゴリズム 2.1 にまとめておこう。

見やすくするために，以下の記法を用いている。

$$\mathbf{b} \equiv \mathbf{b}\left(\boldsymbol{X}(\omega)\right) \tag{2.140}$$

$$F_{\boldsymbol{\theta}} \equiv F_{\boldsymbol{\theta}}\left(\boldsymbol{X}(\omega)\right) \tag{2.141}$$

また，制限ボルツマンマシンのエネルギーの各パラメータに関する偏微分が以下で与えられることを用いている。

$$\frac{\partial}{\partial b_i^{\mathrm{V}}}\mathbb{E}_{\boldsymbol{\theta}}(\mathbf{x},\mathbf{h}) = -x_i \tag{2.142}$$

$$\frac{\partial}{\partial b_j^{\mathrm{H}}}\mathbb{E}_{\boldsymbol{\theta}}(\mathbf{x},\mathbf{h}) = -h_j \tag{2.143}$$

$$\frac{\partial}{\partial w_{i,j}}\mathbb{E}_{\boldsymbol{\theta}}(\mathbf{x},\mathbf{h}) = -x_i\,h_j \tag{2.144}$$

ただし，可視ユニットのインデックスを i とし，隠れユニットのインデックスを j とする。

二値パターンを実数値に回帰する実用的な課題は多くないが，強化学習における価値関数を $F_{\boldsymbol{\theta}}(\mathbf{x})$ でモデル化するのに，同様の手法が用いられている[32),86),101)~103)]。この手法については 7 章で議論しよう。

2.4.3 期待エネルギー

ここでは，以下の**期待エネルギー**（expected energy）を考えよう。

$$\mathbb{E}[E_{\boldsymbol{\theta}}(\mathbf{x},\boldsymbol{H})] = \sum_{\tilde{\mathbf{h}}} \mathbb{P}_{\boldsymbol{\theta}}(\tilde{\mathbf{h}} \mid \mathbf{x})\, E_{\boldsymbol{\theta}}(\mathbf{x},\tilde{\mathbf{h}}) \tag{2.145}$$

自由エネルギーと同様に，可視ユニットの値 $\mathbf{x}$ が決まると，実数値を取る期待エネルギー $\mathbb{E}[E_{\boldsymbol{\theta}}(\mathbf{x},\boldsymbol{H})] \in \mathbb{R}$ が一つ決まる†。

再び図 2.4 の制限ボルツマンマシンを考えよう。可視ユニットの値 $\mathbf{x}$ と隠れ

† 本書では，実数全体の集合を $\mathbb{R}$ で表記する。

ユニットの値 $\mathbf{h}$ はそれぞれ条件付き独立であるから，$\mathbf{x}$ が所与のときの j 番目の隠れユニットの条件付き期待値は以下のように書ける。

$$m_j(\mathbf{x}) \equiv \mathbb{E}_{\boldsymbol{\theta}}[H_j \mid \mathbf{x}] \tag{2.146}$$

$$= \mathbb{P}_{\boldsymbol{\theta}}(H_j = 1 \mid \mathbf{x}) \tag{2.147}$$

$$= \frac{1}{1 + \exp\big(-b_j(\mathbf{x})\big)} \tag{2.148}$$

ただし，$b_j(\mathbf{x})$ は式 (2.131) の $\mathbf{b}(\mathbf{x})$ の第 j 成分である†。

$$b_j(\mathbf{x}) \equiv b_j^{\mathrm{H}} + \mathbf{x}^\top \mathbf{W}_{:,j} \tag{2.149}$$

以下では，隠れユニットの条件付き期待値をまとめてベクトル $\mathbf{m}(\mathbf{x})$ で表そう。

ここで，$\mathbf{x}$ が所与のときのエネルギーの条件付き期待値を考えてみよう。エネルギーは $\mathbf{h}$ の線形関数であるから，条件付き期待値は以下のように書ける。

$$\mathbb{E}[E_{\boldsymbol{\theta}}(\mathbf{x}, \boldsymbol{H})] = -(\mathbf{b}^{\mathrm{V}})^\top \mathbf{x} - (\mathbf{b}^{\mathrm{H}})^\top \mathbf{m}(\mathbf{x}) - \mathbf{x}^\top \mathbf{W}\,\mathbf{m}(\mathbf{x}) \tag{2.150}$$

$$= -(\mathbf{b}^{\mathrm{V}})^\top \mathbf{x} - \mathbf{b}(\mathbf{x})^\top \mathbf{m}(\mathbf{x}) \tag{2.151}$$

この制限ボルツマンマシンの期待エネルギーを，対応する定理 2.1 の自由エネルギーと比べてみよう（定理 2.2）。

定理 2.2　制限ボルツマンマシンの期待エネルギー $\mathbb{E}_{\boldsymbol{\theta}}[E_{\boldsymbol{\theta}}(\mathbf{x}, \boldsymbol{H})]$ と自由エネルギー $F_{\boldsymbol{\theta}}(\mathbf{x})$ は，以下の関係を満たす。

$$\mathbb{E}_{\boldsymbol{\theta}}[E_{\boldsymbol{\theta}}(\mathbf{x}, \boldsymbol{H})] = F_{\boldsymbol{\theta}}(\mathbf{x}) - \mathbb{E}_{\boldsymbol{\theta}}[\log \mathbb{P}_{\boldsymbol{\theta}}(\boldsymbol{H} \mid \mathbf{x})] \tag{2.152}$$

上式の $-\mathbb{E}_{\boldsymbol{\theta}}[\log \mathbb{P}_{\boldsymbol{\theta}}(\boldsymbol{H} \mid \mathbf{x})]$ は，可視ユニットの値 $\mathbf{x}$ を所与としたときの隠れユニットの値 $\boldsymbol{H}$ の条件付き確率分布のエントロピーである。

【証明】　可視ユニットの値を所与とすると，隠れユニットの値はたがいに条件付

† 本書では，行列 $\mathbf{W}$ の第 i 行からなる行ベクトルを $\mathbf{W}_{i,:}$ で表記し，第 j 列からなる列ベクトルを $\mathbf{W}_{:,j}$ で表記する。

き独立である（章末問題【 4 】の系 2.1 参照）。よって

$$\log \mathbb{P}_{\boldsymbol{\theta}}(\boldsymbol{H} \mid \mathbf{x}) = \sum_{j=1}^{M} \log \mathbb{P}_{\boldsymbol{\theta}}(H_j \mid \mathbf{x}) \tag{2.153}$$

であるから，式 (2.148) の記法を用いると，以下が得られる。

$$\begin{aligned}
&\mathbb{E}_{\boldsymbol{\theta}}[\log \mathbb{P}_{\boldsymbol{\theta}}(\boldsymbol{H} \mid \mathbf{x})] \\
&\quad = \sum_{j=1}^{M} \Bigl(m_j(\mathbf{x}) \log m_j(\mathbf{x}) + (1 - m_j(\mathbf{x})) \log(1 - m_j(\mathbf{x})) \Bigr) && (2.154) \\
&\quad = \sum_{j=1}^{M} \left(m_j \log \frac{\exp(b_j(\mathbf{x}))}{1 + \exp(b_j(\mathbf{x}))} + (1 - m_j) \log \frac{1}{1 + \exp(b_j(\mathbf{x}))} \right) && (2.155) \\
&\quad = \mathbf{b}(\mathbf{x})^\top \mathbf{m}(\mathbf{x}) - \sum_{j=1}^{M} \log(1 + \exp(b_j(\mathbf{x}))) && (2.156)
\end{aligned}$$

式 (2.151) と式 (2.156) とを加えて，定理 2.1 の自由エネルギーと比べることで，定理が成り立つことが確認できる。

◇

期待エネルギーと自由エネルギーを**図 2.5** を見ながら比較しよう。

破線は，期待エネルギーに関係する式 (2.151) に現れる以下の量を表す。

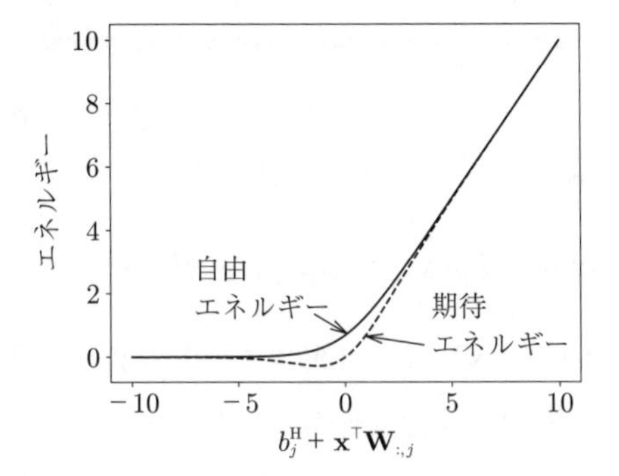

図 **2.5**　制限ボルツマンマシンの j 番目の隠れユニットに関連する式 (2.151) の期待エネルギーと定理 2.1 の自由エネルギー

$$b_j(x)\, m_j(x) = \frac{b_j^{\mathrm{H}} + \mathbf{x}^\top \mathbf{W}_{:,j}}{1 + \exp\left(- b_j^{\mathrm{H}} - \mathbf{x}^\top \mathbf{W}_{:,j} \right)} \tag{2.157}$$

実線は，自由エネルギーに関係する定理 2.1 に現れる以下の量を表す。

$$\log\left(1 + \exp\left(b_j(x)\right)\right) = \log\left(1 + \exp\left(b_j^{\mathrm{H}} + \mathbf{x}^\top \mathbf{W}_{:,j}\right)\right) \tag{2.158}$$

2 本の線の差は

$$b_j^{\mathrm{H}} + \mathbf{x}^\top \mathbf{W}_{:,j} = 0 \tag{2.159}$$

のときに最大 ($\log 2 \approx 0.30$) となる。また，$|b_j^{\mathrm{H}} + \mathbf{x}^\top \mathbf{W}_{:,j}|$ が十分に大きいときには，2 本の線は区別できなくなる。

以上のことから，制限ボルツマンマシンの期待エネルギーは，対応する自由エネルギーと似ているものの，異なる性質も持っていることがわかる。特に，図 2.5 において，自由エネルギーは単調増加するが，期待エネルギーはそうではない。期待エネルギーのほうが自由エネルギーよりも効果的に学習ができる例も報告されている[27)]。また，自由エネルギーと同様に，期待エネルギーを強化学習に使う研究もある[26)]。

2.4.4 期待エネルギーを用いた回帰

前節の期待エネルギーを回帰モデルとしてみよう。可視ユニットの値が $\mathbf{x}$ のときの期待エネルギーを $G_{\boldsymbol{\theta}}(\mathbf{x}) \equiv \mathbb{E}_{\boldsymbol{\theta}}[E_{\boldsymbol{\theta}}(\mathbf{x}, \mathbf{H})]$ と書いて，二乗誤差を最小化する。

$$\mathrm{MSE}(\boldsymbol{\theta}) = \frac{1}{2} \sum_{(\mathbf{x},y)\in\mathcal{D}} \left(G_{\boldsymbol{\theta}}(\mathbf{x}) - y\right)^2 \tag{2.160}$$

この二乗誤差のパラメータ $\boldsymbol{\theta}$ についての勾配は以下で与えられる。

$$\boldsymbol{\nabla}\mathrm{MSE}(\boldsymbol{\theta}) = \sum_{(\mathbf{x},y)\in\mathcal{D}} \left(G_{\boldsymbol{\theta}}(\mathbf{x}) - y\right) \boldsymbol{\nabla} G_{\boldsymbol{\theta}}(\mathbf{x}) \tag{2.161}$$

式 (2.145) を用いて，上式の最後に現れる期待エネルギーの勾配を求めてみよう。

$$\nabla G_{\boldsymbol{\theta}}(\mathbf{x}) = \sum_{\tilde{\mathbf{h}}} \nabla \mathbb{P}_{\boldsymbol{\theta}}(\tilde{\mathbf{h}} \mid \mathbf{x})\, E_{\boldsymbol{\theta}}(\mathbf{x}, \tilde{\mathbf{h}}) + \sum_{\tilde{\mathbf{h}}} \mathbb{P}_{\boldsymbol{\theta}}(\tilde{\mathbf{h}} \mid \mathbf{x})\, \nabla E_{\boldsymbol{\theta}}(\mathbf{x}, \tilde{\mathbf{h}}) \tag{2.162}$$

アルゴリズム 2.1 のような確率的勾配法を適用するために，二乗誤差の勾配を期待値の形で表したい。そこで

$$\nabla \mathbb{P}_{\boldsymbol{\theta}}(\tilde{\mathbf{h}} \mid \mathbf{x}) = \mathbb{P}_{\boldsymbol{\theta}}(\tilde{\mathbf{h}} \mid \mathbf{x})\, \nabla \log \mathbb{P}_{\boldsymbol{\theta}}(\tilde{\mathbf{h}} \mid \mathbf{x}) \tag{2.163}$$

の関係式を使うと，式 (2.162) は以下のように書ける。

$$\nabla G_{\boldsymbol{\theta}}(\mathbf{x}) = \sum_{\tilde{\mathbf{h}}} \mathbb{P}_{\boldsymbol{\theta}}(\tilde{\mathbf{h}} \mid \mathbf{x}) \Big(\nabla \log \mathbb{P}_{\boldsymbol{\theta}}(\tilde{\mathbf{h}} \mid \mathbf{x})\, E_{\boldsymbol{\theta}}(\mathbf{x}, \tilde{\mathbf{h}}) + \nabla E_{\boldsymbol{\theta}}(\mathbf{x}, \tilde{\mathbf{h}}) \Big) \tag{2.164}$$

これにより，式 (2.161) の二乗誤差の勾配は，以下の期待値の形で書けるようになった。

$$\begin{aligned} &\nabla \mathrm{MSE}(\boldsymbol{\theta}) \\ &\quad = \sum_{(\mathbf{x},y)\in\mathcal{D}} \mathbb{E}_{\boldsymbol{\theta}} \left[(G_{\boldsymbol{\theta}}(\mathbf{x}) - y) \left(\nabla \log \mathbb{P}_{\boldsymbol{\theta}}(\mathbf{H} \mid \mathbf{x})\, E_{\boldsymbol{\theta}}(\mathbf{x}, \mathbf{H}) + \nabla E_{\boldsymbol{\theta}}(\mathbf{x}, \mathbf{H}) \right) \right] \end{aligned} \tag{2.165}$$

自由エネルギーを用いたときの二乗誤差の勾配（式 (2.128)）と上式を比較すると，エネルギーの勾配 $\nabla E_{\boldsymbol{\theta}}(\mathbf{x}, \mathbf{H})$ に，$\nabla \log \mathbb{P}_{\boldsymbol{\theta}}(\mathbf{H} \mid \mathbf{x})\, E_{\boldsymbol{\theta}}(\mathbf{x}, \mathbf{H})$ が足された形になっていることがわかる。

この追加の項に含まれる $\nabla \log \mathbb{P}_{\boldsymbol{\theta}}(\mathbf{H} \mid \mathbf{x})$ を詳しく調べてみよう。制限ボルツマンマシンの場合，式 (2.148) の条件付き確率分布を用いて

$$\begin{aligned} \nabla \log \mathbb{P}_{\boldsymbol{\theta}}(\mathbf{h} \mid \mathbf{x}) &= \sum_j \nabla \log \mathbb{P}_{\boldsymbol{\theta}}(h_j \mid \mathbf{x}) && (2.166) \\ &= \sum_j \nabla \log \frac{\exp\left((b_j^{\mathrm{H}} + \mathbf{x}^\top \mathbf{W}_{:,j})\, h_j \right)}{1 + \exp\left(b_j^{\mathrm{H}} + \mathbf{x}^\top \mathbf{W}_{:,j} \right)} && (2.167) \\ &= \sum_j \nabla \left((b_j^{\mathrm{H}} + \mathbf{x}^\top \mathbf{W}_{:,j})\, h_j \right) \end{aligned}$$

$$- \sum_j \nabla \log \left(1 + \exp \left(b_j^{\mathrm{H}} + \mathbf{x}^\top \mathbf{W}_{:,j}\right)\right) \quad (2.168)$$

$$= \sum_j \left(h_j - \mathbb{E}_{\boldsymbol{\theta}}[H_j \mid \mathbf{x}]\right) \nabla (b_j^{\mathrm{H}} + \mathbf{x}^\top \mathbf{W}_{:,j}) \quad (2.169)$$

と書ける。なお，$\mathbb{E}_{\boldsymbol{\theta}}[H_j \mid \mathbf{x}]$ は式 (2.148) で与えられる。具体的には，以下の偏微分が得られる。

$$\frac{\partial}{\partial b_i^{\mathrm{V}}} \log \mathbb{P}_{\boldsymbol{\theta}}(\mathbf{h} \mid \mathbf{x}) = 0 \quad (2.170)$$

$$\frac{\partial}{\partial b_j^{\mathrm{H}}} \log \mathbb{P}_{\boldsymbol{\theta}}(\mathbf{h} \mid \mathbf{x}) = h_j - \mathbb{E}_{\boldsymbol{\theta}}[H_j \mid \mathbf{x}] \quad (2.171)$$

$$\frac{\partial}{\partial w_{i,j}} \log \mathbb{P}_{\boldsymbol{\theta}}(\mathbf{h} \mid \mathbf{x}) = \left(h_j - \mathbb{E}_{\boldsymbol{\theta}}[H_j \mid \mathbf{x}]\right) x_i \quad (2.172)$$

期待エネルギーを回帰モデルとして確率的勾配法で学習するアルゴリズムをアルゴリズム 2.2 にまとめておこう。

アルゴリズム 2.2　制限ボルツマンマシンの期待エネルギーによる回帰

1: **入力** 二値パターン $\mathbf{x}$ と実数値 y の組の集合からなる学習データ $\mathcal{D}$
2: **while** 停止条件を満たすまで **do**
3: 　$\mathcal{D}$ から $(\boldsymbol{X}(\omega), Y(\omega))$ を一様ランダムにサンプリングする
4: 　$\mathbb{P}_{\boldsymbol{\theta}}(\cdot \mid \boldsymbol{X}(\omega))$ に従って，隠れユニットのパターン $\boldsymbol{H}(\omega)$ をサンプリングする
5: 　$\mathbf{b} \leftarrow \mathbf{b}^{\mathrm{H}} + \mathbf{W}^\top \boldsymbol{X}(\omega)$
6: 　$\mathbf{m} \leftarrow 1/(1 + \exp(-\mathbf{b}))$ (要素ごとに演算)
7: 　$E \leftarrow -(\mathbf{b}^{\mathrm{V}})^\top \boldsymbol{X}(\omega) - \mathbf{b}^\top \boldsymbol{H}(\omega)$
8: 　$G_{\boldsymbol{\theta}} \leftarrow -(\mathbf{b}^{\mathrm{V}})^\top \boldsymbol{X}(\omega) - \mathbf{b}^\top \mathbf{m}$
9: 　$\mathbf{b}^{\mathrm{V}} \leftarrow \mathbf{b}^{\mathrm{V}} + \eta\,(G_{\boldsymbol{\theta}} - Y(\omega))\,\boldsymbol{X}(\omega)$
10: 　$\mathbf{b}^{\mathrm{H}} \leftarrow \mathbf{b}^{\mathrm{H}} + \eta\,(G_{\boldsymbol{\theta}} - Y(\omega))\,((\mathbf{m} - \boldsymbol{H}(\omega))\,E + \boldsymbol{H}(\omega))$
11: 　$\mathbf{W} \leftarrow \mathbf{W} + \eta\,(G_{\boldsymbol{\theta}} - Y(\omega))\,\left(\boldsymbol{X}(\omega)\,(\mathbf{m} - \boldsymbol{H}(\omega)^\top)\,E + \boldsymbol{X}(\omega)\,\boldsymbol{H}(\omega)^\top\right)$
12: **end while**
13: **出力** ボルツマンマシンのパラメータ $\boldsymbol{\theta}$

章　末　問　題

【1】 補題 2.1 を証明せよ。

【2】 隠れユニットを持たず，また出力ユニット間に結合がない，図 **2.6** の条件付き

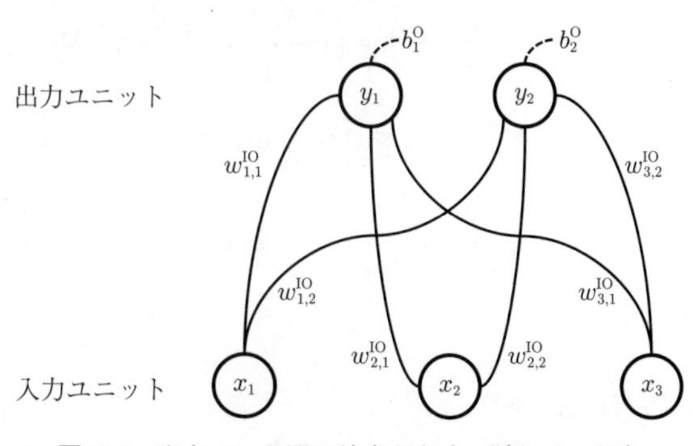

図 2.6 出力ノード間に結合がなく，隠れノードを持たない条件付きボルツマンマシン

ボルツマンマシンを考えよう。式 (2.114), (2.115) でも議論したように，入力ユニットのバイアスと，入力ユニット間の重みは冗長であるから，出力ユニットのバイアス $\mathbf{b}^{\mathrm{O}}$ と，入力ユニットと出力ユニットの間の重み $\mathbf{W}^{\mathrm{IO}}$ を考えれば十分である。ただし，$\mathbf{W}^{\mathrm{IO}}$ の (i,j) 成分は，i 番目の入力ユニットと j 番目の出力ユニットの間の重みとする。このとき

$$\mathbf{b}(\mathbf{x}) \equiv \mathbf{b}^{\mathrm{O}} + (\mathbf{W}^{\mathrm{IO}})^\top \mathbf{x} \tag{2.173}$$

と定義すると，入力ユニットの値 $\mathbf{x}$ を所与としたときの出力ユニットの値 $\mathbf{y}$ の条件付き確率は

$$\mathbb{P}_{\boldsymbol{\theta}}(\mathbf{y} \mid \mathbf{x}) = \frac{\exp\left((\mathbf{b}(\mathbf{x}))^\top \mathbf{y}\right)}{\sum_{\tilde{\mathbf{y}}} \exp\left((\mathbf{b}(\mathbf{x}))^\top \tilde{\mathbf{y}}\right)} \tag{2.174}$$

で与えられることを示せ。

【 3 】 式 (2.174) の右辺の分配関数（分母）は，$2^{N_{\mathrm{out}}}$ 個の項からなるが，$O(N_{\mathrm{out}})$ 時間で評価できることを，つぎの補題 2.2 を証明して確認せよ。

補題 2.2 式 (2.174) の右辺の分配関数は，次式で書ける。

$$\sum_{\tilde{\mathbf{y}}} \exp\left((\mathbf{b}(\mathbf{x}))^\top \tilde{\mathbf{y}}\right) = \prod_{i=1}^{N_{\mathrm{out}}} \left(1 + \exp\left(b_i(\mathbf{x})\right)\right) \tag{2.175}$$

ただし，$\tilde{\mathbf{y}}$ に関する和は，長さ N_{out} のすべての可能な二値パターンに関する和を表す。

【4】 図 2.6 のボルツマンマシンの入力ユニットの値を所与とすると，出力ユニットの値はたがいに条件付き独立であることを，つぎの系 2.1 を証明して確認せよ。

系 2.1　　式 (2.174) の出力ユニットの条件付き確率は，各出力ユニットの条件付き確率の積で書ける。

$$\mathbb{P}_{\boldsymbol{\theta}}(\mathbf{y} \mid \mathbf{x}) = \prod_{i=1}^{N_{\mathrm{out}}} \mathbb{P}_{\boldsymbol{\theta}}(y_i \mid \mathbf{x}) \tag{2.176}$$

ただし，$\mathbb{P}_{\boldsymbol{\theta}}(y_i \mid \mathbf{x})$ は次式で表される。

$$\mathbb{P}_{\boldsymbol{\theta}}(y_i \mid \mathbf{x}) = \frac{\exp\left(b_i(\mathbf{x})\, y_i\right)}{1 + \exp\left(b_i(\mathbf{x})\right)} \tag{2.177}$$

【5】 図 2.6 のボルツマンマシンは，共通の説明変数を持つ N 個の独立なロジスティック回帰モデル（ロジットモデル）とみなせることを示せ。

3 サンプリングと期待値の評価

ボルツマンマシンは確率分布を定めるが，この確率分布に関する期待値の評価が学習に必要となる。一般には，この期待値を閉形式で書くことはできず，期待値を厳密に評価するのは計算量的に困難である。この期待値を近似的に評価するのが本章のテーマである。また，制限ボルツマンマシンが持つ構造を利用すると，近似に必要な計算を効率的に行えるようになることに注目しよう。

3.1 ギブスサンプリング

モデルの期待値と訓練データの値が近くなるようにボルツマンマシンの学習がなされるので，ボルツマンマシンの学習には，期待値の評価が現れる。例えば，式 (2.37)，(2.89) の $\mathbb{E}_{\boldsymbol{\theta}}[\boldsymbol{S}]$，式 (2.120) の $\mathbb{E}_{\boldsymbol{\theta}}[\boldsymbol{S} \mid \boldsymbol{X}]$ などである。

厳密に評価することが難しい期待値の評価によく用いられる手法に，**マルコフ連鎖モンテカルロ** (Markov chain Monte Carlo, **MCMC**) **法**がある。MCMC 法の中でも，特に**ギブスサンプラー** (Gibbs sampler)[16), 57)] をボルツマンマシンに適用することができる。例えば，アルゴリズム 3.1 に示すギブスサンプラーを用いると，ボルツマンマシンが与える確率分布に従って，所望の数量 K 個のサンプルを得ることができる。これらの K 個のサンプルを用いて，期待値を推定できる。実用的には，ギブスサンプラーによって得られるはじめのほうのサンプルは無視し，また，十分に大きな n について，n 個ごとのサンプルだけを使うことが多い。このようにすることで，所望の確率分布に近い確率分布から，独立に近いサンプルを得ることができるようになる。

アルゴリズム 3.1 N 個のユニットを持つボルツマンマシンに対するギブスサンプラー

1: **入力** ボルツマンマシンのパラメータと K
2: $\mathbf{x}^{(0)} \leftarrow N$ 個のユニットの値を初期化する
3: **for** $k = 1, \cdots, K$ **do**
4: **for** $i = 1, \cdots, N$ **do**
5: 各 $j \neq i$ についての $x_j^{(k-1)}$ を所与としたときの条件付き確率に従って，$x_i^{(k)}$ をサンプリングする
6: **end for**
7: **end for**
8: **出力** K 個のサンプル $(\mathbf{x}^{(k)}, k = 1, \cdots, K)$

なお，アルゴリズム 3.1 のステップ 5 において，$x_j^{(k-1)}$ を所与としたときの $x_i^{(k)}$ の条件付き確率は，$x_i^{(k)} \in \{0,1\}$ について，次式で与えられる。

$$\mathbb{P}_{\boldsymbol{\theta}}(x_i^{(k)} \mid \mathbf{x}^{(k-1)}) = \frac{\exp\big(-E_{\boldsymbol{\theta}}(x_i^{(k)} \mid \mathbf{x}^{(k-1)})\big)}{\sum_{\tilde{x}_i^{(k)} \in \{0,1\}} \exp\big(-E_{\boldsymbol{\theta}}(\tilde{x}_i^{(k)} \mid \mathbf{x}^{(k-1)})\big)} \tag{3.1}$$

ただし，$E_{\boldsymbol{\theta}}(x_i^{(k)} \mid \mathbf{x}^{(k-1)})$ は，i 番目のユニットの値が $x_i^{(k)}$ であり，ほかのユニットの値が $\mathbf{x}^{(k-1)}$ の対応する要素である（すなわち，$X_j = x_j^{(k)}, \forall j \neq i$）ときの，$i$ 番目のユニットに関連するボルツマンマシンのエネルギーで，次式で与えられる。

$$E_{\boldsymbol{\theta}}(x_i^{(k)} \mid \mathbf{x}^{(k-1)}) \equiv -b_i\, x_i^{(k)} - \sum_{j \neq i} x_i^{(k)}\, w_{i,j}\, x_j^{(k-1)} \tag{3.2}$$

3.2 コントラスティブダイバージェンス

期待値の評価の計算困難さに対するもう一つのアプローチは，期待値の評価を不要とすることである。これまで扱ってきた目的関数は $\mathbb{P}_{\boldsymbol{\theta}}$ から $\mathbb{P}_{\text{target}}$ への KL ダイバージェンス，または $\mathbb{P}_{\boldsymbol{\theta}}$ に関するデータの対数尤度であった。KL ダイバージェンスの $\boldsymbol{\theta}$ に関する勾配は，計算量的に困難な $\mathbb{P}_{\boldsymbol{\theta}}$ についての期待値の評価が必要である。

本節では，KL ダイバージェンスの代わりに，**コントラスティブダイバージェ**

ンス[15),33)] (contrastive divergence) という目的関数を考えてみよう。アルゴリズム 3.1 のギブスサンプラーは，まず $\mathbb{P}_{\rm target}$ から（またはデータセット $\mathcal{D}$ から一様ランダムに）サンプリングすることで，最初のサンプルを得ている。ギブスサンプラーから最初に得られるサンプルの確率分布であるから，$\mathbb{P}_0 \equiv \mathbb{P}_{\rm target}$ と書くことにしよう。そして，ギブスサンプラーの k 回目の反復において得られるサンプルが従う分布を $\mathbb{P}_k^{\boldsymbol\theta}$ と書くことにする。さらに，$k \to \infty$ の極限において，$\mathbb{P}_k^{\boldsymbol\theta} \to \mathbb{P}_{\boldsymbol\theta}$ に収束するので，$\mathbb{P}_\infty^{\boldsymbol\theta} \equiv \mathbb{P}_{\boldsymbol\theta}$ と書こう。

以上の記法を用いると，式 (1.8) の KL ダイバージェンスは以下のように書ける。

$$\mathrm{KL}(\mathbb{P}_0 \,||\, \mathbb{P}_\infty^{\boldsymbol\theta}) = \sum_{\tilde{\mathbf{x}}} \mathbb{P}_0(\tilde{\mathbf{x}}) \log \mathbb{P}_0(\tilde{\mathbf{x}}) - \sum_{\tilde{\mathbf{x}}} \mathbb{P}_0(\tilde{\mathbf{x}}) \log \mathbb{P}_\infty^{\boldsymbol\theta}(\tilde{\mathbf{x}}) \tag{3.3}$$

また

$$\mathbb{P}_\infty^{\boldsymbol\theta}(\mathbf{x}) = \frac{\exp(-F_{\boldsymbol\theta}(\mathbf{x}))}{\sum_{\tilde{\mathbf{x}}} \exp(-F_{\boldsymbol\theta}(\tilde{\mathbf{x}}))} \tag{3.4}$$

であり，式 (2.50) の

$$\begin{aligned}
\boldsymbol\nabla f(\boldsymbol\theta) &\equiv \mathbb{E}_{\rm target}\left[\boldsymbol\nabla \log \mathbb{P}_\infty^{\boldsymbol\theta}(\mathbf{x})\right] &(3.5)\\
&= \sum_{\tilde{\mathbf{x}}} \mathbb{P}_0(\tilde{\mathbf{x}})\, \boldsymbol\nabla \log \mathbb{P}_\infty^{\boldsymbol\theta}(\mathbf{x}) &(3.6)\\
&= -\sum_{\tilde{\mathbf{x}}} \mathbb{P}_0(\tilde{\mathbf{x}})\, \boldsymbol\nabla_{\boldsymbol\theta} F_{\boldsymbol\theta}(\tilde{\mathbf{x}}) + \sum_{\tilde{\mathbf{x}}} \mathbb{P}_{\boldsymbol\theta}(\tilde{\mathbf{x}})\, \boldsymbol\nabla_{\boldsymbol\theta} F_{\boldsymbol\theta}(\tilde{\mathbf{x}}) &(3.7)
\end{aligned}$$

を思い出すと，以下の勾配が得られる。

$$\begin{aligned}
\boldsymbol\nabla_{\boldsymbol\theta}\mathrm{KL}(\mathbb{P}_0 \,||\, \mathbb{P}_\infty^{\boldsymbol\theta}) &= -\sum_{\tilde{\mathbf{x}}} \mathbb{P}_0(\tilde{\mathbf{x}}) \boldsymbol\nabla \log \mathbb{P}_\infty^{\boldsymbol\theta}(\tilde{\mathbf{x}}) &(3.8)\\
&= \sum_{\tilde{\mathbf{x}}} \mathbb{P}_0(\tilde{\mathbf{x}})\, \boldsymbol\nabla_{\boldsymbol\theta} F_{\boldsymbol\theta}(\tilde{\mathbf{x}}) - \sum_{\tilde{\mathbf{x}}} \mathbb{P}_\infty^{\boldsymbol\theta}(\tilde{\mathbf{x}})\, \boldsymbol\nabla_{\boldsymbol\theta} F_{\boldsymbol\theta}(\tilde{\mathbf{x}}) &(3.9)
\end{aligned}$$

式 (3.9) の右辺の第一項は，学習対象の確率分布 $\mathbb{P}_0$ に関する期待値であり，特に訓練データの経験分布であれば，容易に計算可能である。第二項はパラメー

タ $\boldsymbol{\theta}$ を持つボルツマンマシンの与える分布に関する期待値であり，その評価は一般に計算量的に困難である。

この計算量的に困難な第二項が打ち消しあうように，以下のコントラスティブダイバージェンスという目的関数を考えよう。

$$\mathrm{CD}_1(\boldsymbol{\theta}) \equiv \mathrm{KL}(\mathbb{P}_0 \,||\, \mathbb{P}^{\boldsymbol{\theta}}_\infty) - \mathrm{KL}(\mathbb{P}^{\boldsymbol{\theta}}_1 \,||\, \mathbb{P}^{\boldsymbol{\theta}}_\infty) \tag{3.10}$$

コントラスティブダイバージェンスは，以下のように直感的に解釈できる[33)]。

この「コントラスティブダイバージェンス」を用いる直感的な動機は，ギブスサンプリングが定めるマルコフ連鎖が，可視ユニットの値の初期分布 $\mathbb{P}_0$ から変わらないで欲しいという気持ちにある。マルコフ連鎖を定常分布になるまで走らせて，最初の初期分布と最後の定常分布を比べる代わりに，マルコフ連鎖を 1 ステップだけ走らせたときに，マルコフ連鎖が初期分布から離れることがないように，パラメータの値を更新してもよいであろう。$\mathbb{P}^{\boldsymbol{\theta}}_1$ は $\mathbb{P}_0$ よりも定常分布に 1 ステップだけ近いので，$\mathbb{P}_0$ と $\mathbb{P}^{\boldsymbol{\theta}}_1$ が等しくない限り，$\mathrm{KL}(\mathbb{P}_0 \,||\, \mathbb{P}^{\boldsymbol{\theta}}_\infty)$ が $\mathrm{KL}(\mathbb{P}^{\boldsymbol{\theta}}_1 \,||\, \mathbb{P}^{\boldsymbol{\theta}}_\infty)$ より大きくなる。よって，コントラスティブダイバージェンスが負になることはない。また，すべての遷移確率が非零であるマルコフ連鎖においては，$\mathbb{P}_0 = \mathbb{P}^{\boldsymbol{\theta}}_1$ が成り立てば $\mathbb{P}_0 = \mathbb{P}^{\boldsymbol{\theta}}_\infty$ も成り立つので，モデルの確率分布が学習対象の確率分布と完全に一致するときにのみ，コントラスティブダイバージェンスは零になりうる。

式 (3.10) の第一項の勾配は，式 (3.9) のとおりであるので，第二項

$$\mathrm{KL}(\mathbb{P}^{\boldsymbol{\theta}}_1 \,||\, \mathbb{P}^{\boldsymbol{\theta}}_\infty) = \sum_{\tilde{\mathbf{x}}} \mathbb{P}^{\boldsymbol{\theta}}_1(\tilde{\mathbf{x}}) \log \frac{\mathbb{P}^{\boldsymbol{\theta}}_1(\tilde{\mathbf{x}})}{\mathbb{P}^{\boldsymbol{\theta}}_\infty(\tilde{\mathbf{x}})} \tag{3.11}$$

の勾配を，以下で求めてみよう。

$$\begin{aligned}&\boldsymbol{\nabla}_{\boldsymbol{\theta}} \mathrm{KL}(\mathbb{P}^{\boldsymbol{\theta}}_1 \,||\, \mathbb{P}^{\boldsymbol{\theta}}_\infty)\\ &\quad = \sum_{\tilde{\mathbf{x}}} \boldsymbol{\nabla}_{\boldsymbol{\theta}} \mathbb{P}^{\boldsymbol{\theta}}_1(\tilde{\mathbf{x}}) \log \frac{\mathbb{P}^{\boldsymbol{\theta}}_1(\tilde{\mathbf{x}})}{\mathbb{P}^{\boldsymbol{\theta}}_\infty(\tilde{\mathbf{x}})} + \sum_{\tilde{\mathbf{x}}} \mathbb{P}^{\boldsymbol{\theta}}_1(\tilde{\mathbf{x}})\, \boldsymbol{\nabla}_{\boldsymbol{\theta}} \log \mathbb{P}^{\boldsymbol{\theta}}_1(\tilde{\mathbf{x}})\end{aligned}$$

$$- \sum_{\tilde{\mathbf{x}}} \mathbb{P}_1^{\boldsymbol{\theta}}(\tilde{\mathbf{x}}) \, \boldsymbol{\nabla}_{\boldsymbol{\theta}} \log \mathbb{P}_{\infty}^{\boldsymbol{\theta}}(\tilde{\mathbf{x}}) \tag{3.12}$$

$$= \sum_{\tilde{\mathbf{x}}} \boldsymbol{\nabla}_{\boldsymbol{\theta}} \mathbb{P}_1^{\boldsymbol{\theta}}(\tilde{\mathbf{x}}) \log \frac{\mathbb{P}_1^{\boldsymbol{\theta}}(\tilde{\mathbf{x}})}{\mathbb{P}_{\infty}^{\boldsymbol{\theta}}(\tilde{\mathbf{x}})} + \sum_{\tilde{\mathbf{x}}} \boldsymbol{\nabla}_{\boldsymbol{\theta}} \mathbb{P}_1^{\boldsymbol{\theta}}(\tilde{\mathbf{x}})$$

$$- \sum_{\tilde{\mathbf{x}}} \mathbb{P}_1^{\boldsymbol{\theta}}(\tilde{\mathbf{x}}) \, \boldsymbol{\nabla}_{\boldsymbol{\theta}} \log \mathbb{P}_{\infty}^{\boldsymbol{\theta}}(\tilde{\mathbf{x}}) \tag{3.13}$$

$$= \sum_{\tilde{\mathbf{x}}} \boldsymbol{\nabla}_{\boldsymbol{\theta}} \mathbb{P}_1^{\boldsymbol{\theta}}(\tilde{\mathbf{x}}) \left(1 + \log \frac{\mathbb{P}_1^{\boldsymbol{\theta}}(\tilde{\mathbf{x}})}{\mathbb{P}_{\infty}^{\boldsymbol{\theta}}(\tilde{\mathbf{x}})} \right) + \sum_{\tilde{\mathbf{x}}} \mathbb{P}_1^{\boldsymbol{\theta}}(\tilde{\mathbf{x}}) \, \boldsymbol{\nabla}_{\boldsymbol{\theta}} F_{\boldsymbol{\theta}}(\tilde{\mathbf{x}})$$

$$- \sum_{\tilde{\mathbf{x}}} \mathbb{P}_{\infty}^{\boldsymbol{\theta}}(\tilde{\mathbf{x}}) \boldsymbol{\nabla}_{\boldsymbol{\theta}} F_{\boldsymbol{\theta}}(\tilde{\mathbf{x}}) \tag{3.14}$$

ただし，最後の等号は式 (2.4) と同様にして得られる。

式 (3.9)，(3.10) と式 (3.14) とから，以下の勾配が得られる。

$$\boldsymbol{\nabla}_{\boldsymbol{\theta}} \mathrm{CD}_1(\boldsymbol{\theta}) = \sum_{\tilde{\mathbf{x}}} \mathbb{P}_0(\tilde{\mathbf{x}}) \, \boldsymbol{\nabla}_{\boldsymbol{\theta}} F_{\boldsymbol{\theta}}(\tilde{\mathbf{x}}) - \sum_{\tilde{\mathbf{x}}} \mathbb{P}_1^{\boldsymbol{\theta}}(\tilde{\mathbf{x}}) \, \boldsymbol{\nabla}_{\boldsymbol{\theta}} F_{\boldsymbol{\theta}}(\tilde{\mathbf{x}}) - \varepsilon_1(\boldsymbol{\theta}) \tag{3.15}$$

ただし，$\varepsilon_1(\boldsymbol{\theta})$ は以下で与えられる量である。

$$\varepsilon_1(\boldsymbol{\theta}) \equiv \sum_{\tilde{\mathbf{x}}} \boldsymbol{\nabla}_{\boldsymbol{\theta}} \mathbb{P}_1^{\boldsymbol{\theta}}(\tilde{\mathbf{x}}) \left(1 + \log \frac{\mathbb{P}_1^{\boldsymbol{\theta}}(\tilde{\mathbf{x}})}{\mathbb{P}_{\infty}^{\boldsymbol{\theta}}(\tilde{\mathbf{x}})} \right) \tag{3.16}$$

$\varepsilon_1(\boldsymbol{\theta})$ の値は小さいことが経験的に知られており，$\varepsilon_1(\boldsymbol{\theta}) \approx 0$ と近似することが推奨されている[33)]。なお，$\varepsilon_1(\boldsymbol{\theta})$ は，以下の等価な表現を持つことも知られている[33)]。

$$\varepsilon_1(\boldsymbol{\theta}) = \sum_{\tilde{\mathbf{x}}} \boldsymbol{\nabla}_{\boldsymbol{\theta}} \mathbb{P}_1^{\boldsymbol{\theta}}(\tilde{\mathbf{x}}) \frac{\partial}{\partial \mathbb{P}_1^{\boldsymbol{\theta}}(\tilde{\mathbf{x}})} \mathrm{KL}(\mathbb{P}_1^{\boldsymbol{\theta}} \,||\, \mathbb{P}_{\infty}^{\boldsymbol{\theta}}) \tag{3.17}$$

式 (3.15) の右辺の第一項は $\mathbb{P}_0$ に関する期待値であり，例えば可視ユニットしかない場合には容易に計算できる。また，第二項は $\mathbb{P}_1^{\boldsymbol{\theta}}$ に関する期待値であり，ギブスサンプラーを 1 回反復して得られるサンプルを用いて推定することができる。

本節では，$\mathbb{P}_1^{\boldsymbol{\theta}}$ を用いて定義されるコントラスティブダイバージェンス CD_1 を考えてきたが，$\mathbb{P}_1^{\boldsymbol{\theta}}$ の代わりに $\mathbb{P}_k^{\boldsymbol{\theta}}$ を用いると，コントラスティブダイバージェ

ンス CD_k が定義できる。

$$\mathrm{CD}_k(\boldsymbol{\theta}) \equiv \mathrm{KL}(\mathbb{P}_0 \,||\, \mathbb{P}^{\boldsymbol{\theta}}_\infty) - \mathrm{KL}(\mathbb{P}^{\boldsymbol{\theta}}_k \,||\, \mathbb{P}^{\boldsymbol{\theta}}_\infty) \tag{3.18}$$

$k \to \infty$ の極限で $\mathbb{P}^{\boldsymbol{\theta}}_k \to \mathbb{P}^{\boldsymbol{\theta}}_\infty$ となるので

$$\lim_{k\to\infty} \mathrm{CD}_k(\boldsymbol{\theta}) = \mathrm{KL}(\mathbb{P}_0 \,||\, \mathbb{P}^{\boldsymbol{\theta}}_\infty) \tag{3.19}$$

が成り立つ。

3.3 制限ボルツマンマシンからのサンプリング

ギブスサンプラーやコントラスティブダイバージェンスは，どのようなボルツマンマシンにも適用できるが，ボルツマンマシンが図 2.4 の構造を持つとき，すなわち制限ボルツマンマシンに対しては，これらの手法が特に有効に働く。本節では，制限ボルツマンマシンからのサンプリング手法を考えよう。

3.3.1 ブロック化ギブスサンプラー

制限ボルツマンマシンの可視ユニットの値 $\mathbf{x}$ を所与としたときの，隠れユニットの値 $\mathbf{h}$ の条件付き確率は

$$\mathbb{P}_{\boldsymbol{\theta}}(\mathbf{h} \mid \mathbf{x}) = \prod_{i=1}^{M} \frac{\exp\left(\left(b_i^{\mathrm{H}} + \mathbf{W}_{i,:}\,\mathbf{x}\right) h_i\right)}{1 + \exp\left(b_i^{\mathrm{H}} + \mathbf{W}_{i,:}\,\mathbf{x}\right)} \tag{3.20}$$

である。ただし，$\mathbf{W}_{i,:}$ は $\mathbf{W}$ の i 行目からなる行ベクトルとする。同様にして，隠れユニットの値 $\mathbf{h}$ を所与としたときの，可視ユニットの値 $\mathbf{x}$ の条件付き確率は

$$\mathbb{P}_{\boldsymbol{\theta}}(\mathbf{x} \mid \mathbf{h}) = \prod_{i=1}^{N} \frac{\exp\left(\left(b_i^{\mathrm{V}} + \mathbf{W}_{:,i}^{\top}\,\mathbf{h}\right) x_i\right)}{1 + \exp\left(b_i^{\mathrm{V}} + \mathbf{W}_{:,i}^{\top}\,\mathbf{x}\right)} \tag{3.21}$$

と書ける。ただし，$\mathbf{W}_{:,i}$ は $\mathbf{W}$ の i 列目からなる列ベクトルとする。

つまり，可視ユニットの値を所与とすると，隠れユニットの値はたがいに条件付き独立であり，また隠れユニットの値を所与とすると，可視ユニットの値

はたがいに条件付き独立である。この条件付き独立性により，複数のユニットから同時にサンプリングするブロック化ギブスサンプラー（アルゴリズム 3.2）が使える。各ユニットについて一つずつサンプリングをする，アルゴリズム 3.1 のギブスサンプラーと比べてみよう。

アルゴリズム 3.2　制限ボルツマンマシンに対するブロック化ギブスサンプラー

1: **入力** 制限ボルツマンマシンのパラメータと K
2: $\mathbf{x}^{(0)} \leftarrow N$ 個の可視ユニットの値 $\mathbf{x}^{(0)}$ を初期化する
3: **for** $k = 1, \cdots, K$ **do**
4: 　可視ユニットの値 $\mathbf{x}^{(k-1)}$ を所与としたときの条件付き確率分布に従って，隠れユニットの値 $\mathbf{h}^{(k)}$ をサンプリングする
5: 　隠れユニットの値 $\mathbf{h}^{(k)}$ を所与としたときの条件付き確率分布に従って，可視ユニットの値 $\mathbf{x}^{(k)}$ をサンプリングする
6: **end for**
7: **出力** K 個のサンプル $((\mathbf{x}^{(k)}, \mathbf{h}^{(k)}), k = 1, \cdots, K)$

3.3.2 生成モデルの学習

制限ボルツマンマシンを生成モデルとするときの，確率的勾配法に基づく学習を考えよう。一般のボルツマンマシンの場合の学習則は式 (2.71)〜(2.75) で与えられるが，制限ボルツマンマシンの場合は可視ユニット間，隠れユニット間に結合がないので，式 (2.71)，(2.72) と式 (2.74) を考えれば十分である。これらの更新式を以下に再掲する。

$$b_i^{\mathrm{V}} \leftarrow b_i^{\mathrm{V}} + \eta\,(X_i(\omega) - \mathbb{E}_{\boldsymbol{\theta}}[X_i]) \tag{3.22}$$

$$b_j^{\mathrm{H}} \leftarrow b_j^{\mathrm{H}} + \eta\,(\mathbb{E}_{\boldsymbol{\theta}}[H_j \mid \boldsymbol{X}(\omega)] - \mathbb{E}_{\boldsymbol{\theta}}[H_j]) \tag{3.23}$$

$$w_{i,j} \leftarrow w_{i,j} + \eta\,(X_i(\omega)\,\mathbb{E}_{\boldsymbol{\theta}}[H_j \mid \boldsymbol{X}(\omega)] - \mathbb{E}_{\boldsymbol{\theta}}[X_i\,H_j]) \tag{3.24}$$

ただし，可視ユニットのインデックスを $i \in [1, N]$ とし，隠れユニットのインデックスを $j \in [N+1, N+M]$ とする。

これらの学習則には 2 種類の期待値が現れる。一つは，可視ユニットの値を所与としたときの，隠れユニットの値の条件付き期待値 $\mathbb{E}_{\boldsymbol{\theta}}[H_j \mid \boldsymbol{X}(\omega)]$ である。もう一つが，一部のユニットの値を周辺化した確率分布に関する期待値

$(\mathbb{E}_{\boldsymbol{\theta}}[X_i], \mathbb{E}_{\boldsymbol{\theta}}[H_i], \mathbb{E}_{\boldsymbol{\theta}}[X_i\, H_j])$ である。

一つ目の条件付き期待値は，式 (3.20) の条件付き独立性から，以下の条件付き確率分布に基づいて評価すればよい。

$$\mathbb{P}_{\boldsymbol{\theta}}(h_i \mid \mathbf{x}) = \frac{\exp\left((b_i^{\mathrm{H}} + \mathbf{W}_{i,:}\,\mathbf{x})\,h_i\right)}{1 + \exp\left(b_i^{\mathrm{H}} + \mathbf{W}_{i,:}\,\mathbf{x}\right)} \tag{3.25}$$

隠れユニット間の相関を考慮する必要がないため，一次元の確率分布に関する期待値を評価すればよい。これにより，一般のボルツマンマシンでは困難であった $\mathbb{E}_{\boldsymbol{\theta}}[H_j \mid \boldsymbol{X}(\omega)]$ の評価が，制限ボルツマンマシンでは容易に評価できることになる。ところが，ほかの期待値は，制限ボルツマンマシンでも厳密な評価は困難である。

式 (3.22)〜(3.24) の学習則は，KL ダイバージェンスの最小化から導かれたものであった。以下では，3.2 節で議論したコントラスティブダイバージェンスの最小化を目的関数として学習則を導いてみよう。ただし，式 (3.15) で $\varepsilon(\boldsymbol{\theta}) \approx 0$ と近似する。

$$\boldsymbol{\nabla}_{\boldsymbol{\theta}}\mathrm{CD}_1(\boldsymbol{\theta}) \approx \sum_{\tilde{\mathbf{x}}} \mathbb{P}_0(\tilde{\mathbf{x}})\,\boldsymbol{\nabla}_{\boldsymbol{\theta}}F_{\boldsymbol{\theta}}(\tilde{\mathbf{x}}) - \sum_{\tilde{\mathbf{x}}} \mathbb{P}_1^{\boldsymbol{\theta}}(\tilde{\mathbf{x}})\,\boldsymbol{\nabla}_{\boldsymbol{\theta}}F_{\boldsymbol{\theta}}(\tilde{\mathbf{x}}) \tag{3.26}$$

このコントラスティブダイバージェンスの近似勾配を，次式の KL ダイバージェンスの勾配と比較してみよう。

$$\boldsymbol{\nabla}_{\boldsymbol{\theta}}\mathrm{KL}(\boldsymbol{\theta}) = \sum_{\tilde{\mathbf{x}}} \mathbb{P}_0(\tilde{\mathbf{x}})\,\boldsymbol{\nabla}_{\boldsymbol{\theta}}F_{\boldsymbol{\theta}}(\tilde{\mathbf{x}}) - \sum_{\tilde{\mathbf{x}}} \mathbb{P}_\infty^{\boldsymbol{\theta}}(\tilde{\mathbf{x}})\,\boldsymbol{\nabla}_{\boldsymbol{\theta}}F_{\boldsymbol{\theta}}(\tilde{\mathbf{x}}) \tag{3.27}$$

ただし，$\mathbb{P}_0 \equiv \mathbb{P}_{\mathrm{target}}$ と $\mathbb{P}_\infty^{\boldsymbol{\theta}} \equiv \mathbb{P}_{\boldsymbol{\theta}}$ を用いた。

すなわち，$\boldsymbol{\nabla}_{\boldsymbol{\theta}}\mathrm{KL}(\boldsymbol{\theta})$ の第二項が $\mathbb{P}_\infty^{\boldsymbol{\theta}}$ に関する期待値であるのに対して，$\boldsymbol{\nabla}_{\boldsymbol{\theta}}\mathrm{CD}_1(\boldsymbol{\theta})$ の第二項は $\mathbb{P}_1^{\boldsymbol{\theta}}$ に関する期待値である。KL ダイバージェンス最小化から式 (3.22)〜(3.24) の学習則が得られたのと同様にして，コントラスティブダイバージェンス最小化から以下の学習則が得られる。

$$b_i^{\mathrm{V}} \leftarrow b_i^{\mathrm{V}} + \eta\left(X_i(\omega) - \mathbb{E}_1^{\boldsymbol{\theta}}[X_i]\right) \tag{3.28}$$

$$b_j^{\mathrm{H}} \leftarrow b_j^{\mathrm{H}} + \eta\left(\mathbb{E}_{\boldsymbol{\theta}}[H_j \mid \boldsymbol{X}(\omega)] - \mathbb{E}_1^{\boldsymbol{\theta}}[H_j]\right) \tag{3.29}$$

$$w_{i,j} \leftarrow w_{i,j} + \eta \left(X_i(\omega)\, \mathbb{E}_{\boldsymbol{\theta}}[H_j \mid \boldsymbol{X}(\omega)] - \mathbb{E}_1^{\boldsymbol{\theta}}[X_i\, H_j] \right) \tag{3.30}$$

ただし，可視ユニットの値が確率分布 $\mathbb{P}_1^{\boldsymbol{\theta}}$ に従い，隠れユニットの値が可視ユニットの値 $\mathbf{x}$ が所与のときの条件付き確率分布 $\mathbb{P}_{\boldsymbol{\theta}}(\cdot|\mathbf{x})$ に従うときの期待値を $\mathbb{E}_1^{\boldsymbol{\theta}}$ とする。

式 (3.28)～(3.30) は，アルゴリズム 3.3 の**コントラスティブダイバージェンス**（contrastive divergence, **CD**）**法**[33] を示唆する。式 (3.28)～(3.30) は確率的勾配に基づくものであるが，アルゴリズム 3.3 は，さらに，式 (3.28)～(3.30) の中の期待値を，対応するサンプルで置き換えている。

アルゴリズム **3.3**　制限ボルツマンマシンに対する CD 法

1: **while** 停止条件を満たすまで **do**
2: 　$\mathbb{P}_{\mathrm{target}}$ に従って，サンプル $\boldsymbol{X}(\omega_0)$ を選択
3: 　$\mathbb{P}_{\boldsymbol{\theta}}(\cdot \mid \boldsymbol{X}(\omega_0))$ に従って，隠れユニットの値 $\boldsymbol{H}(\omega_0)$ を選択
4: 　$\mathbb{P}_{\boldsymbol{\theta}}(\cdot \mid \boldsymbol{H}(\omega_0))$ に従って，可視ユニットの値 $\boldsymbol{X}(\omega_1)$ を選択
5: 　$\mathbb{P}_{\boldsymbol{\theta}}(\cdot \mid \boldsymbol{X}(\omega_1))$ に従って，隠れユニットの値 $\boldsymbol{H}(\omega_1)$ を選択
6: 　$\mathbf{b}^{\mathrm{V}} \leftarrow \mathbf{b}^{\mathrm{V}} + \eta\, (\boldsymbol{X}(\omega_0) - \boldsymbol{X}(\omega_1))$
7: 　$\mathbf{b}^{\mathrm{H}} \leftarrow \mathbf{b}^{\mathrm{H}} + \eta\, (\boldsymbol{H}(\omega_0) - \boldsymbol{H}(\omega_1))$
8: 　$\mathbf{W} \leftarrow \mathbf{W} + \eta\, (\boldsymbol{X}(\omega_0)\, \boldsymbol{H}(\omega_0) - \boldsymbol{X}(\omega_1)\, \boldsymbol{H}(\omega_1))$
9: **end while**

図 3.1 に CD 法によるサンプリングの様子を図示する。可視ユニットの値のサンプル $\boldsymbol{X}(\omega_0)$，隠れユニットの値のサンプル $\boldsymbol{H}(\omega_0)$，可視ユニットの値のサンプル $\boldsymbol{X}(\omega_1)$，隠れユニットの値のサンプル $\boldsymbol{H}(\omega_1)$ の順にサンプリングをしていく。これらのサンプルを用いるのがアルゴリズム 3.3 の CD 法である。ギブスサンプラーを 1 反復したサンプルを用いることから（最初の反復を 0 回目

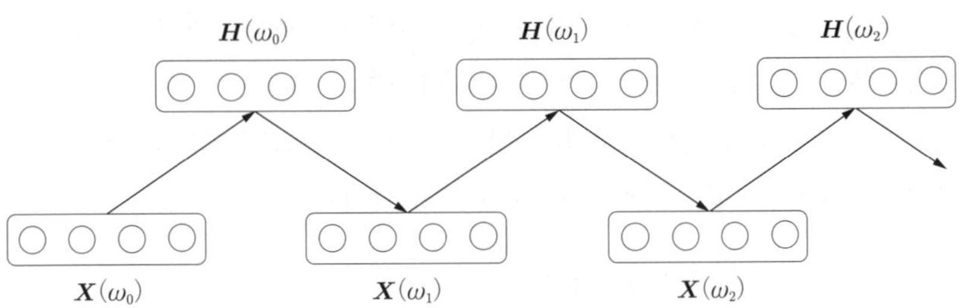

図 3.1　CD 法

と数える)，特に **$\mathbf{CD}_1$ 法**と呼ばれる。

図 3.1 に示すように，ギブスサンプラーを 2 回以上反復して，1 回目のサンプル $(\boldsymbol{X}(\omega_1), \boldsymbol{H}(\omega_1))$ の代わりに，k 回目のサンプル $(\boldsymbol{X}(\omega_k), \boldsymbol{H}(\omega_k))$ を用いるようにしてもよい。このような CD 法を **$\mathbf{CD}_k$ 法**と呼ぶ。k 回目のサンプルは，$\mathbb{P}_{\boldsymbol{\theta}}$ からのサンプルに近づくので，$k > 1$ とするのは理にかなっているが，その分計算コストが大きくなる。

CD 法は，モデルの分布 $\mathbb{P}_{\boldsymbol{\theta}}$ からのサンプル $\boldsymbol{X}(\omega_\infty)$ の代わりに，ギブスサンプラーを k 回だけ反復させて得られるサンプル $\boldsymbol{X}(\omega_k)$ を用いる手法であると解釈できる。このギブスサンプラーは，学習対象の確率分布 $\mathbb{P}_0 = \mathbb{P}_{\mathrm{target}}$ からのサンプル $\boldsymbol{X}(\omega_0)$ から始めるが，小さな k では，$\boldsymbol{X}(\omega_k)$ の従う分布と $\boldsymbol{X}(\omega_\infty)$ の従う分布とが大きく乖離(かいり)してしまうのが欠点である。この欠点を解消する手法として，**永続的 CD**（persistent CD）**法**[70),121),122)] が知られている。

永続的 CD 法は，$\mathbb{P}_0 = \mathbb{P}_{\mathrm{target}}$ からのサンプル $\boldsymbol{X}(\omega_0)$ からギブスサンプラーを開始するのではなく，その直前にギブスサンプラーによって得られたサンプル $\boldsymbol{X}(\omega_k)$ から，ギブスサンプラーを開始する。制限ボルツマンマシンに対する永続的 CD 法（$k=1$ の場合）をアルゴリズム 3.4 にまとめよう。

アルゴリズム 3.4　制限ボルツマンマシンに対する永続的 CD 法

1: $\mathbb{P}_{\mathrm{target}}$ に従って，サンプル $\boldsymbol{X}(\omega_0^{(0)})$ を選択
2: $\mathbb{P}_{\boldsymbol{\theta}}(\cdot \mid \boldsymbol{X}(\omega_0^{(0)}))$ に従って，隠れユニットの値 $\boldsymbol{H}(\omega_0^{(0)})$ を選択
3: $\mathbb{P}_{\boldsymbol{\theta}}(\cdot \mid \boldsymbol{H}(\omega_0^{(0)}))$ に従って，可視ユニットの値 $\boldsymbol{X}(\omega_1^{(1)})$ を選択
4: $\mathbb{P}_{\boldsymbol{\theta}}(\cdot \mid \boldsymbol{X}(\omega_1^{(1)}))$ に従って，隠れユニットの値 $\boldsymbol{H}(\omega_1^{(1)})$ を選択
5: **for** $\ell = 1, 2, \cdots,$ **do**
6: 　$\mathbf{b}^{\mathrm{V}} \leftarrow \mathbf{b}^{\mathrm{V}} + \eta \left(\boldsymbol{X}(\omega_0^{(\ell-1)}) - \boldsymbol{X}(\omega_1^{(\ell)}) \right)$
7: 　$\mathbf{b}^{\mathrm{H}} \leftarrow \mathbf{b}^{\mathrm{H}} + \eta \left(\boldsymbol{H}(\omega_0^{(\ell-1)}) - \boldsymbol{H}(\omega_1^{(\ell)}) \right)$
8: 　$\mathbf{W} \leftarrow \mathbf{W} + \eta \left(\boldsymbol{X}(\omega_0^{(\ell-1)})\, \boldsymbol{H}(\omega_0^{(\ell-1)}) - \boldsymbol{X}(\omega_1^{(\ell)})\, \boldsymbol{H}(\omega_1^{(\ell)}) \right)$
9: 　停止条件が満たされたら終了
10: 　$\mathbb{P}_{\mathrm{target}}$ に従って，サンプル $\boldsymbol{X}(\omega_0^{(\ell)})$ を選択
11: 　$\mathbb{P}_{\boldsymbol{\theta}}(\cdot \mid \boldsymbol{X}(\omega_0^{(\ell)}))$ に従って，隠れユニットの値 $\boldsymbol{H}(\omega_0^{(\ell)})$ を選択
12: 　$\mathbb{P}_{\boldsymbol{\theta}}(\cdot \mid \boldsymbol{H}(\omega_1^{(\ell)}))$ に従って，可視ユニットの値 $\boldsymbol{X}(\omega_1^{(\ell+1)})$ を選択
13: 　$\mathbb{P}_{\boldsymbol{\theta}}(\cdot \mid \boldsymbol{X}(\omega_1^{(\ell+1)}))$ に従って，隠れユニットの値 $\boldsymbol{H}(\omega_1^{(\ell+1)})$ を選択
14: **end for**

アルゴリズム 3.4 の第 12 ステップが，永続的 CD 法を特徴付けるステップである。ここでは，一つ前の反復で得られた $\mathbb{P}_{\boldsymbol{\theta}}$ からの隠れユニットの値のサンプル $\boldsymbol{H}(\omega_1^{(\ell)})$ を用いて条件付き確率分布 $\mathbb{P}_{\boldsymbol{\theta}}(\cdot \mid \boldsymbol{H}(\omega_1^{(\ell)}))$ からサンプリングすることで，$\mathbb{P}_{\boldsymbol{\theta}}$ からの可視ユニットの値のサンプルを近似している。

制限ボルツマンマシンに対する CD 法は，制限ボルツマンマシンを用いた深層ネットワーク（深層信念ネットワーク[35]や深層ボルツマンマシン[100]）の学習においても，重要な役割を果たす。制限ボルツマンマシンと深層ネットワークの関係は 4 章で議論しよう。

3.4 平均場近似

ボルツマンマシンを**平均場ボルツマンマシン**[88]（mean-field Boltzmann machine）で近似する手法もある。特に，深層ボルツマンマシンの学習で用いられるので，ここで確認しておこう。平均場ボルツマンマシンは，ユニット間の接続（相関）を無視して，各ユニット i に確率 μ_i を割り当てる。この確率を用いて，平均場ボルツマンマシンは以下のように二値パターンの確率分布を定義する。

$$\mathbb{Q}_{\boldsymbol{\mu}}(\mathbf{x}) \equiv \prod_i \mu_i^{x_i} (1 - \mu_i)^{1-x_i} \tag{3.31}$$

$\mathbb{Q}_{\boldsymbol{\mu}}(\mathbf{x})$ が $\mathbb{P}_{\boldsymbol{\theta}}(\mathbf{x})$ をよく近似するように確率ベクトル $\boldsymbol{\mu}$ を決めたい。例えば，$\mathbb{Q}_{\boldsymbol{\mu}}(\mathbf{x})$ から $\mathbb{P}_{\boldsymbol{\theta}}(\mathbf{x})$ への KL ダイバージェンスを最小にする手法が考えられる[35],[128]。

ここでは，隠れユニットの値の条件付き期待値 $\mathbb{E}_{\boldsymbol{\theta}}[\boldsymbol{H} \mid \boldsymbol{X}(\omega)]$ を平均場ボルツマンマシンを用いて近似してみよう[35]。この条件付き期待値は，ボルツマンマシンの学習で必要となる。可視ユニットの値 $\mathbf{x}$ を所与としたときの，隠れユニットの値の確率分布は，バイアス $\mathbf{b}$ と重み $\mathbf{W}$ が

$$\mathbf{b} \equiv \mathbf{b}^{\mathrm{H}} + (\mathbf{W}^{\mathrm{VH}})^\top \mathbf{x} \tag{3.32}$$

$$\mathbf{W} \equiv \mathbf{W}^{\mathrm{HH}} \tag{3.33}$$

で，隠れユニットだけを持つボルツマンマシンの確率分布に等しい。よって，このパラメータ $\boldsymbol{\theta} = (\mathbf{b}, \mathbf{W})$ を持つボルツマンマシンの確率分布 $\mathbb{P}_{\boldsymbol{\theta}}(\cdot)$ を平均場近似 $\mathbb{Q}_{\boldsymbol{\mu}}(\cdot)$ で近似すればよい。

次式の二つの分布の KL ダイバージェンスの最小化を考えよう。

$$\mathbb{P}_{\boldsymbol{\theta}}(\mathbf{h}) \equiv \frac{\exp(-\mathbf{b}^\top \mathbf{h} - \mathbf{h}^\top \mathbf{W}\,\mathbf{h})}{Z(\boldsymbol{\theta})} \tag{3.34}$$

$$\mathbb{Q}_{\boldsymbol{\mu}}(\mathbf{h}) \equiv \prod_j \mathbb{Q}_j(h_j) \tag{3.35}$$

ただし，$Z(\boldsymbol{\theta})$ は $\mathbb{P}_{\boldsymbol{\theta}}$ の和を 1 にする分配関数で，$\mathbb{Q}_j(h_j)$ は以下で定義する。

$$\mathbb{Q}_j(h_j = 1) = \mu_j \tag{3.36}$$

$$\mathbb{Q}_j(h_j = 0) = 1 - \mu_j \tag{3.37}$$

$\mathbb{P}_{\boldsymbol{\theta}}$ から $\mathbb{Q}_{\boldsymbol{\mu}}$ への KL ダイバージェンスは

$$\mathrm{KL}(\mathbb{Q}_{\boldsymbol{\mu}} || \mathbb{P}_{\boldsymbol{\theta}}) = \sum_{\tilde{\mathbf{h}}} \mathbb{Q}_{\boldsymbol{\mu}}(\tilde{\mathbf{h}}) \ln \frac{\mathbb{Q}_{\boldsymbol{\mu}}(\tilde{\mathbf{h}})}{\mathbb{P}_{\boldsymbol{\theta}}(\tilde{\mathbf{h}})} \tag{3.38}$$

$$= \sum_{\tilde{\mathbf{h}}} \mathbb{Q}_{\boldsymbol{\mu}}(\tilde{\mathbf{h}}) \ln \mathbb{Q}_{\boldsymbol{\mu}}(\tilde{\mathbf{h}}) - \sum_{\tilde{\mathbf{h}}} \mathbb{Q}_{\boldsymbol{\mu}}(\tilde{\mathbf{h}}) \ln \mathbb{P}_{\boldsymbol{\theta}}(\tilde{\mathbf{h}}) \tag{3.39}$$

であるが，上式の第一項は $\mathbb{Q}_{\boldsymbol{\mu}}$ の負のエントロピーであるから，命題 3.1 を満たす。

命題 3.1　$\mathbb{Q}_{\boldsymbol{\mu}}(\cdot)$ を以下を満たす二値パターン $\mathbf{h}$ の確率分布とする。

$$\mathbb{Q}_{\boldsymbol{\mu}}(\mathbf{h}) \equiv \prod_j \mathbb{Q}_j(h_j) \tag{3.40}$$

$$\mathbb{Q}_j(h_j = 1) = \mu_j \tag{3.41}$$

$$\mathbb{Q}_j(h_j = 0) = 1 - \mu_j \tag{3.42}$$

このとき，$\mathbb{Q}_{\boldsymbol{\mu}}(\cdot)$ の負のエントロピーは次式で書ける。

$$\sum_{\tilde{\mathbf{h}}} \mathbb{Q}_{\boldsymbol{\mu}}(\tilde{\mathbf{h}}) \ln \mathbb{Q}_{\boldsymbol{\mu}}(\tilde{\mathbf{h}}) = \sum_{j} (\mu_j \ln \mu_j + (1-\mu_j) \ln(1-\mu_j)) \tag{3.43}$$

※　命題 3.1 の証明は章末問題【 **1** 】とする。

隠れユニットの数を M とすると，式 (3.43) の左辺が 2^M 個の項の和であるのに対して，式 (3.43) の右辺は M 個の項の和である。

式 (3.39) の第二項は，式 (3.34) を用いると

$$\sum_{\tilde{\mathbf{h}}} \mathbb{Q}_{\boldsymbol{\mu}}(\tilde{\mathbf{h}}) \ln \mathbb{P}_{\boldsymbol{\theta}}(\tilde{\mathbf{h}}) = -\sum_{\tilde{\mathbf{h}}} \mathbb{Q}_{\boldsymbol{\mu}}(\tilde{\mathbf{h}}) \left(\mathbf{b}^\top \tilde{\mathbf{h}}^\top + \tilde{\mathbf{h}}^\top \mathbf{W} \tilde{\mathbf{h}}\right) - Z(\boldsymbol{\theta}) \tag{3.44}$$

と書けるが，$Z(\boldsymbol{\theta})$ は $\boldsymbol{\mu}$ に依存しないので，KL ダイバージェンスの最小化には，式 (3.44) の右辺の第一項と式 (3.43) を考えれば十分である。

式 (3.44) の第一項は 2^M 個の項の和であるが，つぎの命題 3.2 により $O(M^2)$ の時間で計算できる。

命題 3.2

$$\sum_{\tilde{\mathbf{h}}} \mathbb{Q}_{\boldsymbol{\mu}}(\tilde{\mathbf{h}}) \left(\mathbf{b}^\top \tilde{\mathbf{h}}^\top + \tilde{\mathbf{h}}^\top \mathbf{W} \tilde{\mathbf{h}}\right) = \sum_{j=1}^{M} b_j \mu_j + \sum_{1 \le j < k \le M} w_{j,k} \mu_j \mu_k \tag{3.45}$$

※　命題 3.2 の証明は章末問題【 **2** 】とする。

以上のことから，$\mathrm{KL}(\mathbb{Q}_{\boldsymbol{\mu}}||\mathbb{P}_{\boldsymbol{\theta}})$ を最小にするには，次式の目的関数を最小にすればよいことがわかった。

$$f(\boldsymbol{\mu}) \equiv \sum_{j} (\mu_j \ln \mu_j + (1-\mu_j) \ln(1-\mu_j))$$

$$+\sum_j b_j\,\mu_j + \sum_{j,k} w_{j,k}\,\mu_j\,\mu_k \tag{3.46}$$

$f(\boldsymbol{\mu})$ を最小にする $\boldsymbol{\mu}$ を求めたいので，$\boldsymbol{\nabla}_{\boldsymbol{\mu}} f(\boldsymbol{\mu}) = 0$ とする $\boldsymbol{\mu}$ を考えよう。各 μ_i について偏微分は

$$\frac{\partial f(\boldsymbol{\mu})}{\partial \mu_i} = \ln \frac{\mu_i}{1-\mu_i} + b_i + \sum_j w_{i,j}\,\mu_j \tag{3.47}$$

であるから，各 i について

$$\mu_i = \frac{\exp(-b_i - \sum_j w_{i,j}\,\mu_j)}{1+\exp(-b_i - \sum_j w_{i,j}\,\mu_j)} \tag{3.48}$$

を満たす $\boldsymbol{\mu}$ が $\mathrm{KL}(\mathbb{Q}_{\boldsymbol{\mu}}||\mathbb{P}_{\boldsymbol{\theta}})$ を最小にする。また，そのような $\boldsymbol{\mu}$ は確かに $0 < \boldsymbol{\mu} < 1$ を満たすことを確認できる。

R. Salakhutdinov らは

$$\mu_i \leftarrow \frac{\exp(-b_i - \sum_j w_{i,j}\,\mu_j)}{1+\exp(-b_i - \sum_j w_{i,j}\,\mu_j)},\ \forall i \tag{3.49}$$

を反復的に適用することで，式 (3.48) を満たす $\boldsymbol{\mu}$ を求めている[100)]。そのような反復法で式 (3.48) を満たす $\boldsymbol{\mu}$ が求まることを示すには，式 (3.49) の写像が**収縮写像**（contraction mapping）であることを示せば十分である。収縮写像については 7.2.2 項で議論しよう。

3.5 その他の手法

3.1～3.3 節では，ボルツマンマシンが定める確率分布からのサンプリングの代表的な手法として，ギブスサンプラーと CD 法を考えた。また，これらの手法が，制限ボルツマンマシンに対して特に有効であることを確認した。これらの手法がボルツマンマシンの学習において最もよく用いられているが，CD 法は理論的な保証に乏しい近似を含み，またギブスサンプラーは計算時間の観点で適用が困難であることが多い。本節では，これらの手法に対する代替手段を

紹介する。本節の内容は次節以降では用いないので，概要を述べるにとどめて，関連する参考文献を挙げておく。

3.5.1　重点サンプリング

式 (3.9) の KL ダイバージェンスの勾配をもう一度考えよう。

$$\boldsymbol{\nabla}_{\boldsymbol{\theta}}\mathrm{KL}(\mathbb{P}_0 \,||\, \mathbb{P}_\infty^{\boldsymbol{\theta}}) = \mathbb{E}_0\left[\boldsymbol{\nabla}_{\boldsymbol{\theta}} F_{\boldsymbol{\theta}}(\boldsymbol{X})\right] - \mathbb{E}_{\boldsymbol{\theta}}\left[\boldsymbol{\nabla}_{\boldsymbol{\theta}} F_{\boldsymbol{\theta}}(\boldsymbol{X})\right] \tag{3.50}$$

学習対象の確率分布 $\mathbb{P}_{\mathrm{target}} \equiv \mathbb{P}_0$ に関する期待値が第一項であり，モデルの確率分布 $\mathbb{P}_{\boldsymbol{\theta}} \equiv \mathbb{P}_\infty^{\boldsymbol{\theta}}$ に関する期待値が第二項である。

特に計算が困難な第二項を近似しよう。$\mathbb{P}_{\boldsymbol{\theta}}$ に関する期待値の形をしているので，$\mathbb{P}_{\boldsymbol{\theta}}$ に従うサンプル $\boldsymbol{X}(\omega_1), \cdots, \boldsymbol{X}(\omega_m)$ を得ることができれば，これらのサンプルを使って

$$\mathbb{E}_{\boldsymbol{\theta}}\left[\boldsymbol{\nabla}_{\boldsymbol{\theta}} F_{\boldsymbol{\theta}}(\boldsymbol{X})\right] \approx \frac{1}{m}\sum_{i=1}^{m} \boldsymbol{\nabla}_{\boldsymbol{\theta}} F_{\boldsymbol{\theta}}(\boldsymbol{X}(\omega_i)) \tag{3.51}$$

のように第二項を近似できる。ユニット数が有限であり，$\boldsymbol{\theta}$ の値が有界であれば，$\boldsymbol{\nabla}_{\boldsymbol{\theta}} F_{\boldsymbol{\theta}}(\boldsymbol{X})$ の分散は有限であるから，m を十分に大きくすることで，近似を任意の精度でよくできる。ただし，$\mathbb{P}_{\boldsymbol{\theta}}$ からのサンプリングが計算量的に困難なのが問題である。

そこで，容易にサンプリングが可能な確率分布 $\mathbb{Q}$ からのサンプル $\boldsymbol{X}(\omega_1), \cdots, \boldsymbol{X}(\omega_m)$ を使って第二項を近似しよう。例えば，$\mathbb{Q}$ を一様分布とすればよい。具体的には，$\mathbb{E}_{\mathbb{Q}}[\cdot]$ を $\mathbb{Q}$ に関する期待値とすると，第二項を $\mathbb{Q}$ に関する期待値として書くことができる。

$$\mathbb{E}_{\boldsymbol{\theta}}\left[\boldsymbol{\nabla}_{\boldsymbol{\theta}} F_{\boldsymbol{\theta}}(\boldsymbol{X})\right] = \mathbb{E}_{\mathbb{Q}}\left[\frac{\mathbb{P}_{\boldsymbol{\theta}}(\boldsymbol{X})}{\mathbb{Q}(\boldsymbol{X})} \boldsymbol{\nabla}_{\boldsymbol{\theta}} F_{\boldsymbol{\theta}}(\boldsymbol{X})\right] \tag{3.52}$$

$$\approx \frac{1}{m}\sum_{i=1}^{m} \frac{\mathbb{P}_{\boldsymbol{\theta}}(\boldsymbol{X}(\omega_i))}{\mathbb{Q}(\boldsymbol{X}(\omega_i))} \boldsymbol{\nabla}_{\boldsymbol{\theta}} F_{\boldsymbol{\theta}}(\boldsymbol{X}(\omega_i)) \tag{3.53}$$

このように，ある分布の期待値を別の分布の期待値として書き直して，別の分布のサンプルを用いて期待値を近似する手法を**重点サンプリング**（importance sampling）と呼ぶ。

重点サンプリングはサンプリングが容易な $\mathbb{Q}$ からサンプリングするが，評価が困難な $\mathbb{P}_{\boldsymbol{\theta}}(\boldsymbol{X}(\omega_i))$ が式 (3.53) に現れてしまう。$\mathbb{P}_{\boldsymbol{\theta}}(\boldsymbol{X}(\omega_i))$ の分配関数が，ユニット数に対して指数的に多い項を持つのが計算困難さの根源であったが，重点サンプリングではこれが解決されない。

そこで，分配関数を $Z_{\boldsymbol{\theta}}$ と書き，$\mathbb{P}_{\boldsymbol{\theta}}(\mathbf{x}) \equiv \exp(-F_{\boldsymbol{\theta}}(\mathbf{x}))/Z_{\boldsymbol{\theta}}$ であることを用いると

$$\begin{aligned}
&\frac{1}{m}\sum_{i=1}^{m}\frac{\mathbb{P}_{\boldsymbol{\theta}}(\boldsymbol{X}(\omega_i))}{\mathbb{Q}(\boldsymbol{X}(\omega_i))}\boldsymbol{\nabla}_{\boldsymbol{\theta}}F_{\boldsymbol{\theta}}(\boldsymbol{X}(\omega_i)) \\
&\quad = \frac{1}{m\,Z_{\boldsymbol{\theta}}}\sum_{i=1}^{m}\frac{\exp(-F_{\boldsymbol{\theta}}(\boldsymbol{X}(\omega_i)))}{\mathbb{Q}(\boldsymbol{X}(\omega_i))}\boldsymbol{\nabla}_{\boldsymbol{\theta}}F_{\boldsymbol{\theta}}(\boldsymbol{X}(\omega_i)) \qquad (3.54)
\end{aligned}$$

と書き直すことができる。可視ユニット数を N とすると，分配関数は

$$Z_{\boldsymbol{\theta}} = 2^N \sum_{\tilde{\mathbf{x}}} \frac{1}{2^N}\exp(-F_{\boldsymbol{\theta}}(\tilde{\mathbf{x}})) \qquad (3.55)$$

のように，一様分布の期待値の形に書くことができる。これに重点サンプリングを適用すると

$$\begin{aligned}
Z_{\boldsymbol{\theta}} &= 2^N\,\mathbb{E}_{\mathbb{Q}}\left[\frac{2^{-N}}{\mathbb{Q}(\boldsymbol{X})}\exp(-F_{\boldsymbol{\theta}}(\boldsymbol{X}))\right] \qquad (3.56) \\
&\approx \frac{1}{m}\sum_{i=1}^{m}\frac{1}{\mathbb{Q}(\boldsymbol{X}(\omega_i))}\exp(-F_{\boldsymbol{\theta}}(\boldsymbol{X}(\omega_i))) \qquad (3.57)
\end{aligned}$$

のように，$\mathbb{Q}$ からのサンプル $\boldsymbol{X}(\omega_1), \cdots, \boldsymbol{X}(\omega_m)$ を使って近似することができる。

この $Z_{\boldsymbol{\theta}}$ の近似を用いて，式 (3.53) を以下のように近似するのが**バイアス付き重点サンプリング**（biased importance sampling）である[9),10)]。

$$\mathbb{E}_{\boldsymbol{\theta}}\left[\boldsymbol{\nabla}_{\boldsymbol{\theta}}F_{\boldsymbol{\theta}}(\boldsymbol{X})\right] \approx \frac{1}{\displaystyle\sum_{i=1}^{m}\frac{e^{-F_{\boldsymbol{\theta}}(\boldsymbol{X}(\omega_i))}}{\mathbb{Q}(\boldsymbol{X}(\omega_i))}}\sum_{i=1}^{m}\frac{e^{-F_{\boldsymbol{\theta}}(\boldsymbol{X}(\omega_i))}}{\mathbb{Q}(\boldsymbol{X}(\omega_i))}\boldsymbol{\nabla}_{\boldsymbol{\theta}}F_{\boldsymbol{\theta}}(\boldsymbol{X}(\omega_i)) \qquad (3.58)$$

ただし，一般に逆数の期待値は期待値の逆数にならない（$\mathbb{E}[1/X] \neq 1/\mathbb{E}[X]$）ので，バイアス付き重点サンプリングによる $\mathbb{E}_{\boldsymbol{\theta}}[\boldsymbol{\nabla}_{\boldsymbol{\theta}} F_{\boldsymbol{\theta}}(\boldsymbol{X})]$ の推定値にはバイアスがのる。

3.5.2 独立した生成器の利用

対数尤度の最大化（KL ダイバージェンスの最小化）から導かれる学習則（式(2.4)）は，学習対象の確率分布 $\mathbb{P}_{\text{target}}$ から得られた「正」ないし「真」のサンプルのエネルギーを減少させるとともに，そのときのパラメータ値を持つモデルの分布に従って生成された「負」ないし「偽」のサンプルのエネルギーを増加させていると解釈することができる。

$$\boldsymbol{\nabla}_{\boldsymbol{\theta}} f(\boldsymbol{\theta}) = -\sum_{\tilde{\mathbf{x}}} \mathbb{P}_{\text{target}}(\tilde{\mathbf{x}})\, \boldsymbol{\nabla}_{\boldsymbol{\theta}} E_{\boldsymbol{\theta}}(\tilde{\mathbf{x}}) + \sum_{\tilde{\mathbf{x}}} \mathbb{P}_{\boldsymbol{\theta}}(\tilde{\mathbf{x}})\, \boldsymbol{\nabla}_{\boldsymbol{\theta}} E_{\boldsymbol{\theta}}(\tilde{\mathbf{x}}) \quad (3.59)$$

データとして与えられた正のサンプルと，そのときのモデルから生成される負のサンプルとを，よりよく区別できるように学習するのが，この学習則である[130]。

このように考えると，ボルツマンマシンのようにエネルギーに基づいて確率分布を定義するエネルギーベースモデルは，学習時に**生成器**（generator）と**判別器**（discriminator）の両方の役割を果たしていると考えることができる。これらの生成器と判別器を別々のモデルにする手法に**敵対的生成ネットワーク**（generative adversarial network, **GAN**）がある[28),104]。この敵対的生成ネットワークの考え方をボルツマンマシンのようなエネルギーベースモデルに適用する試みもある[21),29),48),133]。すなわち，厳密なサンプリングが困難なエネルギーベースモデルを判別器として学習したいときに，これとは別にサンプリングが容易な独立した生成器を用意しておき，これらの判別器と生成器を同時に学習する[29),48]。

3.5.3 フィッシャーダイバージェンス

CD は計算が困難な期待値の評価を避けるために導入された目的関数であるが，同様の効果を持つ目的関数に**スコアマッチング**（score matching）がある[40]。

スコアマッチングは**フィッシャーダイバージェンス**（Fisher divergence）とも呼ばれる[60)]。本項では，CD との関連を強調するためにフィッシャーダイバージェンスという名称を用いることにしよう。

$\mathbb{P}_{\boldsymbol{\theta}}$ から $\mathbb{P}_{\text{target}}$ へのフィッシャーダイバージェンスは以下のように定義される[40)]。

$$\begin{aligned}&\mathrm{FD}(\mathbb{P}_{\text{target}} \,||\, \mathbb{P}_{\boldsymbol{\theta}}) \\ &\quad \equiv \int_{\mathbf{x}} \mathbb{P}_{\text{target}}(\mathbf{x}) \left| \boldsymbol{\nabla}_{\mathbf{x}} \log \mathbb{P}_{\text{target}}(\mathbf{x}) - \boldsymbol{\nabla}_{\mathbf{x}} \log \mathbb{P}_{\boldsymbol{\theta}}(\mathbf{x}) \right|^2 d\mathbf{x} \qquad (3.60)\end{aligned}$$

上式における勾配は $\boldsymbol{\theta}$ に関するものではなく，$\mathbf{x}$ に関する勾配であることに注意しよう。すなわち，ここでは $\mathbb{P}_{\text{target}}(\cdot)$ や $\mathbb{P}_{\boldsymbol{\theta}}(\cdot)$ は連続確率分布の確率密度関数であり，またこれらの確率密度関数は微分可能であるとする。ボルツマンマシンの変数は二値であるから，フィッシャーダイバージェンスを直接適用することができないが，D.P. Kingma と Y. LeCun はデータ点にガウス分布に従うノイズを加えることで，これらの制約を満たすようにする手法を議論している[51)]。

フィッシャーダイバージェンスを最小にするパラメータ値

$$\boldsymbol{\theta}^{\star} \equiv \operatorname*{argmin}_{\boldsymbol{\theta}} \mathrm{FD}(\mathbb{P}_{\text{target}} \,||\, \mathbb{P}_{\boldsymbol{\theta}}) \qquad (3.61)$$

は，一致推定量であることが知られている[40)]。

分配関数の評価が不要なのが，フィッシャーダイバージェンスを最小にする推定量の重要な性質である。すなわち，$\mathbb{P}_{\boldsymbol{\theta}}(\mathbf{x})$ の分配関数 $\int_{\tilde{\mathbf{x}}} \exp(-E_{\boldsymbol{\theta}}(\tilde{\mathbf{x}}))\, d\tilde{\mathbf{x}}$ は $\mathbf{x}$ によらないため，その勾配は零となり，$\boldsymbol{\nabla}_{\mathbf{x}} \log \mathbb{P}_{\boldsymbol{\theta}}(\mathbf{x})$ を以下の簡単な形で表現できる。

$$\boldsymbol{\nabla}_{\mathbf{x}} \log \mathbb{P}_{\boldsymbol{\theta}}(\mathbf{x}) = -\boldsymbol{\nabla}_{\mathbf{x}} E_{\boldsymbol{\theta}}(\mathbf{x}) - \boldsymbol{\nabla}_{\mathbf{x}} \log \int_{\tilde{\mathbf{x}}} \exp(-E_{\boldsymbol{\theta}}(\tilde{\mathbf{x}}))\, d\tilde{\mathbf{x}} \qquad (3.62)$$

$$= -\boldsymbol{\nabla}_{\mathbf{x}} E_{\boldsymbol{\theta}}(\mathbf{x}) \qquad (3.63)$$

また，$\boldsymbol{\nabla}_{\tilde{\mathbf{x}}} \log \mathbb{P}_{\text{target}}(\mathbf{x})$ を評価するのは困難であるようにも見えるが，$|\mathcal{D}| \to \infty$ の極限で以下の量が $\mathrm{FD}(\mathbb{P}_{\text{target}} \,||\, \mathbb{P}_{\boldsymbol{\theta}})$ に収束することが知られている[40)]。

$$\frac{1}{|\mathcal{D}|}\sum_{\mathbf{x}\in\mathcal{D}}\sum_{i=1}^{N}\left(\frac{\partial \log \mathbb{P}_{\boldsymbol{\theta}}(\mathbf{x})^2}{\partial x_i^2}+\frac{1}{2}\left(\frac{\partial \log \mathbb{P}_{\boldsymbol{\theta}}(\mathbf{x})}{\partial x_i}\right)^2\right)+\text{const} \qquad (3.64)$$

ただし，$\mathcal{D}$ は訓練データ（または $\mathbb{P}_{\text{target}}$ からのサンプルの集合）であり，N は $\mathbf{x}\in\mathcal{D}$ の次元であり，const は $\boldsymbol{\theta}$ に依存しない項である。

フィッシャーダイバージェンスの考え方を適用して，二値や非負のデータに対して分配関数の評価が不要な目的関数を A. Hyvärinen が議論している[41)]。これらのほかにもフィッシャーダイバージェンスの適用範囲を広げる試みがなされている[42),51),52),118),125),132)]。

章末問題

【1】 命題 3.1 を証明せよ。

【2】 命題 3.2 を証明せよ。

4 深層モデルとその他の関連するモデル

ボルツマンマシンと関連する代表的な深層ニューラルネットワークに，深層信念ネットワークと深層ボルツマンマシンがある。これらのニューラルネットワークは多数の層からなるが，制限ボルツマンマシンを用いて層ごとに学習していく手法が本章のテーマである。2006 年に G.E. Hinton らが提案したのがこの手法であり[35),36)]，深層学習が注目されるきっかけとなった。また，ボルツマンマシンと関連する，そのほかのモデルについても本章で確認しておこう。標準的なボルツマンマシンは二値パターンしか扱うことができないが，多値や実数値を扱えるようになる。

4.1 深層信念ネットワーク

図 4.1 に深層信念ネットワーク（deep belief network）の構造を示すが，深層信念ネットワークそのものはボルツマンマシンではない。多層のネットワークである深層信念ネットワークの各層を制限ボルツマンマシンとみなして，層ごとに学習していくことで深層信念ネットワークをうまく学習できることを示したのが，2006 年ごろの G.E. Hinton らの成果である[35),36)]。

4.1.1 確率分布とサンプリング

図 4.1 は 3 層の隠れ層を持つ深層信念ネットワークである。第一の隠れ層から可視層に有向の矢印が引かれており，第二の隠れ層から第一の隠れ層にも有向の矢印が引かれているが，第三の隠れ層と第二の隠れ層は無向の辺でつなが

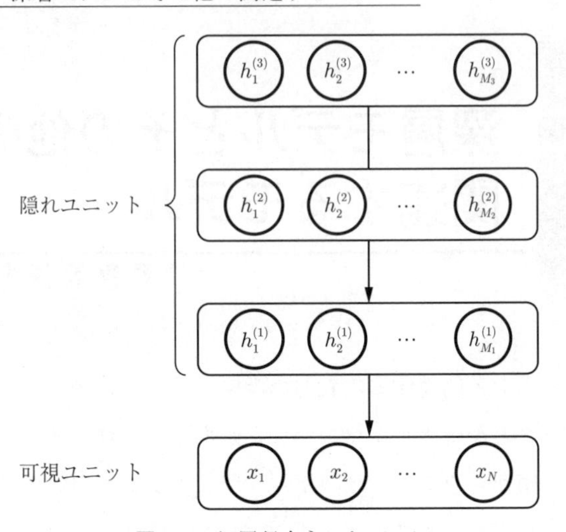

図 4.1 深層信念ネットワーク

れている。有向の矢印でつながれた層間には条件付き確率分布が定義され，無向の辺でつながれた層間には同時確率分布が定義されていることを意味する。

一般に，K 層の隠れ層を持つ深層信念ネットワークは，第 K 層と第 $K-1$ 層が無向の矢印でつながれ，それ以外の隣接する層間は有向の矢印でつながれる。可視層を第 0 層とすると，$0 < k < K$ について，第 k 層から第 $k-1$ 層に有向の矢印が引かれる。

有向の矢印が引かれた第 k 層と第 $k+1$ 層の間には，第 $k+1$ 層の値 $\mathbf{h}^{(k+1)}$ を所与としたときの，第 k 層の値 $\mathbf{h}^{(k)}$ の条件付き確率分布 $\mathbb{P}^{(k)}(\mathbf{h}^{(k)} \mid \mathbf{h}^{(k+1)})$ が定義される。

深層信念ネットワークの場合には，第 $k+1$ 層の値 $\mathbf{h}^{(k+1)}$ を所与とすると，第 k 層内の各ユニットは条件付き独立であるから次式のように書ける。

$$\mathbb{P}^{(k)}(\mathbf{h}^{(k)} \mid \mathbf{h}^{(k+1)}) = \prod_i \mathbb{P}_i^{(k)}(h_i^{(k)} \mid \mathbf{h}^{(k+1)}) \tag{4.1}$$

制限ボルツマンマシンの条件付き確率分布と同様に，第 k 層の第 i ユニットの値の条件付き確率分布 $\mathbb{P}_i^{(k)}(h_i^{(k)} \mid \mathbf{h}^{(k+1)})$ は次式のように書ける。

$$\mathbb{P}_i^{(k)}(h_i^{(k)} \mid \mathbf{h}^{(k+1)}) = \frac{\exp\left(-(b_i^{(k)} + \sum_j w_{ij}^{(k)}\, h_j^{(k+1)})\, h_i^{(k)}\right)}{\displaystyle\sum_{\tilde{h}_i^{(k)} \in \{0,1\}} \exp\left(-(b_i^{(k)} + \sum_j w_{ij}^{(k)}\, h_j^{(k+1)})\, \tilde{h}_i^{(k)}\right)} \tag{4.2}$$

ただし，$b_i^{(k)}$ は第 k 層の第 i ユニットのバイアスであり，$w_{ij}^{(k)}$ は第 $k+1$ 層の第 j ユニットから第 k 層の第 i ユニットへの重みであり，j についての和は第 $k+1$ 層のすべてのユニットについての和である。なお，深層信念ネットワークは $\mathbb{P}^{(k)}(\mathbf{h}^{(k)} \mid \mathbf{h}^{(k+1)})$ を定義するが，制限ボルツマンマシンとは異なり，$\mathbb{P}(\mathbf{h}^{(k+1)} \mid \mathbf{h}^{(k)})$ は陽には与えられない。

無向の辺が引かれた第 K 層と第 $K-1$ 層には，制限ボルツマンマシンと同様に同時確率分布が定義される。すなわち，エネルギーを

$$\begin{aligned} &E(\mathbf{h}^{(K-1)}, \mathbf{h}^{(K)}) \\ &\quad \equiv -(\mathbf{b}^{(K-1)})^\top \mathbf{h}^{(K-1)} - (\mathbf{b}^{(K)})^\top \mathbf{h}^{(K)} - (\mathbf{h}^{(K-1)})^\top \mathbf{W}^{(K-1)}\, \mathbf{h}^{(K)} \end{aligned} \tag{4.3}$$

のように定義すると，第 $K-1$ 層の値 $\mathbf{h}^{(K-1)}$ と第 K 層の値 $\mathbf{h}^{(K)}$ の同時確率分布は

$$\mathbb{P}^{(K-1,K)}(\mathbf{h}^{(K-1)}, \mathbf{h}^{(K)}) = \frac{\exp\left(-E(\mathbf{h}^{(K-1)}, \mathbf{h}^{(K)})\right)}{\displaystyle\sum_{\tilde{\mathbf{h}}^{(K-1)}} \sum_{\tilde{\mathbf{h}}^{(K)}} \exp\left(-E(\tilde{\mathbf{h}}^{(K-1)}, \tilde{\mathbf{h}}^{(K)})\right)} \tag{4.4}$$

で与えられる。

以上の同時確率分布と条件付き確率分布を用いると，深層信念ネットワークの全ユニットの同時確率分布を

$$\mathbb{P}(\mathbf{h}^{(0)}, \mathbf{h}^{(1)}, \cdots, \mathbf{h}^{(K)})$$

$$= \mathbb{P}^{(K-1,K)}(\mathbf{h}^{(K-1)}, \mathbf{h}^{(K)}) \prod_{k=0}^{K-2} \mathbb{P}^{(k)}(\mathbf{h}^{(k)} \mid \mathbf{h}^{(k+1)}) \tag{4.5}$$

で表すことができる。

なお，$\mathbf{x} \equiv \mathbf{h}^{(0)}$ は可視ユニットの値であり，可視ユニットの値の周辺確率分布は

$$\mathbb{P}(\mathbf{x}) = \sum_{\tilde{\mathbf{h}}^{(1)}} \cdots \sum_{\tilde{\mathbf{h}}^{(K)}} \mathbb{P}(\mathbf{x}, \tilde{\mathbf{h}}^{(1)}, \cdots, \tilde{\mathbf{h}}^{(K)}) \tag{4.6}$$

で決まる。

深層信念ネットワークのパラメータは

$$\theta \equiv (\mathbf{b}^{(0)}, \cdots, \mathbf{b}^{(K)}, \mathbf{W}^{(0)}, \cdots, \mathbf{W}^{(K-1)}) \tag{4.7}$$

である。

深層信念ネットワークのパラメータの値が決まったときに，式 (4.6) の周辺確率分布に従って，可視ユニットの値をサンプリングするには，第 K 層から順に値をサンプリングしていけばよい。第 K 層と第 $K-1$ 層は，制限ボルツマンマシンと同じ確率分布を持つので，3.3 節のブロック化ギブスサンプラーなどを用いて，第 K 層の値と第 $K-1$ 層の値をサンプリングすることができる。第 $K-1$ 層の値のサンプル $\boldsymbol{H}^{(K-1)}(\omega)$ が与えられると，第 $K-2$ 層の値のサンプル $\boldsymbol{H}^{(K-2)}(\omega)$ を $\mathbb{P}^{(K-2)}(\cdot \mid \boldsymbol{H}^{(K-1)}(\omega))$ に従ってサンプリングできる。これを繰り返すことで，最終的に可視層の値のサンプルが得られる。

一方で，深層信念ネットワークの可視層の値が与えられても，隠れ層の値を容易にサンプリングすることはできない。制限ボルツマンマシンの場合には，可視層の値が与えられたときの隠れ層の値の条件付き確率分布が陽に与えられるので，可視層の値が与えられたときに，隠れ層の値を容易にサンプリングすることができた。制限ボルツマンマシンに対する CD 法（3.3 節参照）はこの性質を利用したものである。深層信念ネットワークを学習するには，新たな工夫が必要となる。

4.1.2 層ごとの貪欲学習法

深層信念ネットワークの学習法[35),36)]を理解するために，パラメータを共有した無限層の深層信念ネットワーク（図 **4.2** 参照）を考えてみよう。層間をつなぐ重みは，行列 $\mathbf{W}$ またはその転置 $\mathbf{W}^\top$ で表される。図にバイアスは示していないが，値を $\mathbf{x}^{(k)}$ で示す層のバイアスを $\mathbf{b}^{\mathrm{V}}$ とし，値を $\mathbf{h}^{(k)}$ で示す層のバイアスを $\mathbf{b}^{\mathrm{H}}$ とする。すなわち，図 4.2 の深層信念ネットワークはパラメータ

$$\theta = (\mathbf{b}^{\mathrm{V}}, \mathbf{b}^{\mathrm{H}}, \mathbf{W}) \tag{4.8}$$

を持つ。

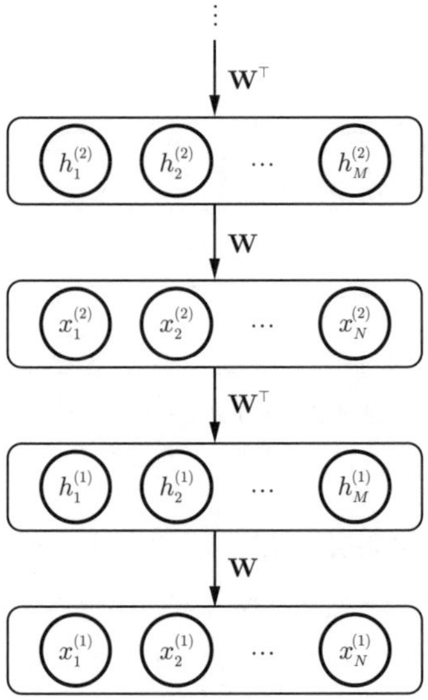

$\vdots$

$\downarrow \mathbf{W}^\top$

$h_1^{(2)}$	$h_2^{(2)}$	$\cdots$	$h_M^{(2)}$

$\downarrow \mathbf{W}$

$x_1^{(2)}$	$x_2^{(2)}$	$\cdots$	$x_N^{(2)}$

$\downarrow \mathbf{W}^\top$

$h_1^{(1)}$	$h_2^{(1)}$	$\cdots$	$h_M^{(1)}$

$\downarrow \mathbf{W}$

$x_1^{(1)}$	$x_2^{(1)}$	$\cdots$	$x_N^{(1)}$

図 **4.2** パラメータを共有した無限層の深層信念ネットワーク

図 4.2 の深層信念ネットワークが定める確率分布に従って，ある層の値をサンプリングすることを考えよう。無限に層があるが，ある初期値 $\boldsymbol{H}^{(K)}$ から始めて，$(\mathbf{b}^{\mathrm{V}}, \mathbf{W})$ で定められる条件付き確率分布に従って，その下の層の値 $\boldsymbol{X}^{(K)}$ をサンプリングし，$(\mathbf{b}^{\mathrm{H}}, \mathbf{W}^\top)$ で定められる条件付き確率分布に従って，さらに

下の層の値 $\boldsymbol{H}^{(K-1)}$ をサンプリングすることを繰り返す。ステップ k において，$(\boldsymbol{H}^{(K-k)}, \boldsymbol{X}^{(K-k)})$ がサンプリングされるが，各ステップで任意のパターンが正の確率で生成されるので，このマルコフ連鎖はエルゴード的であり，$K \to \infty$ の極限で $(\boldsymbol{H}^{(1)}, \boldsymbol{X}^{(1)})$ の分布はある定常分布に収束する。図 4.2 の $(\mathbf{x}^{(1)}, \mathbf{h}^{(1)})$ はこの定常分布に従う。

図 4.2 の深層信念ネットワークに対するこのサンプリングの過程は，**図 4.3** の制限ボルツマンマシンに対するブロック化ギブスサンプラーの過程とまったく同じである。したがって，図 4.3 の制限ボルツマンマシンが定める $(\mathbf{x}^{(1)}, \mathbf{h}^{(1)})$ の確率分布は，図 4.2 の深層信念ネットワークが定める $(\mathbf{x}^{(1)}, \mathbf{h}^{(1)})$ の確率分布と等しい。すなわち，図 4.2 の深層信念ネットワークのパラメータ $\boldsymbol{\theta}$ は制限ボルツマンマシンに対する CD 法などによってデータから学習できる。

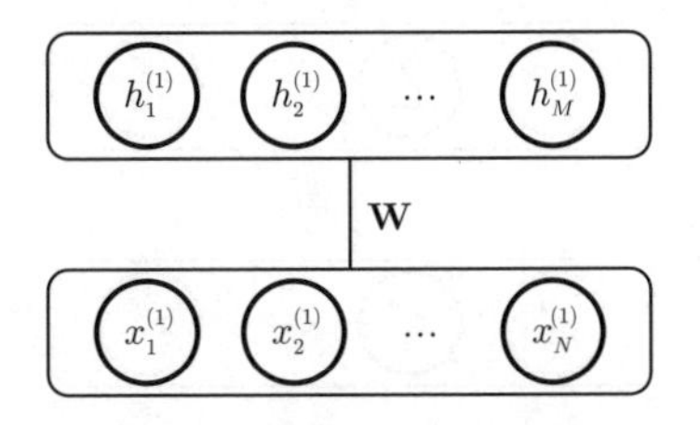

図 4.3　図 4.2 と等価な制限ボルツマンマシン

パラメータを共有した無限層の深層信念ネットワークが制限ボルツマンマシンと等価であることを踏まえると，図 4.1 の深層信念ネットワークは，**図 4.4** の無限層の深層信念ネットワークと等価であることがわかる。無向の辺でつながっていた第二層と第三層が，有向の矢印でつながった無限の層に展開されている。この無限に展開された層はパラメータを共有している。なお，層間の重みは図に示すとおりであるが，第 k 層はバイアス $\mathbf{b}^{(k)}$ を持つものとし，$k = 2, 4, \cdots$ については $\mathbf{b}^{(k)} = \mathbf{b}^{(2)}$ のように，$k = 3, 5, \cdots$ については $\mathbf{b}^{(k)} = \mathbf{b}^{(3)}$ のようにパラメータを共有する。

図 4.4 の深層信念ネットワークは，図 4.2 の深層信念ネットワークとは異なり，すべてのパラメータが共有されているわけではないので，制限ボルツマン

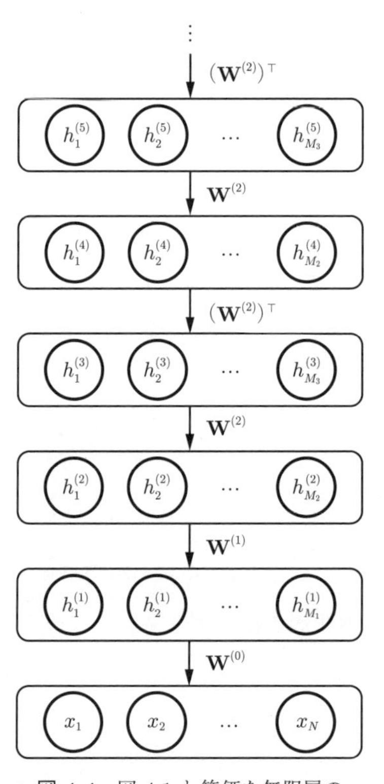

図 4.4　図 4.1 と等価な無限層の深層信念ネットワーク

マシンと同じように学習することはできない。そこで，$(\mathbf{b}^{(0)}, \mathbf{W}^{(0)}, \mathbf{b}^{(1)}) \to (\mathbf{W}^{(1)}, \mathbf{b}^{(3)}) \to (\mathbf{W}^{(2)}, \mathbf{b}^{(3)}) \to \cdots$ の順にパラメータを決めていくのが G.E. Hinton らのアプローチ[35),36)] である。

まず，パラメータ

$$\boldsymbol{\theta}_0 \equiv (\mathbf{b}^{(0)}, \mathbf{W}^{(0)}, \mathbf{b}^{(1)}) \tag{4.9}$$

を決めよう。図 4.4 のままでは $\boldsymbol{\theta}_0$ を決めることができないので

$$M_2 = M_4 = \cdots = N \tag{4.10}$$

$$M_3 = M_5 = \cdots = M_1 \tag{4.11}$$

$$\mathbf{W}^{(1)} = (\mathbf{W}^{(0)})^\top \tag{4.12}$$

$$\mathbf{W}^{(2)} = \mathbf{W}^{(0)} \tag{4.13}$$

$$\mathbf{b}^{(2)} = \mathbf{b}^{(0)} \tag{4.14}$$

と仮定しよう。これらの仮定は通常成り立つものではなく，また成り立つとすると，その深層信念ネットワークは制限ボルツマンマシンと等価で同じ表現能力しか持たないことになってしまう。したがって，$\boldsymbol{\theta}_0$ を近似的に決めるために，やむを得ずに置く仮定である。

このようにして学習された $\boldsymbol{\theta}_0$ を固定して，つぎにパラメータ

$$\boldsymbol{\theta}_1 \equiv (\mathbf{W}^{(1)}, \mathbf{b}^{(2)}) \tag{4.15}$$

を決めよう。このとき，パラメータ $\boldsymbol{\theta}_0$ を持つ制限ボルツマンマシン（**図 4.5** 左）とパラメータ $\boldsymbol{\theta}_1$ を持つ無限層の深層信念ネットワーク（図 4.5 右）を考える。この深層信念ネットワークはパラメータを共有しているので，最下層（図 4.5 右で値 $\mathbf{h}^{(1)}$ をとる層）が可視層であれば，CD 法で学習することができる。と

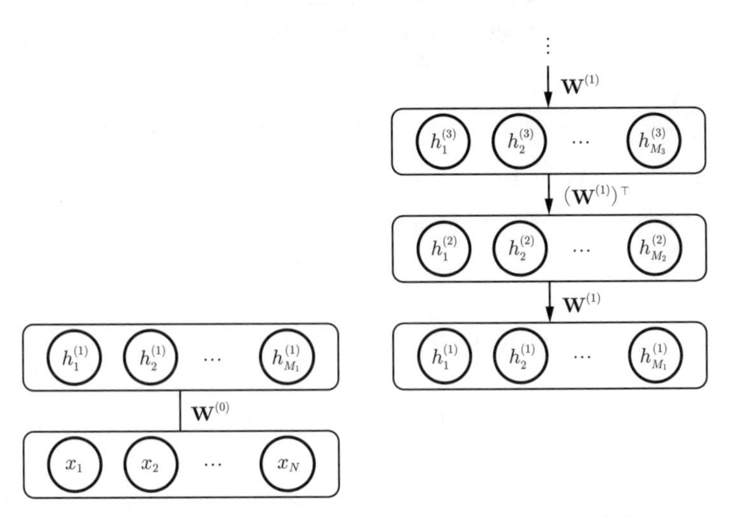

図 4.5　図 4.1 の学習時に考える制限ボルツマンマシン（左）と深層信念ネットワーク（右）

ころが，この最下層は隠れ層である。

通常は可視層がデータのパターンに対応するが，パラメータ θ_1 を持つ深層信念ネットワークの最下層の隠れ層には，パラメータ θ_0 を持つ制限ボルツマンマシンの隠れ層の値を対応させる。すなわち，パラメータ θ_0 を持つ制限ボルツマンマシンの隠れ層の値の確率分布が，パラメータ θ_1 を持つ深層信念ネットワークの最下層の隠れ層の値の確率分布と等しくなって欲しい。

深層信念ネットワークの最下層の隠れ層の値の確率分布で，制限ボルツマンマシンの隠れ層の値の確率分布を近似する手法を考えよう。まず，データにある各パターンについて，パラメータ θ_0 を持つ制限ボルツマンマシンが与える条件付き確率分布に従って，その隠れ層の値をサンプリングする。そのサンプリングされた値をデータとして，パラメータ θ_1 を持つ深層信念ネットワークをCD法で学習すればよい。

このような層ごとの学習を再帰的に行うことで，深層信念ネットワークのパラメータを決めていくことができる。すなわち，第 k 層までのパラメータ θ_k が決まったら，第 $k+1$ 層より上のパラメータを共有させて，第 $k+1$ 層のパラメータ θ_{k+1} をCD法で学習する。このときのデータは，第0層から順に，制限ボルツマンマシンが定める条件付き確率分布に従って生成していく。すなわち，パラメータ θ_0 を持つ制限ボルツマンマシンの可視層にデータを与えて，隠れ層の値をサンプリングする。そのサンプル値を，パラメータ θ_1 を持つ制限ボルツマンマシンの可視層に与えて，隠れ層の値をサンプリングする。これを繰り返して，パラメータ θ_k を持つ制限ボルツマンマシンの隠れ層のサンプル値が得られたら，この値をデータとして，θ_{k+1} を学習で決めるのである。

4.1.3 自己符号化器

前節の層ごとにパラメータ学習する貪欲学習法は効率的であるが，一般に最適なパラメータ値が求まるわけではない。しかし，**自己符号化器** (autoencoder) というモデルを勾配法で学習する際に，層ごとの貪欲学習法で自己符号化器のパラメータを初期化する手法が有効である[36] ことが知られている。本項では，

図 4.6 に示すような自己符号化器について考えよう。

自己符号化器は，**符号化器**（encoder）と**復号化器**（decoder）とからなる。符号化器で入力を符号に変換し，復号化器で符号を出力に変換する。このとき，出力が入力とできるだけ近くなるように，自己符号化器を学習する。符号の次元を，入出力の次元よりも小さくしておく（図では $M_3 < N$ とする）ことで，自己符号化器を次元圧縮器として用いることができる。すなわち，入力より次元の小さな符号から入力を復号化できるためには，符号が入力に関する情報を持っている必要があり，入力に関する情報をできるだけ符号が持つように自己符号化器が学習されることになる。

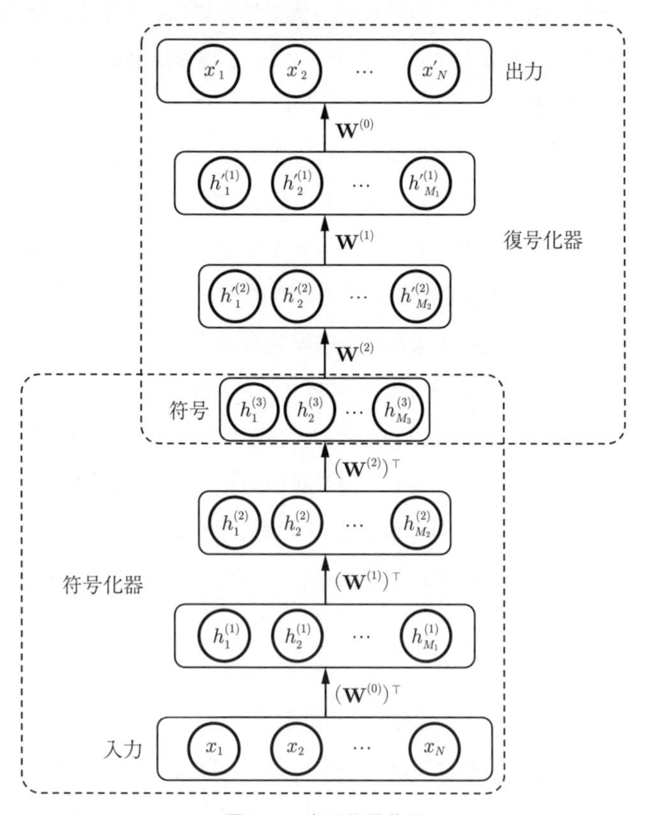

図 4.6　自己符号化器

自己符号化器が学習できれば，**図 4.7** のような分類器に利用することもできる。すなわち，入力を符号化し，その符号を用いて入力のラベルを出力するように，分類器のパラメータ $\mathbf{W}^{(\mathrm{out})}$ を学習すればよい。例えば，入力が動物の画像で，ラベルが犬や猫などの動物の種類であれば，動物の画像からその動物の種類を推定する分類器ができる。

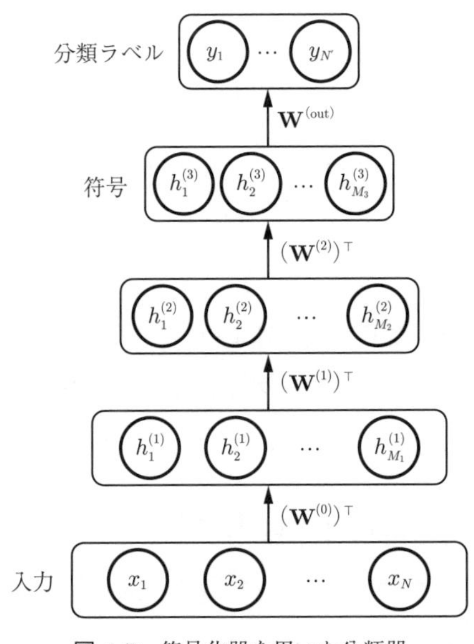

図 4.7 符号化器を用いた分類器

自己符号化器を用いた分類器の学習は，ラベル付きのデータの量が限られている場合に有効である。これは，ラベルなしデータだけで自己符号化器を学習できるからである。人手でラベルを付ける必要がある場合には，ラベル付きデータの量が限られていても，ラベルなしデータなら大量に入手できる場合がある。このような場合には，大量のラベルなしデータを用いて，自己符号化器のパラメータ（図 4.7 では $\mathbf{W}^{(0)}, \mathbf{W}^{(1)}, \mathbf{W}^{(2)}$）を学習し，ラベル付きデータを用いて，分類器の残りのパラメータ（図 4.7 では $\mathbf{W}^{(\mathrm{out})}$）を学習すればよい。あらかじめ大量のラベルなしデータを用いて自己符号化器を学習しておくことで，量の限られたラベル付きデータだけでは学習が難しい分類器を，うまく学習できるようになると期待される。

自己符号化器の学習に話を戻そう。図 4.6 のような構造を持つ自己符号化器は，**誤差逆伝播法**（backpropagation）によって学習することができる。

データ $\mathcal{D}$ 内の各入力 $\mathbf{x}$ について，その出力 $\mathbf{x}' = \mathrm{AE}_\theta(\mathbf{x})$ が入力と近くなるように，自己符号化器 $\mathrm{AE}_\theta(\cdot)$ のパラメータ θ を，勾配法で更新することを考えよう。例えば，入力と出力の平均二乗誤差

$$f(\theta) \equiv \frac{1}{|\mathcal{D}|} \sum_{\mathbf{x}\in\mathcal{D}} ||\mathbf{x} - \mathrm{AE}_\theta(\mathbf{x})||^2 \tag{4.16}$$

のパラメータについての勾配 $\boldsymbol{\nabla}_\theta f(\theta)$ を求めて，適切な学習率 η を用いて

$$\theta \leftarrow \theta - \eta \boldsymbol{\nabla}_\theta f(\theta) \tag{4.17}$$

のようにパラメータを更新していけばよい。

自己符号化器は多層のネットワークであるから，層の数だけの関数からなる合成関数とみることができる。図 4.6 の場合には，6 個の関数からなる合成関数

$$\mathrm{AE}_\theta(\cdot) = g_6 \circ g_5 \circ g_4 \circ g_3 \circ g_2 \circ g_1(\cdot) \tag{4.18}$$

として書ける。

例えば，$g_2(\cdot)$ は $\mathbf{h}^{(1)}$ を $\mathbf{h}^{(2)}$ に写す関数であり，$(\mathbf{b}^{(2)}, \mathbf{W}^{(1)})$ をパラメータに持つ。このような合成関数の微分は**連鎖率**（chain rule）で求まる。連鎖率で求まる勾配を用いて，各パラメータの値を効率的に更新していくのが誤差逆伝播法にほかならない。

誤差逆伝播法を適用できるものの，自己符号化器のような多層のネットワークは，誤差逆伝播法でうまく学習できるとは限らない。質の悪い局所最適解に収束してしまったり，収束にきわめて長い時間がかかることもある。このため，誤差逆伝播法を適用する前に，パラメータ値をある程度良い値に設定しておくことが望ましい。ここで登場するのが，4.1.2 項で考えた，層ごとの貪欲学習法である。すなわち，層ごとの貪欲学習法でパラメータを学習した深層信念ネッ

トワークを自己符号化器に変形して，そのパラメータ値を初期値として自己符号化器を誤差逆伝播法で学習すればよい。2006 年に G.E. Hinton らが提案したのがこの手法である。

4.2 深層ボルツマンマシン

図 4.8 に**深層ボルツマンマシン**（deep Boltzmann machine）の構造を示す。図 4.1 の深層信念ネットワークと比べてみよう。深層信念ネットワークは有向の矢印と無向の辺を持つが，深層ボルツマンマシンは無向の辺だけを持つ。

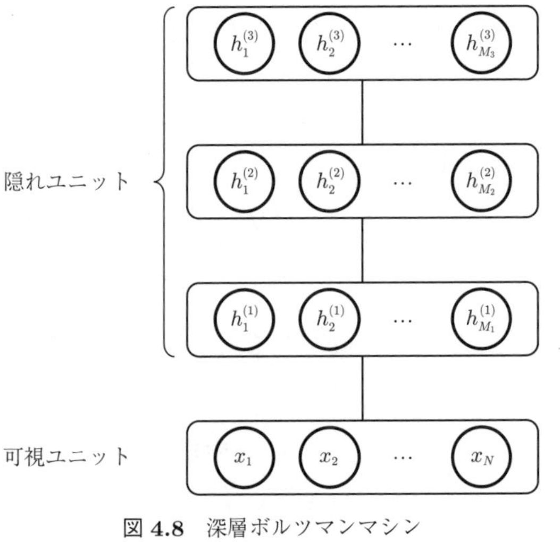

図 4.8　深層ボルツマンマシン

有向の矢印は，矢印の元の変数の値が与えられたときの，矢印の先の変数の条件付き確率分布が定義されていることを意味する。ある変数 X の確率分布は，変数 X につながる矢印の元の変数に依存するが，変数 X からつながる矢印の先の変数に直接は依存しない（ただし，ほかの矢印によって間接的に依存することはある）。

これに対して，無向の辺でつながった二つの変数はたがいに依存しあう。変数 X と変数 Y が直接つながらないときには，X と Y をつなぐ各径路上の少なくとも一つの変数の値をそれぞれ所与としたときに，X と Y は条件付き独立となる。

〔1〕 確率分布とサンプリング　深層ボルツマンマシンはボルツマンマシンであるから，図 4.8 で $\mathbf{h}^{(0)} \equiv \mathbf{x}$ と定義すると，エネルギーを

$$E(\mathbf{h}^{(0)}, \mathbf{h}^{(1)}, \mathbf{h}^{(2)}, \mathbf{h}^{(3)}) = -\sum_{k=0}^{3} (\mathbf{b}^{(k)})^\top \mathbf{h}^{(k)} - \sum_{k=1}^{3} (\mathbf{h}^{(k-1)})^\top \mathbf{W}^{(k)} \mathbf{h}^{(k)} \tag{4.19}$$

のように書くことができる。また，このエネルギーを用いて確率分布が定義される。

特に，第 k 層の値 $\mathbf{h}^{(k)}$ は，$\mathbf{h}^{(k-1)}$ と $\mathbf{h}^{(k+1)}$ に直接依存する。条件付きエネルギーを

$$\begin{aligned} &E(\mathbf{h}^{(k)} \mid \mathbf{h}^{(k-1)}, \mathbf{h}^{(k+1)}) \\ &\quad = -(\mathbf{b}^{(k)})^\top \mathbf{h}^{(k)} - (\mathbf{h}^{(k-1)})^\top \mathbf{W}^{(k)} \mathbf{h}^{(k)} - (\mathbf{h}^{(k)})^\top \mathbf{W}^{(k+1)} \mathbf{h}^{(k+1)} \end{aligned} \tag{4.20}$$

のように定義すると，$\mathbf{h}^{(k-1)}$ と $\mathbf{h}^{(k+1)}$ を所与としたときの $\mathbf{h}^{(k)}$ の条件付き確率分布が

$$\mathbb{P}(\mathbf{h}^{(k)} \mid \mathbf{h}^{(k-1)}, \mathbf{h}^{(k+1)}) = \frac{\exp\left(-E(\mathbf{h}^{(k)} \mid \mathbf{h}^{(k-1)}, \mathbf{h}^{(k+1)})\right)}{\sum_{\tilde{\mathbf{h}}} \exp\left(-E(\tilde{\mathbf{h}} \mid \mathbf{h}^{(k-1)}, \mathbf{h}^{(k+1)})\right)} \tag{4.21}$$

のように書ける。

深層ボルツマンマシンが定める確率分布からのサンプリングは，制限ボルツマンマシンの場合と同様に，ブロック化ギブスサンプラーが使える。奇数層の値を固定すると，偶数層の条件付き確率分布が式 (4.21) で決まり，偶数層の値を固定すると，奇数層の条件付き確率分布が式 (4.21) で決まる。アルゴリズム 3.2 のブロック化ギブスサンプラーにおいて，制限ボルツマンマシンの可視ユ

ニットを深層ボルツマンマシンの奇数層のユニットとして，制限ボルツマンマシンの隠れユニットを深層ボルツマンマシンの偶数層のユニットとすると，深層ボルツマンマシンに対するブロック化ギブスサンプラーになる。

〔2〕 深層ボルツマンマシンの学習　深層ボルツマンマシンはボルツマンマシンであるから，式 (2.89) の勾配を利用して，データの尤度を（局所的に）最大にするように，勾配法や確率的勾配法でパラメータを学習することができる。この勾配を求めるときに必要となる $\mathbb{E}_{\mathrm{target}}\left[\mathbb{E}_{\boldsymbol{\theta}}[\boldsymbol{S} \mid \boldsymbol{X}]\right]$ を平均場近似（3.4 節参照）で評価して，$\mathbb{E}_{\boldsymbol{\theta}}[\boldsymbol{S}]$ をブロック化ギブスサンプラー（3.3.1 項参照）で評価するのが，R. Salakhutdinov らが提案した深層ボルツマンマシンの学習方法である[100]。

ボルツマンマシンが隠れユニットを持つとき，データの尤度を最大にする目的関数は凹関数でないことを 2.2 節で確認した。したがって，深層ボルツマンマシンを勾配法や確率的勾配法で学習する際には，パラメータの初期値を適切に設定しておくことが重要である。このため，4.1.2 項の深層信念ネットワークに対する層ごとの貪欲学習法のような手法を用いて，深層ボルツマンマシンのパラメータの初期値をうまく選びたい。

深層信念ネットワークでは，各層を制限ボルツマンマシンと同じように学習していった。深層信念ネットワークの場合には，第 $k+1$ 層の値が与えられると，第 k 層の条件付き確率分布が決まるという関係があった。深層ボルツマンマシンの場合には，第 $k+1$ 層と第 $k-1$ 層の値が与えられると，第 k 層の条件付き確率分布が決まるという関係がある。

この関係を考慮して，深層ボルツマンマシンに対する層ごとの貪欲学習法では，**図 4.9** のような制限ボルツマンマシンを層ごとに学習する手法を R. Salakhutdinov らが提案している[100]。図 4.9 のボルツマンマシンは三層からなるように見えるが，最上層のユニットと最下層のユニットの間には接続がないので，制限ボルツマンマシンである。また，最上層と最下層はまったく同じ構造をしているだけではなく，最上層の各ユニットは対応する最下層のユニットと同じ値をとる。また，最上層と中間層の間の重み $\mathbf{W}$ も，中間層と最下層

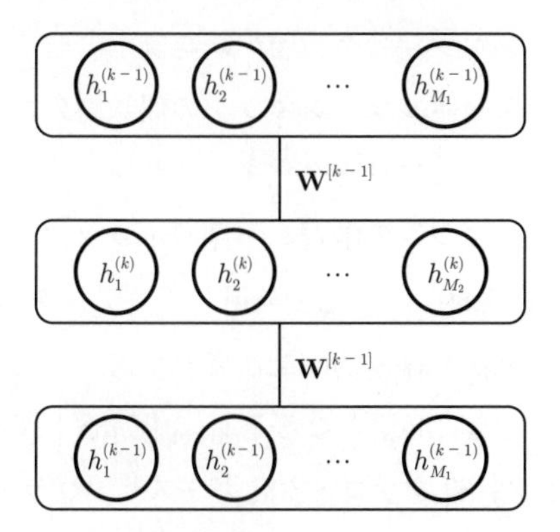

図 **4.9**　深層ボルツマンマシンに対する層ごとの貪欲学習法で用いられる制限ボルツマンマシン

の間の重み $\mathbf{W}$ と完全に一致する。これらのことから，最下層と中間層だけからなり，それらの間を重み $2\mathbf{W}$ で接続する制限ボルツマンマシンが，図 4.9 の制限ボルツマンマシンと等価であることがわかる。すなわち，図 4.9 の最下層と中間層だけからなる制限ボルツマンマシンの重みを学習して，その重みを 2 で割ったものが，図 4.9 の制限ボルツマンマシンの重みとなる。

よって，深層ボルツマンマシンに対する層ごとの貪欲学習法は，$k=1$ から始めて，第 $k-1$ 層を可視層とし，第 k 層を隠れ層とする制限ボルツマンマシンの重みを学習して，学習された重みを 2 で割ることを，k を 1 ずつ大きくしながら繰り返す。このとき，深層信念ネットワークの場合と同様に，第 0 層を可視層とするときにはデータを与え，それ以外の層を可視層とするときには，第 0 層にデータを与えたときの条件付き確率分布に従ってサンプリングされた値を用いる。

なお，本節では深層ボルツマンマシンが提案されたときに用いられた学習法を説明したが，その後さまざまな学習法が提案されている[17),18),64),98),99),115)]。特に，N. Srivastava らは図 **4.10** のような構造を持つ深層ボルツマンマシンを考えている。図 4.10 の深層ボルツマンマシンの可視層は二つに分かれており，一方が画像に対応し，他方が単語に対応する。この深層ボルツマンマシンは，

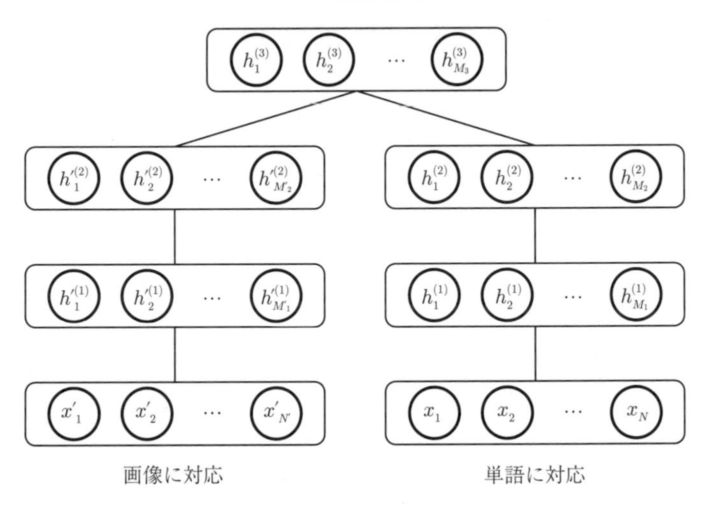

図 4.10 画像と単語の対を入力とする深層ボルツマンマシン

たがいに関連する画像と単語の対の集合を訓練データとして学習する。深層ボルツマンマシンによって，画像と単語の同時確率分布を学習できるので，学習された深層ボルツマンマシンに画像を与えると，その画像に関連する単語を条件付き確率分布に従ってサンプリングすることができ，また，単語を与えると，その単語に関連する画像を条件付き確率分布に従ってサンプリングすることができる[115)]。

4.3 ガウスボルツマンマシン

本節では，実数値を扱えるようにボルツマンマシンを変形しよう。標準的なボルツマンマシンの各ユニットは0か1の値をとり，この二値に対して確率が割り当てられる。この期待値を用いて，実数値を取り扱う単純な手法も考えられるが，きわめて特殊な場合以外には有効ではない。まず4.3.1項で，期待値を用いて実数値を取り扱う手法の問題点を考えよう。残りの項では，正規分布に従って実数値をとる**ガウスユニット**（Gaussian unit）を用いる手法を議論する[36),53),62),129)]。

4.3.1 期待値で実数値を表現する場合の問題点

パラメータ $\boldsymbol{\theta} \equiv (\mathbf{b}, \mathbf{W})$ を持つボルツマンマシンは，二値のパターン $\mathbf{x} \in \{0,1\}^N$ について以下の確率分布を定義する。

$$\mathbb{P}_{\boldsymbol{\theta}}(\mathbf{x}) = \frac{\exp\left(-E_{\boldsymbol{\theta}}(\mathbf{x})\right)}{\sum_{\tilde{\mathbf{x}}} \exp\left(-E_{\boldsymbol{\theta}}(\tilde{\mathbf{x}})\right)} \tag{4.22}$$

各ユニットの期待値は

$$\mathbb{E}_{\boldsymbol{\theta}}[\boldsymbol{X}] = \sum_{\tilde{\mathbf{x}}} \tilde{\mathbf{x}}\, \mathbb{P}_{\boldsymbol{\theta}}(\tilde{\mathbf{x}}) \tag{4.23}$$

であり，$[0,1]^N$ 内の値をとる。適切にスケーリングすることで，学習対象のデータの値を $[0,1]^N$ の範囲に収めることができるので，この期待値を用いることで，実数値をとるデータを扱えるようにも思われるだろう。ところが，この手法で表現できる実数値のパターンはきわめて限られたものであることを以下で確認しよう。

隠れユニットがない場合の勾配法による学習則（式 (2.13) と式 (2.14)）を少し変形してみよう。データ内のすべてのパターンについての勾配を足し合わせるのではなく，一部のパターンについてのみの勾配を足し合わせた**ミニバッチ**（mini batch）を用いる以下の確率的勾配法を考えよう。

$$b_i \leftarrow b_i + \eta \left(\frac{1}{K} \sum_{k=1}^{K} X_i(\omega_k) - \mathbb{E}_{\boldsymbol{\theta}}[X_i] \right) \tag{4.24}$$

$$w_{i,j} \leftarrow w_{i,j} + \eta \left(\frac{1}{K} \sum_{k=1}^{K} X_i(\omega_k)\, X_j(\omega_k) - \mathbb{E}_{\boldsymbol{\theta}}[X_i\, X_j] \right) \tag{4.25}$$

上式の K はミニバッチの大きさで，各ステップにおいて，K 個のサンプル $\boldsymbol{X}(\omega_1), \cdots, \boldsymbol{X}(\omega_K)$ を用いて確率的勾配を計算している。これらの学習則は $K \to \infty$ の極限で勾配法（式 (2.13) と式 (2.14)）に収束する。

ミニバッチを用いた確率的勾配法を念頭に置くと，学習対象の実数値が実際に二値変数の期待値に対応している場合には，各バイアス b_i を実数値のサンプル

$R_i(\omega)$ に基づいて以下のように更新する確率的勾配法が正当化されるであろう。

$$b_i \leftarrow b_i + \eta\,(R_i(\omega) - \mathbb{E}_{\boldsymbol{\theta}}[X_i]) \tag{4.26}$$

ところが，重み $w_{i,j}$ に対する学習則は，バイアスに対する学習則と同様には正当化できない。これは，X_i と X_j が独立でない限り，$\mathbb{E}_{\boldsymbol{\theta}}[X_i\,X_j]$ を $\mathbb{E}_{\boldsymbol{\theta}}[X_i]$ と $\mathbb{E}_{\boldsymbol{\theta}}[X_j]$ だけで表すことができないからである。また，X_i と X_j が独立であれば $w_{i,j} = 0$ であるはずである。

一般に，期待値を用いて実数値を取り扱う手法が正当化されるのは，入力パターンを所与としたときに，実数値をとる確率変数がたがいに条件付き独立となる場合だけである。図 2.6 の簡単なモデルはそのような特別な場合に相当する。そのような場合には，入力と出力の対のサンプル $(\boldsymbol{X}(\omega), \boldsymbol{R}(\omega))$ に対して，以下の確率的勾配法に従ってパラメータを更新してもよい。

$$b_j \leftarrow b_j + \eta\,(R_j(\omega) - \mathbb{E}_{\boldsymbol{\theta}}[Y_j \mid \boldsymbol{X}(\omega)]) \tag{4.27}$$

$$w_{i,j} \leftarrow b_{i,j} + \eta\,(X_i(\omega)\,R_j(\omega) - X_i(\omega)\,\mathbb{E}_{\boldsymbol{\theta}}[Y_j \mid \boldsymbol{X}(\omega)]) \tag{4.28}$$

ただし，各 $i \in [1, N_{\mathrm{in}}]$ について，入力パターンの i 番目のサンプル値を $X_i(\omega)$ で表す。また，各 $j \in [1, N_{\mathrm{out}}]$ について，出力パターンの j 番目のサンプル値を $R_j(\omega)$ で表し，$R_j(\omega)$ は $[0, 1]$ 内の値をとるものとする。

4.3.2　ガウスベルヌーイ制限ボルツマンマシン

実数値間の相関をうまく取り扱うために，可視ユニットが実数値のパターン $\mathbf{x} \in \mathbb{R}^N$ をとり，隠れユニットが二値のパターン $\mathbf{h} \in \{0, 1\}^M$ をとり，以下のエネルギーが定義されるモデルを考えてみよう[53)]。

$$E_{\boldsymbol{\theta}}(\mathbf{x}, \mathbf{h}) = \sum_{i=1}^{N} \frac{(x_i - b_i^{\mathrm{V}})^2}{2\,\sigma_i^2} - \sum_{j=1}^{M} b_j^{\mathrm{H}}\,h_j - \sum_{i=1}^{N}\sum_{j=1}^{M} x_i\,\frac{w_{i,j}}{\sigma_i}\,h_j \tag{4.29}$$

ここでは，$\boldsymbol{\theta} \equiv (\mathbf{b}^{\mathrm{V}}, \mathbf{b}^{\mathrm{H}}, \mathbf{W}, \boldsymbol{\sigma})$ がパラメータである。このエネルギーを用いて

$$\mathbb{P}_{\boldsymbol{\theta}}(\mathbf{x},\mathbf{h}) = \frac{\exp\left(-E_{\boldsymbol{\theta}}(\mathbf{x},\mathbf{h})\right)}{\int_{\tilde{\mathbf{x}}}\sum_{\tilde{\mathbf{h}}}\exp\left(-E_{\boldsymbol{\theta}}(d\tilde{\mathbf{x}},\tilde{\mathbf{h}})\right)} \tag{4.30}$$

のように確率分布が定義できる。

ただし，$\mathbf{x} \in \mathbb{R}^N$ は実数値を取るので，分配関数は $\mathbb{R}^N$ の範囲の積分になる。このエネルギーベースのモデルを**ガウスベルヌーイ制限ボルツマンマシン** (Gaussian Bernoulli restricted Boltzmann machine) と呼ぶ。

このとき，$\mathbf{h}$ を所与としたときの $\mathbf{x}$ の条件付き確率分布は正規分布となり，$\mathbf{x}$ を所与としたときの $\mathbf{h}$ の条件付き確率分布はベルヌーイ分布となる[53)]。具体的には，以下の定理 4.1 が成り立つ。

定理 4.1　　式 (4.29) のエネルギーを考える。このとき，$\mathbf{h}$ が所与のときに $\mathbf{x}$ の各要素はたがいに条件付き独立であり，$\mathbf{x}$ が所与のときに $\mathbf{h}$ の各要素はたがいに条件付き独立である。また，$\mathbf{h}$ が所与のときの x_i の条件付き確率密度関数は $x_i \in \mathbb{R}$ について次式で与えられる。

$$p_{\boldsymbol{\theta}}^{(i)}(x_i \mid \mathbf{h}) = \frac{1}{\sqrt{2\,\pi\,\sigma_i^2}}\exp\left(-\frac{\left(x_i - \left(b_i^{\mathrm{V}} + \sigma_i\sum_{j=1}^{M} w_{i,j}\,h_j\right)\right)^2}{2\,\sigma_i^2}\right) \tag{4.31}$$

さらに，$\mathbf{x}$ が所与のときの h_j の条件付き確率質量関数は

$$p_{\boldsymbol{\theta}}^{(j)}(h_j \mid \mathbf{x}) = \frac{\exp\left(\left(b_j^{\mathrm{H}} + \sum_{i=1}^{N} x_i\,\frac{w_{i,j}}{\sigma_i}\right)h_j\right)}{1 + \exp\left(b_j^{\mathrm{H}} + \sum_{i=1}^{N} x_i\,\frac{w_{i,j}}{\sigma_i}\right)} \tag{4.32}$$

で与えられる。

※　定理 4.1 の証明は章末問題【 **1** 】とする。

定理 4.1 において，積 $\sigma_i\,w_{i,j}$ が式 (4.31) に現れ，比 $w_{i,j}/\sigma_i$ が式 (4.32) に現

れるのは不自然に思われるかもしれない。これらは，**自然パラメータ**（natural parameter）で置き換えると見通しがよくなる[129)]。

平均が μ で標準偏差が σ の正規分布の自然パラメータは μ/σ^2 と $-1/(2\sigma^2)$ である。自然パラメータを考えると，式 (4.31) の確率分布のパラメータはつぎの 2 変数となる。

- $$\frac{b_i^{\mathrm{V}}}{\sigma_i^2} + \sum_{j=1}^{M} \frac{w_{i,j}}{\sigma_i} h_j \tag{4.33}$$
- $$-\frac{1}{2\sigma_i^2} \tag{4.34}$$

また，確率 p で 1 をとり，確率 $1-p$ で 0 をとるベルヌーイ分布の自然パラメータは $\ln(p/(1-p))$ であることを考えると，式 (4.32) の確率分布のパラメータはつぎの変数で与えられる。

$$b_j^{\mathrm{H}} + \sum_{i=1}^{N} x_i \frac{w_{i,j}}{\sigma_i} \tag{4.35}$$

よって，自然パラメータには $w_{i,j}/\sigma_i$ だけが現れる。

4.3.3 スパイクスラブ制限ボルツマンマシン

ガウスベルヌーイ制限ボルツマンマシンを改良するさまざまなモデルが検討されているが，その一つに**スパイクスラブ制限ボルツマンマシン**（spike slab restricted Boltzmann machine）がある[19),20)]。例えば，画像の生成タスクにおいて，ガウスベルヌーイ制限ボルツマンマシンが生成する画像よりも，輪郭がはっきりとした画像をスパイクスラブ制限ボルツマンマシンが生成できることが実験的に確認されている[19),20)]。

スパイクスラブ制限ボルツマンマシンの可視ユニットは実数値 $\mathbf{x}$ をとるが，隠れユニットは二値を取るスパイク $\mathbf{h}$ と実数値をとるスラブ $\mathbf{S}$ を持つ。これらのユニットを用いてさまざまな形のエネルギーを定義できるが，一例として以下の形で表されるエネルギーを考えよう。

$$E_{\boldsymbol{\theta}}(\mathbf{x},\mathbf{h},\mathbf{S}) = \sum_{i=1}^{N}\frac{\lambda_i}{2}x_i^2 + \sum_{j=1}^{M}\sum_{k=1}^{K}\frac{\alpha_{j,k}}{2}s_{j,k}^2 - \sum_{j=1}^{N} b_j\, h_j - \sum_{i=1}^{N}\sum_{j=1}^{M}\sum_{k=1}^{K} w_{i,j,k}\, x_i\, h_j\, s_{j,k} \tag{4.36}$$

上式の $w_{i,j,k}$ は，可視ユニット i とスパイク j とスラブ k の三つ組の接続の重みを表す。この三つ組の接続については，4.4.2 項の高階ボルツマンマシンで改めて議論する。スパイクスラブ制限ボルツマンマシンのパラメータを $\boldsymbol{\theta} \equiv (\boldsymbol{\lambda},\boldsymbol{\alpha},\mathbf{W},\mathbf{b})$ でまとめて表すことにしよう。

定理 4.1 と同様に以下の条件付き確率分布を示すことができる。$\mathbf{h}$ と $\mathbf{S}$ が所与のときには，$\mathbf{x}$ の各要素はたがいに条件付き独立であり，それぞれ正規分布を持つ。具合的には，x_i の条件付き確率密度関数は $x_i \in \mathbb{R}$ について

$$p(x_i \mid \mathbf{h},\mathbf{S}) \sim \exp\left(-\frac{\lambda_i}{2}\left(x_i - \frac{1}{\lambda_i}\sum_{j=1}^{M}\sum_{k=1}^{K} w_{i,j,k}\, h_j\, s_{j,k}\right)^2\right) \tag{4.37}$$

で与えられる。

同様に，$\mathbf{x}$ と $\mathbf{h}$ が所与のときには $\mathbf{S}$ の各要素はたがいに条件付き独立であり，それぞれ正規分布を持つ。具合的には，$s_{j,k}$ の条件付き確率密度関数は $s_{j,k} \in \mathbb{R}$ について

$$p(s_{j,k} \mid \mathbf{x},\mathbf{h}) \sim \exp\left(-\frac{\alpha_{j,k}}{2}\left(s_{j,k} - \frac{1}{\alpha_i}\sum_{i=1}^{N} w_{i,j,k}\, x_i\, h_j\right)^2\right) \tag{4.38}$$

で与えられる。

さらに，$\mathbf{x}$ と $\mathbf{S}$ が所与のときには $\mathbf{h}$ の各要素はたがいに条件付き独立であり，それぞれ $h_j \in \{0,1\}$ について

$$p(h_j \mid \mathbf{x},\mathbf{S}) \sim \exp\left(\left(b_j + \sum_{i=1}^{N}\sum_{k=1}^{K} w_{i,j,k}\, x_i\, s_{j,k}\right)h_j\right) \tag{4.39}$$

で表されるベルヌーイ分布を持つ。

4.4 マルコフ確率場

本節では，ボルツマンマシンを一般化する**マルコフ確率場**（Markov random field）を考えよう[49]。マルコフ確率場は**無向グラフィカルモデル**（undirected graphical model）とも呼ばれる。

ボルツマンマシンの各ユニットが二値の値をとるのに対して，マルコフ確率場は有限集合内の値をとるユニットから構成される。マルコフ確率場は，これらのユニットがとる値の確率分布を

$$\mathbb{P}(\mathbf{x}) = \frac{\exp(-E(\mathbf{x}))}{\sum_{\tilde{\mathbf{x}}} \exp(-E(\tilde{\mathbf{x}}))} \tag{4.40}$$

で定義する。

ただし，$\tilde{\mathbf{x}}$ に関する和は，マルコフ確率場のユニットが取りうるすべての値の組合せについての和である。また，各パターン $\mathbf{x}$ のエネルギー $E(\mathbf{x})$ は，$\mathbf{x}$ の特徴量ベクトル $\boldsymbol{\xi}(\mathbf{x})$ と重み $\mathbf{w}$ を用いて

$$E(\mathbf{x}) = \mathbf{w}^\top \boldsymbol{\xi}(\mathbf{x}) \tag{4.41}$$

で定義される。

以下では，マルコフ確率場の特別な場合について簡単に触れておこう。

4.4.1 ボルツマンマシンとイジングモデル

以下の二つの条件を満たすとき，マルコフ確率場はボルツマンマシンに帰着する。一つ目の条件は，特徴量ベクトル $\boldsymbol{\xi}(\mathbf{x})$ が次数が 2 以下の単項式からなるベクトルであること。二つ目の条件は，各ユニットが 0 か 1 かの二値を取ることである。

イジングモデル（Ising model）[43] は本質的にボルツマンマシンと等価である。ただし，イジングモデルのユニットは $\{-1, +1\}$ の二値をとると定義する

のが一般的である。

4.4.2 高階ボルツマンマシン

特徴量ベクトル $\boldsymbol{\xi}(\mathbf{x})$ が三次以上の単項式を含むことを許したのが，**高階ボルツマンマシン**（higher order Boltzmann machine）[108] である。高階ボルツマンマシンのユニットは 0 か 1 の二値を取る。4.3.3 項のスパイクスラブ制限ボルツマンマシンは，高階ボルツマンマシンの一部の隠れユニットをガウスユニットとしたものである。

章末問題

【1】 定理 4.1 を証明せよ。

5 時系列モデルの学習

複数のパターンが時間の順番に並んでいる**時系列データ**（time series data）を考えよう。ボルツマンマシンの構造を工夫すると，この時系列データを学習して，将来の値の予測などに使えるようになる。時系列データを扱うためのボルツマンマシンの構造が本章のテーマである。過去の時系列パターンを所与としたときの，将来のパターンの条件付き確率分布を学習すればよいが，過去の時系列の長さは時間とともに長くなっていくのが時系列データの特徴である。この時系列データの特徴にうまく対処するのが，本章の最後に考える再帰的時間的制限ボルツマンマシンである。構造（相関）を持つ高次元のパターンの確率分布をうまく表現できるのがボルツマンマシンの特長であった。ボルツマンマシンを**時系列モデル**（time series model）にしたときにもこの特長が生かされる。すなわち，「ある時点であるユニットが1のときには，別の特定のユニットが1になりやすい」といった構造をうまく表現できるのがボルツマンマシンを用いた時系列モデルの特長である。

5.1 目的関数と勾配法

以下のような時系列データの学習を本節で考えよう。

$$\mathbf{x} \equiv (\mathbf{x}^{[t]})_{t=0}^{T} \tag{5.1}$$

上式の $\mathbf{x}^{[t]}$ は二値ベクトルの時点 t での値である。時点 s から t までのパターンの時系列を $\mathbf{x}^{[s,t]}$ と書こう。

与えられた時系列 $\mathbf{x}$（または時系列の集合）の対数尤度の最大化を目指して時系列モデルのパラメータ $\boldsymbol{\theta}$ を決めるのが，時系列モデルの標準的な学習である。時系列モデルが定める確率分布を $\mathbb{P}_{\boldsymbol{\theta}}(\cdot)$ と書くと，目的関数は以下のように書ける。

$$f(\boldsymbol{\theta}) \equiv \log \mathbb{P}_{\boldsymbol{\theta}}(\mathbf{x}) = \sum_{t=0}^{T} \log \mathbb{P}_{\boldsymbol{\theta}}(\mathbf{x}^{[t]} \mid \mathbf{x}^{[0,t-1]}) \tag{5.2}$$

上式の $\mathbb{P}_{\boldsymbol{\theta}}(\mathbf{x}^{[t]} \mid \mathbf{x}^{[0,t-1]})$ は，時点 $t-1$ までの時系列 $\mathbf{x}^{[0,t-1]}$ を所与としたときの，時点 t のパターン $\mathbf{x}^{[t]}$ の条件付き確率分布である。なお，$\mathbf{x}^{[0,-1]}$ は空の時系列と解釈して，時点 0 のパターンが $\mathbf{x}^{[0]}$ である確率を $\mathbb{P}_{\boldsymbol{\theta}}(\mathbf{x}^{[0]} \mid \mathbf{x}^{[0,-1]})$ で表すことにする。式 (5.2) の条件付き確率 $\mathbb{P}_{\boldsymbol{\theta}}(\mathbf{x}^{[t]} \mid \mathbf{x}^{[0,t-1]})$ が決まれば，時系列の分布 $\mathbb{P}_{\boldsymbol{\theta}}(\mathbf{x})$ が決まるので，$\mathbb{P}_{\boldsymbol{\theta}}(\mathbf{x}^{[t]} \mid \mathbf{x}^{[0,t-1]})$ を定める任意のモデルは時系列モデルである。

観測される時系列 $\mathbf{x}$ と潜在変数値の時系列 $\mathbf{h}$ の同時確率分布が

$$\mathbb{P}_{\boldsymbol{\theta}}(\mathbf{x}, \mathbf{h}) = \frac{\exp\left(-E_{\boldsymbol{\theta}}(\mathbf{x}, \mathbf{h})\right)}{\displaystyle\sum_{\tilde{\mathbf{x}}} \sum_{\tilde{\mathbf{h}}} \exp\left(-E_{\boldsymbol{\theta}}(\tilde{\mathbf{x}}, \tilde{\mathbf{h}})\right)} \tag{5.3}$$

と書ける二値パターンの時系列モデルを考えよう。上式の $E_{\boldsymbol{\theta}}(\mathbf{x}, \mathbf{h})$ は時系列 $(\mathbf{x}, \mathbf{h})$ のエネルギーを表す。また，$\tilde{\mathbf{x}}$ についての和は，すべての可能な長さ T の二値パターンの時系列についての和として，$\tilde{\mathbf{h}}$ についての和は，潜在変数値のすべての可能な時系列パターンについての和とする。このとき，観測される時系列の周辺確率分布は次式で定まる。

$$\mathbb{P}_{\boldsymbol{\theta}}(\mathbf{x}) = \sum_{\tilde{\mathbf{h}}} \mathbb{P}_{\boldsymbol{\theta}}(\mathbf{x}, \tilde{\mathbf{h}}) \tag{5.4}$$

エネルギーを用いてこのように時系列の確率分布が定まるとき，目的関数 $f(\boldsymbol{\theta})$ の勾配は次式で与えられる（式 (2.61) 参照）。

$$\boldsymbol{\nabla} f(\boldsymbol{\theta}) = -\mathbb{E}_{\mathrm{target}}\left[\mathbb{E}_{\boldsymbol{\theta}}\left[\boldsymbol{\nabla} E_{\boldsymbol{\theta}}(\boldsymbol{X}, \boldsymbol{H}) \mid \boldsymbol{X}\right]\right] + \mathbb{E}_{\boldsymbol{\theta}}\left[\boldsymbol{\nabla} E_{\boldsymbol{\theta}}(\boldsymbol{X}, \boldsymbol{H})\right] \tag{5.5}$$

ただし，観測されるランダムな時系列値を $\boldsymbol{X}$ で表し，ランダムな潜在変数の時

系列値を $\boldsymbol{H}$ で表す。また，モデルの分布 $\mathbb{P}_{\boldsymbol{\theta}}$ に関する期待値を $\mathbb{E}_{\boldsymbol{\theta}}$ として，学習対象の確率分布 $\mathbb{P}_{\mathrm{target}}$ についての期待値を $\mathbb{E}_{\mathrm{target}}$ とする。

1 本の時系列 $\mathbf{x}$ が学習データとして与えられるときには，式 (5.5) は次式に帰着する。

$$\boldsymbol{\nabla} f(\boldsymbol{\theta}) = -\mathbb{E}_{\boldsymbol{\theta}}\left[\boldsymbol{\nabla} E_{\boldsymbol{\theta}}(\mathbf{x}, \boldsymbol{H})\right] + \mathbb{E}_{\boldsymbol{\theta}}\left[\boldsymbol{\nabla} E_{\boldsymbol{\theta}}(\boldsymbol{X}, \boldsymbol{H})\right] \tag{5.6}$$

すなわち，$f(\boldsymbol{\theta})$ を最大にするには，次式の和を最大にすればよい。

$$f_t(\boldsymbol{\theta}) \equiv \log \mathbb{P}_{\boldsymbol{\theta}}(\mathbf{x}^{[t]} \mid \mathbf{x}^{[0,t-1]}) \tag{5.7}$$

ただし，$\mathbf{x}^{[0,t-1]}$ を所与としたときの $(\mathbf{x}^{[t]}, \mathbf{h})$ の条件付きエネルギーを $E_{\boldsymbol{\theta}}(\mathbf{x}^{[t]}, \mathbf{h} \mid \mathbf{x}^{[0,t-1]})$ で書くと，上式の $\mathbb{P}_{\boldsymbol{\theta}}(\mathbf{x}^{[t]} \mid \mathbf{x}^{[0,t-1]})$ は次式で定義される。

$$\mathbb{P}_{\boldsymbol{\theta}}(\mathbf{x}^{[t]} \mid \mathbf{x}^{[0,t-1]}) \equiv \sum_{\tilde{\mathbf{h}}} \mathbb{P}_{\boldsymbol{\theta}}(\mathbf{x}^{[t]}, \tilde{\mathbf{h}} \mid \mathbf{x}^{[0,t-1]}) \tag{5.8}$$

$$\mathbb{P}_{\boldsymbol{\theta}}(\mathbf{x}^{[t]}, \mathbf{h} \mid \mathbf{x}^{[0,t-1]}) \equiv \frac{\exp\Bigl(-E_{\boldsymbol{\theta}}(\mathbf{x}^{[t]}, \mathbf{h} \mid \mathbf{x}^{[0,t-1]})\Bigr)}{\sum_{\tilde{\mathbf{x}}^{[t]}} \sum_{\tilde{\mathbf{h}}} \exp\Bigl(-E_{\boldsymbol{\theta}}(\tilde{\mathbf{x}}^{[t]}, \tilde{\mathbf{h}} \mid \mathbf{x}^{[0,t-1]})\Bigr)} \tag{5.9}$$

$f_t(\boldsymbol{\theta})$ の勾配は

$$\begin{aligned} \boldsymbol{\nabla} f_t(\boldsymbol{\theta}) = &-\mathbb{E}_{\mathrm{target}}\left[\mathbb{E}_{\boldsymbol{\theta}}\left[\boldsymbol{\nabla} E_{\boldsymbol{\theta}}(\boldsymbol{X}^{[t]}, \boldsymbol{H} \mid \boldsymbol{X}^{[t]}, \mathbf{x}^{[0,t-1]})\right]\right] \\ &+ \mathbb{E}_{\boldsymbol{\theta}}\left[\boldsymbol{\nabla} E_{\boldsymbol{\theta}}(\boldsymbol{X}^{[t]}, \boldsymbol{H} \mid \mathbf{x}^{[0,t-1]})\right] \end{aligned} \tag{5.10}$$

であり，学習データが一本の時系列 $\mathbf{x}$ である場合には次式で書くことができる。

$$\begin{aligned} \boldsymbol{\nabla} f_t(\boldsymbol{\theta}) = &- \mathbb{E}_{\boldsymbol{\theta}}\left[\boldsymbol{\nabla} E_{\boldsymbol{\theta}}(\mathbf{x}^{[t]}, \boldsymbol{H} \mid \mathbf{x}^{[0,t-1]})\right] \\ &+ \mathbb{E}_{\boldsymbol{\theta}}\left[\boldsymbol{\nabla} E_{\boldsymbol{\theta}}(\boldsymbol{X}^{[t]}, \boldsymbol{H} \mid \mathbf{x}^{[0,t-1]})\right] \end{aligned} \tag{5.11}$$

5.2 条件付き制限ボルツマンマシン

式 (5.2) の条件付き確率 $\mathbb{P}_{\boldsymbol{\theta}}(\mathbf{x}^{[t]} \mid \mathbf{x}^{[0,t-1]})$ は，時点 0 からのすべての時系列値（履歴）に依存し得るが，次式のように直近の D 時点にしか依存しない場合を考えよう。

$$\mathbb{P}_{\boldsymbol{\theta}}(\mathbf{x}^{[t]} \mid \mathbf{x}^{[0,t-1]}) = \mathbb{P}_{\boldsymbol{\theta}}(\mathbf{x}^{[t]} \mid \mathbf{x}^{[t-D,t-1]}) \tag{5.12}$$

このような条件付き確率によって定まる時系列モデルを D 階の**マルコフモデル**（Markov model）という。時点 $t-D$ から時点 $t-1$ までの時系列値を所与とすると，時点 t の時系列値が時点 $t-D-1$ 以前の時系列値と条件付き独立になるのが D 階のマルコフモデルである。D 階のマルコフモデルの性質を持つ，ボルツマンマシンの時系列モデルを本節で考えよう。

5.2.1 条件付き制限ボルツマンマシンの導出

条件付き制限ボルツマンマシン（conditional restricted Boltzmann machine, **CRBM**）[120] という特別な構造を持ったボルツマンマシンを**図 5.1** に示す。式 (5.12) の右辺の条件付き確率分布を条件付き制限ボルツマンマシンが定めるが，図は $D=2$ の場合を示している。

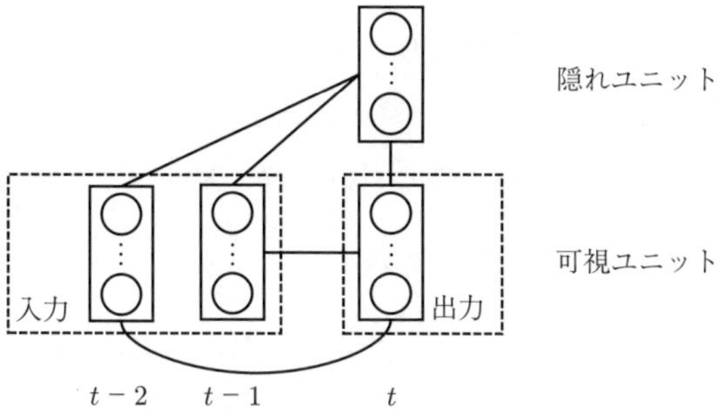

隠れユニット
可視ユニット
入力
出力
$t-2$　$t-1$　t

図 5.1　条件付き制限ボルツマンマシン

$D+1$ 層の可視ユニットからなる層（可視層）と，1 層の隠れユニットからなる層（隠れ層）とから条件付き制限ボルツマンマシンは構成されている。同じ層に属するユニット間に接続はないが，異なる層に属する二つのユニットはたがいに接続される。各時点 $s \in [t-D, t]$ のパターンが各可視層に対応する。

条件付き制限ボルツマンマシンは条件付きボルツマンマシン（図 1.5 参照）であるが，時系列を扱うために特別な構造を持っている。$\mathbf{x}^{[t-D,t-1]}$ に対応する可視層に入力ユニットがあり，$\mathbf{x}^{[t]}$ に対応する可視層に出力ユニットがある。

条件付き制限ボルツマンマシンのエネルギーは次式で与えられる。

$$E_{\boldsymbol{\theta}}\big(\mathbf{x}^{[t]}, \mathbf{h} \mid \mathbf{x}^{[t-D,t-1]}\big) = -(\mathbf{b}^{\mathrm{V}})^\top \mathbf{x}^{[t]} - (\mathbf{b}^{\mathrm{H}})^\top \mathbf{h} - \mathbf{h}^\top \mathbf{W}^{\mathrm{HV}} \mathbf{x}^{[t]} - \sum_{d=1}^{D} (\mathbf{x}^{[t-d]})^\top \mathbf{W}^{[d]} \mathbf{x}^{[t]} \tag{5.13}$$

出力ユニットの値が $\mathbf{x}^{[t]}$ であり，入力ユニットの値が $\mathbf{x}^{[t-D,t-1]}$ であり，隠れユニットの値が $\mathbf{h}$ である。条件付き制限ボルツマンマシンのパラメータをまとめて $\boldsymbol{\theta} = (\mathbf{b}^{\mathrm{V}}, \mathbf{h}^{\mathrm{H}}, \mathbf{W}^{\mathrm{HV}}, \mathbf{W}^{[1]}, \cdots, \mathbf{W}^{[D]})$ と書こう。これらのパラメータは t には依存しない。

このエネルギーを用いて以下の条件付き確率が定まる（式 (2.92) 参照）。

$$\mathbb{P}_{\boldsymbol{\theta}}(\mathbf{x}^{[t]} \mid \mathbf{x}^{[t-D,t-1]}) = \sum_{\tilde{\mathbf{h}}} \mathbb{P}_{\boldsymbol{\theta}}(\mathbf{x}^{[t]}, \tilde{\mathbf{h}} \mid \mathbf{x}^{[t-D,t-1]}) \tag{5.14}$$

$$\mathbb{P}_{\boldsymbol{\theta}}(\mathbf{x}^{[t]}, \mathbf{h} \mid \mathbf{x}^{[t-D,t-1]}) = \frac{\exp\Big(-E_{\boldsymbol{\theta}}\big(\mathbf{x}^{[t]}, \mathbf{h} \mid \mathbf{x}^{[t-D,t-1]}\big)\Big)}{\displaystyle\sum_{\tilde{\mathbf{x}}^{[t]}} \sum_{\tilde{\mathbf{h}}} \exp\Big(-E_{\boldsymbol{\theta}}\big(\tilde{\mathbf{x}}^{[t]}, \tilde{\mathbf{h}} \mid \mathbf{x}^{[t-D,t-1]}\big)\Big)} \tag{5.15}$$

上式の $\tilde{\mathbf{h}}$ についての和は，隠れユニットのすべての可能な二値パターンについての和であり，$\tilde{\mathbf{x}}^{[t]}$ についての和は，出力ユニットのすべての可能な二値パターンについての和である。

条件付き制限ボルツマンマシンのパラメータ $\boldsymbol{\theta}$ は，勾配法または確率的勾配法に基づいて学習することができる。可視ユニットである入力ユニットと出力ユニットの間に接続があるので，条件付き制限ボルツマンマシンは制限ボルツマンマシンではない。しかしながら，入力ユニットの値を所与とすれば，バイアスが入力ユニットの値に依存する制限ボルツマンマシンと考えることができる。この性質を用いると，3 章の制限ボルツマンマシンに対する学習手法を条件付き制限ボルツマンマシンの学習に適用できるようになる。

5.2.2　条件付き制限ボルツマンマシンの拡張

より複雑な時系列をモデル化できるように，条件付き制限ボルツマンマシンはさまざまな形で拡張されている。図 **5.2** のように隠れ層を多層に拡張するのはその一例である[120]。

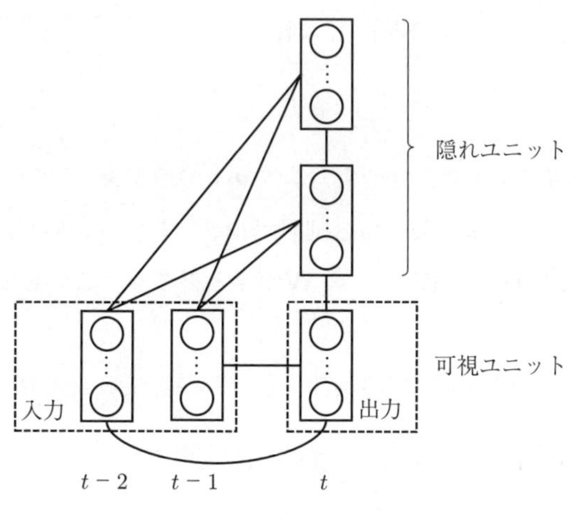

図 **5.2**　多層の条件付き制限ボルツマンマシン

また，条件付き制限ボルツマンマシンを高階ボルツマンマシン（4.4.2 項参照）に拡張することもできる。そのような高階の条件付き制限ボルツマンマシンは**ゲート付き条件付き制限ボルツマンマシン**（gated conditional restricted Boltzmann machine）とも呼ばれる[65]。ゲート付き条件付き制限ボルツマンマシンのエネルギーは，以下の高次の項を含む。

$$-\sum_{i,j,k} w_{i,j,k}\, x_i\, y_j\, h_k \tag{5.16}$$

上式の i に関する和はすべての入力ユニットに関する和であり，j に関する和はすべての出力ユニットに関する和であり，k に関する和はすべての隠れユニットに関する和である。この高次の項に関わるパラメータ $w_{i,j,k}$ の数が多くなってしまうのが，ゲート付き条件付き制限ボルツマンマシンの問題点である。

そこで，以下のように少ない数のパラメータで高次の項の係数を表す手法も提案されている[119]。

$$-\sum_{f}\sum_{i,j,k} w_{i,f}^{\mathrm{in}}\, w_{j,f}^{\mathrm{out}}\, w_{k,f}^{\mathrm{hid}}\, x_i\, y_j\, h_k \tag{5.17}$$

上式の f はある因子を表し，f に関する和はすべての因子についての和とする。因子の集合はあらかじめ決めておく必要がある。人の動きに関する時系列モデルの学習に条件付き制限ボルツマンマシンを適用した例が知られている[65),119),120)]。この場合の因子は「歩く」・「走る」などの動作に対応する。動作が異なると入力ユニット・出力ユニット・隠れユニットの関係が異なるので，複数の因子を考えることで，複数の動作を含む時系列データをうまく学習しようとする。

入力ユニットの数を N_{in} とし，出力ユニットの数を N_{out} とし，隠れユニットの数を M とし，因子の数を L とすると，パラメータの総数は $(N_{\mathrm{in}}+N_{\mathrm{out}}+M)\,L$ である。ゲート付き条件付き制限ボルツマンマシンのパラメータの総数が $N_{\mathrm{in}}\,N_{\mathrm{out}}\,M$ であるから，因子の数を限定することでパラメータ数を大幅に削減することができる。

5.3 再帰的時間的制限ボルツマンマシン

条件付き制限ボルツマンマシンの入力層の数 D は，あらかじめ適切に設定する必要がある。また，D が大きいときには学習に時間がかかり，またパラメータが多いために学習データに**過適合**（overfit）しやすくなる。条件付き制限ボルツマンマシンが抱えるこれらの問題点を緩和するには，**再帰的ニューラルネットワーク**（recurrent neural network, **RNN**）[96)] のような再帰的構造をボルツマンマシンに持たせるとよい。まず，時間的制限ボルツマンマシンというモデルを用いて準備してから，再帰的時間的制限ボルツマンマシンという再帰的構造を持つボルツマンマシンを 5.3.2 項以降で考えよう。

5.3.1 時間的制限ボルツマンマシン

時間的制限ボルツマンマシン（temporal restricted Boltzmann machine,

TRBM)[116] は条件付き制限ボルツマンマシンと似ており，図 **5.3** のような構造を持つ。時点 $t-D$ から $t-1$ までの可視ユニットの値を所与として，時点 t のすべてのユニット（可視ユニットと隠れユニット）の値の条件付き確率を定めるのが条件付き制限ボルツマンマシンであった。これに対して，時点 $t-D$ から $t-1$ までのすべてのユニットの値を所与として，時点 t のすべてのユニットの値の条件付き確率を定めるのが時間的制限ボルツマンマシンである。

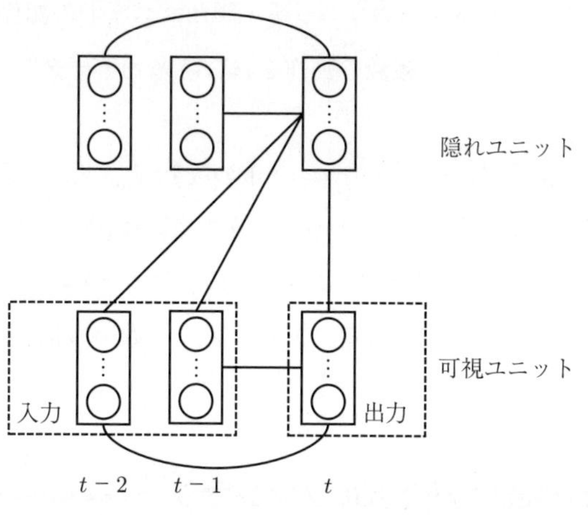

図 **5.3**　時間的制限ボルツマンマシン

条件付き制限ボルツマンマシンとは異なり，時間的制限ボルツマンマシンは条件付きボルツマンマシンではない。これは，異なる時点 t の時間的制限ボルツマンマシンで隠れユニットの値が共有されるからである。特に，時間的制限ボルツマンマシンの隠れユニットの値は，将来の可視ユニットの値に依存しうる。図 5.3 の時点 $t-2$ の隠れユニットの値は，時点 t の隠れユニットの値を介して，時点 t の可視ユニットの値に依存している。

この依存関係を厳密に考慮すると，時間的制限ボルツマンマシンの学習や，学習された時間的制限ボルツマンマシンを用いた予測が困難になる。そこで，この依存関係を無視してしまい，時点 t より前の値を所与としたときに，時点 t の値は時点 t 以降の値と条件付き独立になるという近似をする[116]。この近似をすると，時点 t 以前の可視ユニットの値が，時点 t の隠れユニットの値の確率分布を完全に定めるようになる。したがって，時点 t の値の条件付き確率分布を与えるモデルとして時間的制限ボルツマンマシンを用いるときには，時点 t より前の隠れユニットの値の確率分布を入力として使えるようになる（図 **5.4** 参照）。入力となった隠れユニットの値を所与とすると，このように近似された時間的制限ボルツマンマシンは，条件付きボルツマンマシンとなる。ところが，隠れユニットの値が確率的であるために，このままでは取り扱いがまだ困難である。

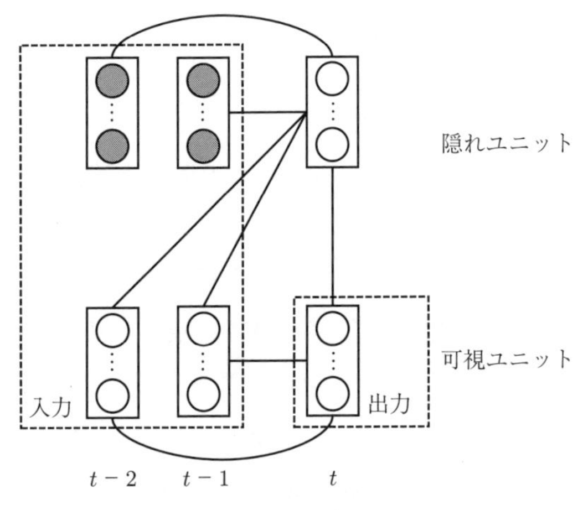

図 **5.4** 近似された時間的制限ボルツマンマシン。灰色の丸は，入力となった隠れユニットに期待値が使われることを表す。

そこでさらに，入力となった隠れユニットの値をその期待値で置き換えることにする。こうすることで，図 5.4 の灰色の丸で示されるユニットは $[0,1]$ の範囲の実数値を取るようになり，時点 t より前に完全に確定される。

時間的制限ボルツマンマシンの近似に関する以上の議論をまとめよう。隠れユニットの値の期待値の時系列を $\mathbf{r}^{[t-D,t-1]}$ とすると，観測される時系列と潜在変数の時系列の時点 t での値の条件付き同時確率分布が

$$\mathbb{P}_{\boldsymbol{\theta}}(\mathbf{x}^{[t]}, \mathbf{h}^{[t]} \mid \mathbf{x}^{[t-D,t-1]}, \mathbf{r}^{[t-D,t-1]})$$
$$= \frac{\exp\Big(-E_{\boldsymbol{\theta}}(\mathbf{x}^{[t]}, \mathbf{h}^{[t]} \mid \mathbf{x}^{[t-D,t-1]}, \mathbf{r}^{[t-D,t-1]})\Big)}{\sum_{\tilde{\mathbf{x}}^{[t]}} \sum_{\tilde{\mathbf{h}}^{[t]}} \exp\Big(-E_{\boldsymbol{\theta}}(\tilde{\mathbf{x}}^{[t]}, \tilde{\mathbf{h}}^{[t]} \mid \mathbf{x}^{[t-D,t-1]}, \mathbf{r}^{[t-D,t-1]})\Big)} \tag{5.18}$$

のように定まる[116)]。式 (5.18) を繰り返し用いると，時系列 $\mathbf{x}$ の確率分布が次式で定まる。

$$\mathbb{P}_{\boldsymbol{\theta}}(\mathbf{x}) = \prod_{t=0}^{T} \sum_{\tilde{\mathbf{h}}^{[t]}} \mathbb{P}_{\boldsymbol{\theta}}(\mathbf{x}^{[t]}, \tilde{\mathbf{h}}^{[t]} \mid \mathbf{x}^{[t-D,t-1]}, \mathbf{r}^{[t-D,t-1]}) \tag{5.19}$$

なお，潜在変数の値の期待値

$$\mathbf{r}^{[t]} = \mathbb{E}_{\boldsymbol{\theta}}[\boldsymbol{H}^{[t]} \mid \mathbf{x}^{[0,t]}] \tag{5.20}$$

は式 (5.18) を用いて各時点 t で計算される。時点 $t+1$ の時系列の値の確率分布を求めるときには，この $\mathbf{r}^{[t]}$ が $\mathbf{r}^{[t-D,t]}$ の一部として使われる。

5.3.2　再帰的時間的制限ボルツマンマシンの導出

時間的制限ボルツマンマシンは多くの近似を必要として，複雑なモデルであった。この時間的制限ボルツマンマシンの複雑さを解消するのが**再帰的時間的制限ボルツマンマシン**（recurrent temporal restricted Boltzmann machine, **RTRBM**）[117)] である。再帰的時間的制限ボルツマンマシンの構造を図 **5.5** に示す。

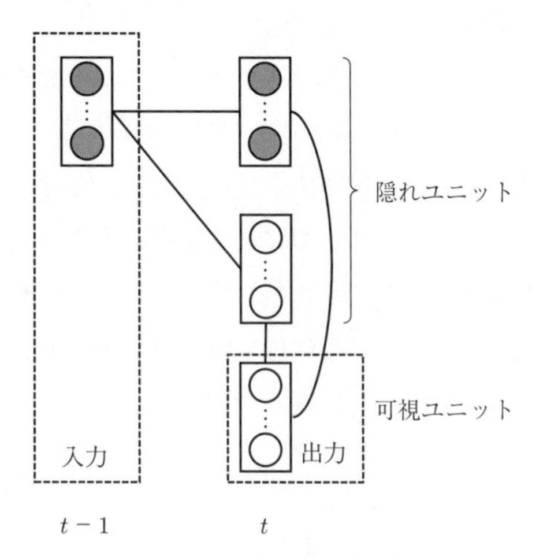

図 **5.5**　再帰的時間的制限ボルツマンマシン

時間的制限ボルツマンマシンの可視層間の接続と2時点以上離れた隠れ層間の接続とを削除してしまおう。これらの接続が時間的制限ボルツマンマシンの複雑さの根源であった。これらの接続を削除すれば，時点 $t-1$ の隠れユニットの値を所与とすると，時点 t の全ユニット（可視ユニットと隠れユニット）の値は，時点 t より前の可視ユニットの値や，時点 $t-1$ より前の隠れユニットの値と条件付き独立になる。すなわち，時点 $t-1$ 以前の情報のうち，時点 t 以降の可視ユニットの値に関わるすべての情報を，時点 $t-1$ の隠れユニットの値が持つようになる。図5.4と同様の近似も考えよう。すなわち，時点 $t-1$ の隠れユニットの値には期待値を用いて，時点 t の全ユニットの条件付き確率を定める。

時点 t の隠れユニットの値を表す確率変数のベクトルを $\boldsymbol{H}^{[t-1]}$ とし，時点 $t-1$ までの可視ユニットの値を所与とするときの条件付き期待値を $\mathbb{E}_{\boldsymbol{\theta}}[\cdot \mid \mathbf{x}^{[0,t-1]}]$ とし，時点 $t-1$ の隠れユニットの期待値を

$$\mathbf{r}^{[t-1]} \equiv \mathbb{E}_{\boldsymbol{\theta}}\left[\boldsymbol{H}^{[t-1]} \mid \mathbf{x}^{[0,t-1]}\right] \tag{5.21}$$

としよう。このとき，条件付き期待値は次式で定義される。

$$\begin{aligned} &E_{\boldsymbol{\theta}}(\mathbf{x}^{[t]}, \mathbf{h}^{[t]} \mid \mathbf{r}^{[t-1]}) \\ &\quad \equiv -(\mathbf{b}^{\mathrm{V}})^\top \mathbf{x}^{[t]} - (\mathbf{b}^{\mathrm{H}})^\top \mathbf{h}^{[t]} - (\mathbf{r}^{[t-1]})^\top \mathbf{U}\,\mathbf{h}^{[t]} - (\mathbf{x}^{[t]})^\top \mathbf{W}\,\mathbf{h}^{[t]} \end{aligned} \tag{5.22}$$

ただし，可視ユニットのバイアスが $\mathbf{b}^{\mathrm{V}}$ であり，隠れユニットのバイアスが $\mathbf{b}^{\mathrm{H}}$ であり，可視ユニットと隠れユニットの間の重み行列が $\mathbf{W}$ であり，1時点前（時点 $t-1$）の隠れユニットの期待値と現時点（時点 t）の隠れユニットとの間の重み行列が $\mathbf{U}$ である。再帰的時間的制限ボルツマンマシンのパラメータをまとめて

$$\boldsymbol{\theta} \equiv (\mathbf{b}^{\mathrm{V}}, \mathbf{b}^{\mathrm{H}}, \mathbf{W}, \mathbf{U}) \tag{5.23}$$

と書こう。

(5.22) のエネルギーを用いると，時点 t の全ユニットの値の確率分布が次式で定まる。

$$\mathbb{P}_{\boldsymbol{\theta}}(\mathbf{x}^{[t]}, \mathbf{h}^{[t]} \mid \mathbf{r}^{[t-1]}) = \frac{\exp\Big(-E_{\boldsymbol{\theta}}(\mathbf{x}^{[t]}, \mathbf{h}^{[t]} \mid \mathbf{r}^{[t-1]})\Big)}{\sum_{\tilde{\mathbf{x}},\tilde{\mathbf{h}}} \exp\Big(-E_{\boldsymbol{\theta}}(\tilde{\mathbf{x}}^{[t]}, \tilde{\mathbf{h}}^{[t]} \mid \mathbf{r}^{[t-1]})\Big)} \tag{5.24}$$

5.3.3 再帰的時間的制限ボルツマンマシンにおける確率の評価

再帰的時間的制限ボルツマンマシンのパラメータ $\boldsymbol{\theta}$ が決まったときに，時点 $t-1$ までの時系列パターンから，時点 t のパターンの条件付き確率分布を求める方法を本節で考えよう。パラメータ $\boldsymbol{\theta}$ をデータから学習する方法は次項で考える。

可視ユニットの値の時点 t での条件付き周辺確率分布を再帰的時間的制限ボルツマンマシンは次式で定める。

$$\mathbb{P}_{\boldsymbol{\theta}}(\mathbf{x}^{[t]} \mid \mathbf{r}^{[t-1]}) = \frac{\exp\Big(-F_{\boldsymbol{\theta}}(\mathbf{x}^{[t]} \mid \mathbf{r}^{[t-1]})\Big)}{\sum_{\tilde{\mathbf{x}}^{[t]}} \exp\Big(-F_{\boldsymbol{\theta}}(\tilde{\mathbf{x}}^{[t]} \mid \mathbf{r}^{[t-1]})\Big)} \tag{5.25}$$

上式の条件付き自由エネルギー $F_{\boldsymbol{\theta}}(\mathbf{x}^{[t]} \mid \mathbf{r}^{[t-1]})$ は

$$F_{\boldsymbol{\theta}}(\mathbf{x}^{[t]} \mid \mathbf{r}^{[t-1]}) \equiv -\log \sum_{\tilde{\mathbf{h}}^{[t]}} \exp\Big(-E_{\boldsymbol{\theta}}(\mathbf{x}^{[t]}, \tilde{\mathbf{h}}^{[t]} \mid \mathbf{r}^{[t-1]})\Big) \tag{5.26}$$

で定義される。

時点 t の可視ユニットの値 $\mathbf{x}^{[t]}$ が与えられると，時点 t の隠れユニットの値の条件付き確率分布は次式で定まる。

$$\mathbb{P}_{\boldsymbol{\theta}}(\mathbf{h}^{[t]} \mid \mathbf{r}^{[t-1]}, \mathbf{x}^{[t]}) = \frac{\exp\Big(-E_{\boldsymbol{\theta}}(\mathbf{h}^{[t]} \mid \mathbf{r}^{[t-1]}, \mathbf{x}^{[t]})\Big)}{\sum_{\tilde{\mathbf{h}}^{[t]}} \exp\Big(-E_{\boldsymbol{\theta}}(\tilde{\mathbf{h}}^{[t]} \mid \mathbf{r}^{[t-1]}, \mathbf{x}^{[t]})\Big)} \tag{5.27}$$

分母と分子で $(\mathbf{b}^{\mathrm{V}})^\top \mathbf{x}^{[t]}$ が打ち消しあうので，条件付きエネルギーは次式で書いてもよい。

$$E_{\boldsymbol{\theta}}(\mathbf{h}^{[t]} \mid \mathbf{r}^{[t-1]}, \mathbf{x}^{[t]}) \equiv -\Big(\mathbf{b}^{\mathrm{H}} + \mathbf{U}^\top \mathbf{r}^{[t-1]} + \mathbf{W}^\top \mathbf{x}^{[t]}\Big)^\top \mathbf{h}^{[t]} \tag{5.28}$$

$\mathbf{r}^{[t-1]}$ と $\mathbf{x}^{[t]}$ が所与のときには，時点 t の隠れユニットの値はたがいに条件付き独立である（2 章の章末問題【 4 】の系 2.1 参照）から

$$\mathbb{P}_{\boldsymbol{\theta}}(\mathbf{h}^{[t]} \mid \mathbf{r}^{[t-1]}, \mathbf{x}^{[t]}) = \prod_i \mathbb{P}_{\boldsymbol{\theta}}(h_i^{[t]} \mid \mathbf{r}^{[t-1]}, \mathbf{x}^{[t]}) \tag{5.29}$$

のように書ける。ここで，$t \geq 1$ については

$$\mathbf{b}^{[t]} \equiv \mathbf{b}^{\mathrm{H}} + \mathbf{U}^{\top} \mathbf{r}^{[t-1]} + \mathbf{W}^{\top} \mathbf{x}^{[t]} \tag{5.30}$$

と定義し，$t = 0$ については

$$\mathbf{b}^{[0]} \equiv \mathbf{b}^{\mathrm{init}} + \mathbf{W}^{\top} \mathbf{x}^{[0]} \tag{5.31}$$

と定義し，$\mathbf{b}^{[t]}$ の i 番目の要素を $b_i^{[t]}$ とすると，式 (5.29) の $\mathbb{P}_{\boldsymbol{\theta}}(h_i^{[t]} \mid \mathbf{r}^{[t-1]}, \mathbf{x}^{[t]})$ は

$$\mathbb{P}_{\boldsymbol{\theta}}(h_i^{[t]} \mid \mathbf{r}^{[t-1]}, \mathbf{x}^{[t]}) = \frac{\exp\bigl(-b_i^{[t]}\, h_i^{[t]}\bigr)}{1 + \exp\bigl(-b_i^{[t]}\bigr)} \tag{5.32}$$

と書ける。ここでは，時点 0 の隠れユニットのバイアスを $\mathbf{b}^{\mathrm{init}}$ とし，$\mathbf{b}^{\mathrm{H}}$ とは異なってもよいとした。履歴がないときの確率分布のパラメータ $\mathbf{b}^{\mathrm{init}}$ を別途用意することで，履歴があるときの確率分布とは異なる確率分布を許容できるようになる。

以上のことから，隠れユニットの値の期待値は次式で与えられる。

$$\mathbf{r}^{[t]} = \frac{1}{1 + \exp\bigl(\mathbf{b}^{[t]}\bigr)} \tag{5.33}$$

ただし，上式における演算は要素ごとに定義される。

5.3.4 再帰的時間的制限ボルツマンマシンの学習

与えられた時系列データの対数尤度を最大にするように，再帰的時間的制限ボルツマンマシンのパラメータ $\boldsymbol{\theta}$ を学習で求める方法[66), 117)] を本節で考えよう。再帰的時間的制限ボルツマンマシンのパラメータは再帰的ニューラルネットワークのように**通時的誤差逆伝播法**（backpropagation through time, **BPTT**）で学習する。再帰的ニューラルネットワークと異なるのは，コントラスティブダイバージェンス法を通時的誤差逆伝播法と共に用いるところにある。

再帰的時間的制限ボルツマンマシンの学習の仕方を理解するために，再帰的時間的制限ボルツマンマシンを時間方向に展開した図を**図 5.6** に示す。隠れユ

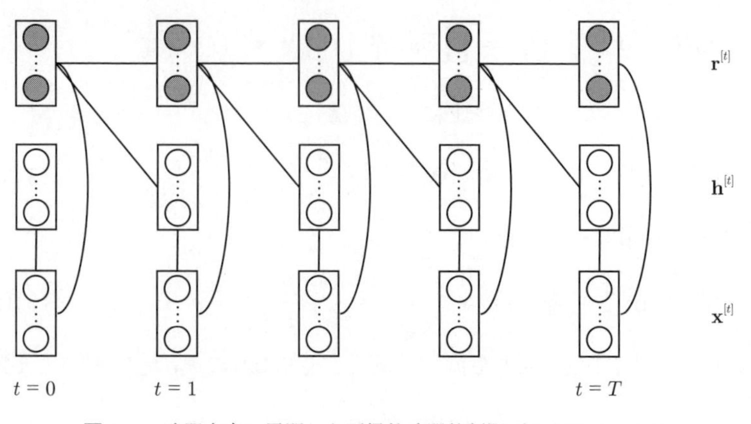

図 **5.6**　時間方向に展開した再帰的時間的制限ボルツマンマシン（$T = 4$ のとき）

ニットの値の期待値は，$\mathbf{r}^{[t-1]}$ から $\mathbf{r}^{[t]}$ に決定的に求められることを思い出そう（式 (5.30)〜(5.33) 参照）。すなわち，再帰的ニューラルネットワークの隠れユニットの値と同様に $\mathbf{r}^{[t]}$ を取り扱うことができる。このように考えると，再帰的時間的制限ボルツマンマシンは再帰的ニューラルネットワークと同じ再帰的構造を持つが，標準的な再帰的ニューラルネットワークが実数値ベクトルを出力するのに対して，再帰的時間的制限ボルツマンマシンは制限ボルツマンマシンを出力すると解釈できる。

再帰的時間的制限ボルツマンマシンを時間方向に展開すると，そのエネルギーは以下のように書ける。

$$
\begin{aligned}
E_{\boldsymbol{\theta}}(\mathbf{x}, \mathbf{h}) = &-\sum_{t=0}^{T}(\mathbf{b}^{\mathrm{V}})^{\top}\mathbf{x}^{[t]} - (\mathbf{b}^{\mathrm{init}})^{\top}\mathbf{h}^{[0]} \\
&-\sum_{t=1}^{T}(\mathbf{b}^{\mathrm{H}})^{\top}\mathbf{h}^{[t]} - \sum_{t=0}^{T}(\mathbf{x}^{[t]})^{\top}\mathbf{W}\,\mathbf{h}^{[t]} - \sum_{t=1}^{T}(\mathbf{r}^{[t-1]})^{\top}\mathbf{U}\,\mathbf{h}^{[t]}
\end{aligned}
\tag{5.34}
$$

与えられた時系列 $\mathbf{x}$ の対数尤度を最大にするように，式 (5.5) を用いた勾配法で再帰的時間的制限ボルツマンマシンのパラメータを更新することができる。ただし，エネルギーのパラメータに関する勾配が式 (5.5) で必要になる。式 (5.34)

のエネルギーは $\mathbf{r}^{[\cdot]}$ に依存し，また $\mathbf{r}^{[\cdot]}$ は再帰的に $\boldsymbol{\theta}$ に依存することに注意しよう。また，式 (5.5) の $\mathbb{P}_{\boldsymbol{\theta}}$ に関する期待値は，コントラスティブダイバージェンス法などを用いて近似的に評価する必要がある（3.2 節参照）。

まず，式 (5.34) の最後の項の勾配を求めよう。$s \in [1, T]$ について Q_s を以下のように定義する。

$$Q_s \equiv \sum_{t=s}^{T} (\mathbf{r}^{[t-1]})^\top \mathbf{U}\,\mathbf{h}^{[t]} \tag{5.35}$$

$$= (\mathbf{r}^{[s-1]})^\top \mathbf{U}\,\mathbf{h}^{[s]} + Q_{s+1} \tag{5.36}$$

ただし，$Q_{T+1} \equiv 0$ と定義して，式 (5.34) の最後の項と $Q \equiv Q_1$ が一致するようにする。

Q_s の $\mathbf{r}^{[s-1]}$ についての勾配は次式で書ける（章末問題【 1 】参照）。

$$\boldsymbol{\nabla}_{\mathbf{r}^{[s-1]}} Q_s = \mathbf{U}\left(\mathbf{h}^{[s]} + \mathbf{r}^{[s]} \cdot (1 - \mathbf{r}^{[s]}) \cdot \boldsymbol{\nabla}_{\mathbf{r}^{[s]}} Q_{s+1}\right) \tag{5.37}$$

ただし，$\cdot$ は要素ごとの積を表すものとする。Q_s は $\mathbf{r}^{[0]}, \cdots, \mathbf{r}^{[s-2]}$ の関数であることから次式が得られる。

$$\boldsymbol{\nabla}_{\mathbf{r}^{[s-1]}} Q = \boldsymbol{\nabla}_{\mathbf{r}^{[s-1]}} Q_s \tag{5.38}$$

したがって，Q の $\mathbf{r}^{[s-1]}$ に関する偏微分は

$$\boldsymbol{\nabla}_{\mathbf{r}^{[T]}} Q = \mathbf{0} \tag{5.39}$$

から始めて，$s = T, \cdots, 1$ の順番で，次式で再帰的に求めることができる。

$$\boldsymbol{\nabla}_{\mathbf{r}^{[s-1]}} Q = \mathbf{U}\left(\mathbf{h}^{[s]} + \mathbf{r}^{[s]} \cdot (1 - \mathbf{r}^{[s]}) \cdot \boldsymbol{\nabla}_{\mathbf{r}^{[s]}} Q\right) \tag{5.40}$$

以上のことから，Q の $\boldsymbol{\theta}$ に関する勾配が以下のように求まる（章末問題【 2 】参照）。

$$\boldsymbol{\nabla}_{\mathbf{U}} Q = \sum_{t=1}^{T} \mathbf{r}^{[t-1]} \left(\mathbf{r}^{[t]} \cdot (1 - \mathbf{r}^{[t]}) \cdot \boldsymbol{\nabla}_{\mathbf{r}^{[t]}} Q + \mathbf{h}^{[t]}\right)^\top \tag{5.41}$$

$$\nabla_{\mathbf{W}} Q = \sum_{t=0}^{T} \mathbf{x}^{[t]} \left(\mathbf{r}^{[t]} \cdot (1 - \mathbf{r}^{[t]}) \cdot \nabla_{\mathbf{r}^{[t]}} Q \right)^{\top} \tag{5.42}$$

$$\nabla_{\mathbf{b}^{\mathrm{H}}} Q = \sum_{t=1}^{T} \mathbf{r}^{[t]} \cdot (1 - \mathbf{r}^{[t]}) \cdot \nabla_{\mathbf{r}^{[t]}} Q \tag{5.43}$$

$$\nabla_{\mathbf{b}^{\mathrm{init}}} Q = \mathbf{r}^{[0]} \cdot (1 - \mathbf{r}^{[0]}) \cdot \nabla_{\mathbf{r}^{[0]}} Q \tag{5.44}$$

$$\nabla_{\mathbf{b}^{\mathrm{V}}} Q = \mathbf{0} \tag{5.45}$$

Q の勾配から，以下のエネルギーの勾配が導かれる。

$$\nabla_{\mathbf{U}} E_{\boldsymbol{\theta}}(\mathbf{x}, \mathbf{h}) = -\sum_{t=1}^{T} \mathbf{r}^{[t-1]} \left(\mathbf{r}^{[t]} \cdot (1 - \mathbf{r}^{[t]}) \cdot \nabla_{\mathbf{r}^{[t]}} Q + \mathbf{h}^{[t]} \right)^{\top} \tag{5.46}$$

$$\nabla_{\mathbf{W}} E_{\boldsymbol{\theta}}(\mathbf{x}, \mathbf{h}) = -\sum_{t=0}^{T} \mathbf{x}^{[t]} (\mathbf{h}^{[t]})^{\top} - \sum_{t=0}^{T} \mathbf{x}^{[t]} \left(\mathbf{r}^{[t]} \cdot (1 - \mathbf{r}^{[t]}) \cdot \nabla_{\mathbf{r}^{[t]}} Q \right)^{\top} \tag{5.47}$$

$$\nabla_{\mathbf{b}^{\mathrm{H}}} E_{\boldsymbol{\theta}}(\mathbf{x}, \mathbf{h}) = -\sum_{t=1}^{T} \mathbf{h}^{[t]} - \sum_{t=1}^{T} \mathbf{r}^{[t]} \cdot (1 - \mathbf{r}^{[t]}) \cdot \nabla_{\mathbf{r}^{[t]}} Q \tag{5.48}$$

$$\nabla_{\mathbf{b}^{\mathrm{init}}} E_{\boldsymbol{\theta}}(\mathbf{x}, \mathbf{h}) = -\mathbf{h}^{[0]} - \mathbf{r}^{[0]} \cdot (1 - \mathbf{r}^{[0]}) \cdot \nabla_{\mathbf{r}^{[0]}} Q \tag{5.49}$$

$$\nabla_{\mathbf{b}^{\mathrm{V}}} E_{\boldsymbol{\theta}}(\mathbf{x}, \mathbf{h}) = -\sum_{t=0}^{T} \mathbf{x}^{[t]} \tag{5.50}$$

学習対象の時系列 $\mathbf{x}$ の対数尤度の勾配は，上のエネルギーの勾配と式 (2.60) とから導くことができる。

再帰的時間的制限ボルツマンマシンはさまざまな形に拡張・変形されている。例えば，再帰的時間的制限ボルツマンマシンが持つユニットをいくつかのブロックに分割し，ブロック間にのみ接続を許す構造を持たせた例がある[66]。また，再帰的時間的制限ボルツマンマシンの再帰的ニューラルネットワークに対応する部分に**長期短期記憶**（long short-term memory, **LSTM**）素子を持たせたり，この再帰的ニューラルネットワークを**エコステートネットワーク**（echo state network）に置き換えた例もある[106]。また，$\mathbf{r}^{[t]}$ が $\mathbf{h}^{[t]}$ の期待値であるという再帰的時間的制限ボルツマンマシンの制約を緩和したものに**再帰的ニューラル**

ネットワーク制限ボルツマンマシン（**RNN-RBM**）がある[14)]。すなわち，制限ボルツマンマシンを出力とする再帰的ニューラルネットワークであるという点でRNN-RBMは再帰的時間的制限ボルツマンマシンと同じであるが，その再帰的ニューラルネットワークと制限ボルツマンマシンがパラメータをたがいに共有しないという点でRNN-RBMは再帰的時間的制限ボルツマンマシンと異なる。これらの再帰的時間的制限ボルツマンマシンを拡張・変形したモデルから，対象とするタスクに適したモデルを選択することが実応用においては望まれる。

章　末　問　題

【１】 式 (5.37) を確認せよ。

【２】 式 (5.41)〜(5.45) を確認せよ。

6 時系列モデルのオンライン学習

時系列データは順番に観測されていくが，データが生成される環境が時間とともに変化する場合には，その変化に合わせて時系列モデルを更新していく必要があるだろう。各時点で観測されるパターンに基づいて，モデルのパラメータを逐次的に更新するオンライン学習が本章のテーマである。このオンライン学習を効率的に行うのが動的ボルツマンマシンである。ボルツマンマシンの学習則はヘブ則と関連することを 2.1.3 項で確認したが，動的ボルツマンマシンの学習則はスパイク時間依存可塑性という学習則と関連することに注目しよう。ヘブ則を精緻にした，生物の神経細胞網の学習則がスパイク時間依存可塑性である。

6.1 はじめに

再帰的時間的制限ボルツマンマシンは通時的誤差逆伝播法で学習するが，通時的誤差逆伝播法を適用するたびに，それまでの時系列の長さに比例する時間と記憶容量が必要になる。このため，各時点でのパターンが観測されるたびにモデルのパラメータを更新するオンライン学習に通時的誤差逆伝播法は適していない。

時系列モデルのオンライン学習を効率的に行える**動的ボルツマンマシン**（dynamic Boltzmann machine, **DyBM**）[82),83)] を本章で考えよう。各時点での計算量が時系列の長さに依存しないようなオンライン学習を動的ボルツマンマシンが可能にする。まず，動的ボルツマンマシンとその学習則を 6.2 節で導出して，動的ボルツマンマシンの学習則と神経科学で知られる**スパイク時間依存可塑性**（spike-timing dependent plasticity, **STDP**）との関係を考えよう。

動的ボルツマンマシンの持ついくつかの制約を 6.3 節で緩和する[76)]。学習則がスパイク時間依存可塑性の性質を持つように導入されたこれらの制約は，必ずしもすべてのタスクにおいて有効であるわけではない。効率的なオンライン学習ができるという特長を残したまま，不要な制約を緩和することで，動的ボルツマンマシンをより自由度の高いモデルにする。

最後に動的ボルツマンマシンを変形・拡張して，適用可能な範囲を広げよう。標準的な動的ボルツマンマシンは有限次元の二値ベクトルの時系列を扱うが，6.4 節のガウス動的ボルツマンマシンは実数ベクトルの時系列を扱う。また，6.5 節の関数動的ボルツマンマシンは連続空間のパターンの時系列を扱えるようにする。

6.2 動的ボルツマンマシン

6.2.1 有限動的ボルツマンマシン

T 層からなる**有限動的ボルツマンマシン**（finite dynamic Boltzmann machine）を考え，その $T \to \infty$ の極限で動的ボルツマンマシンを定義しよう（**図 6.1** 参照）。T 層の有限動的ボルツマンマシンは，条件付き制限ボルツマンマシン（5.2 節参照）の特別な場合であり，過去の時系列に対応する $T-1$ 層の入力ユニットと，つぎのパターンに対応する 1 層の出力ユニットとを持つ。隠れユニッ

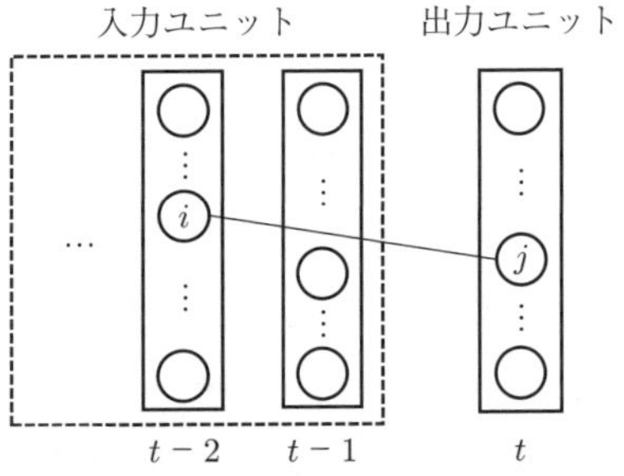

入力ユニット　出力ユニット

i　j

$t-2$　$t-1$　t

図 6.1　T 層の有限動的ボルツマンマシンの $T \to \infty$ における極限

トは持たない（隠れユニットを持つ動的ボルツマンマシンは付録で考えよう）。

この T 層の有限動的ボルツマンマシンの条件付きエネルギーは次式で与えられる。

$$E_{\boldsymbol{\theta}}(\mathbf{x}^{[t]} \mid \mathbf{x}^{[t-T+1,t-1]}) = -\mathbf{b}^\top \mathbf{x}^{[t]} - \sum_{\delta=1}^{T-1} (\mathbf{x}^{[t-\delta]})^\top \mathbf{W}^{[\delta]} \mathbf{x}^{[t]} \qquad (6.1)$$

上式の重み $(\mathbf{W}^{[1]}, \cdots, \mathbf{W}^{[T-1]})$ は特定の構造を持ち，パラメータの数が T にはよらないようにする。また，効率的なオンライン学習をこの構造が可能にする。

有限動的ボルツマンマシンのこの重みの構造は，生物の神経回路網に対して提唱された**スパイク時間依存可塑性**という学習則[2)]にヒントを得たものである。スパイク時間依存可塑性はヘブ則（2.1.3 項）をより精緻にする学習則であり，実験的にも確認されている[11)]。接続された二つの神経細胞には前後関係があり，**シナプス前**（ぜん）**神経細胞**（pre-synaptic neuron）が発火すると，そのスパイク（spike）が**シナプス後**（こう）**神経細胞**（post-synaptic neuron）に伝わって，シナプス後神経細胞の活動に影響を与える。二つの神経細胞の結合が強くなると，シナプス前神経細胞が発火したときにシナプス後神経細胞が発火しやすくなる。シナプス前神経細胞が発火したあとにシナプス後神経細胞が発火すると，それらの二つの神経細胞の結合が強くなることが知られている。これを**長期増強**（long term potentiation, **LTP**）と呼ぶ。発火する順序が逆転して，シナプス後神経細胞が発火したあとにシナプス前神経細胞が発火すると，それらの二つの神経細胞の結合が弱くなる。これを**長期抑圧**（long term depression, **LTD**）と呼ぶ。

これらの結合強度の変化の度合いは，二つの神経細胞が発火した時間に細かく依存する（図 **6.2** 参照）。シナプス前神経細胞が発火した直後にシナプス後神経細胞が発火すると結合強度が大きく増す。シナプス前神経細胞の発火から時間が経ってシナプス後神経細胞が発火すると，経過した時間の長さに応じて結合強度の増加量が小さくなる。同様に，シナプス後神経細胞が発火した直後にシナプス前神経細胞が発火すると結合強度が大きく減少する。シナプス後神経細胞の発火から時間が経ってシナプス前神経細胞が発火すると，経過した時間

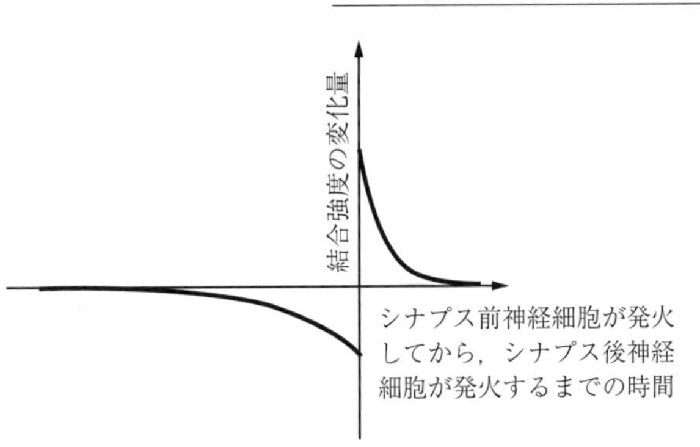

図 6.2 スパイク時間依存可塑性における，シナプス前神経細胞とシナプス後神経細胞の発火時間の差と結合強度の変化量の関係

の長さに応じて，結合強度の減少量が小さくなる。これらの発火時間への依存性は，ボルツマンマシンの学習則（式 (2.22) 参照）には現れない。

長期増強や長期抑圧を引き起こすスパイク時間依存可塑性の性質を学習則に持たせるために，有限動的ボルツマンマシンの重みが**図 6.3** の構造を持つようにする。

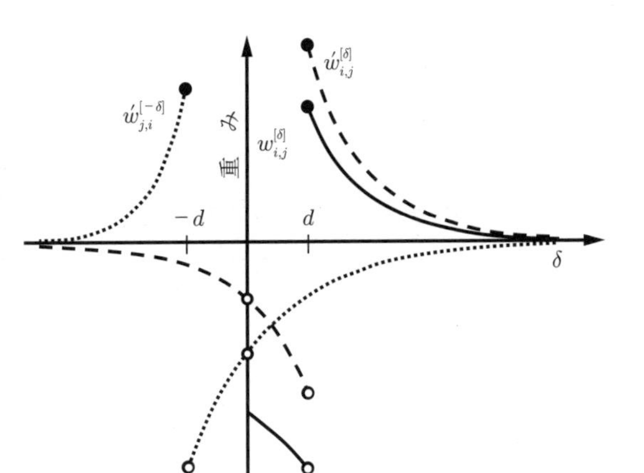

図 6.3 動的ボルツマンマシンの重み。横軸は時間差 δ を表し，縦軸は $w_{i,j}^{[\delta]}$（実線），$\acute{w}_{i,j}^{[\delta]}$（破線），または $\acute{w}_{j,i}^{[-\delta]}$（点線）を表す。$w_{i,j}^{[\delta]}$ は $\delta > 0$ で定義され，$\delta = d$ において不連続である。一方，$\acute{w}_{i,j}^{[\delta]}$ と $\acute{w}_{j,i}^{[-\delta]}$ は $-\infty < \delta < \infty$ で定義され，それぞれ，$\delta = d_{i,j}$ と $\delta = -d_{j,i}$ で不連続である。

ユニット i の発火が δ 時点後にユニット j の発火に与える影響の強さを重み $w_{i,j}^{[\delta]}$ で表そう。長期増強と長期抑圧の二つの性質を持つように，$\acute{w}_{i,j}^{[\delta]}$ と $\acute{w}_{j,i}^{[-\delta]}$ の二つの重みを用いて $w_{i,j}^{[\delta]}$ を表すことにする。

$$w_{i,j}^{[\delta]} = \acute{w}_{i,j}^{[\delta]} + \acute{w}_{j,i}^{[-\delta]} \tag{6.2}$$

この重み $\acute{w}_{i,j}^{[\delta]}$ は次式の構造を持つとする（図 6.3 参照）。

$$\acute{w}_{i,j}^{[\delta]} = \begin{cases} 0 & \delta = 0 \text{ の場合} \\ u_{i,j}\,\lambda^{\delta-d} & \delta \geq d \text{ の場合} \\ -v_{i,j}\,\mu^{-\delta} & \text{その他の場合} \end{cases} \tag{6.3}$$

上式の減衰率 $\lambda, \mu \in [0, 1)$ と伝達遅延 d はあらかじめ与えられる**上位パラメータ**（hyper parameter）であり，$u_{i,j}$ と $v_{i,j}$ が学習で決めるパラメータである。減衰率は λ と μ だけとするが，より多くの減衰率を考えて，各減衰率に対応する重みを学習するようにしてもよい[82),83)]。また，伝達遅延はすべての接続について共通とするが，各接続の伝達遅延を変えてもよい[83)]。

図 6.3 では $\delta = d$ のときに $\acute{w}_{i,j}^{[\delta]}$ が最大になる。すなわち，シナプス前神経細胞からのスパイク（$x_i^{[t-d]} = 1$）が伝達遅延 d のあとにシナプス後神経細胞に到達するが，ほかの条件を一定とすると，その直後にシナプス後神経細胞が最も発火（$x_j^{[t]} = 1$）しやすい。この発火のしやすさを決めるのが長期増強（LTP）重み $u_{i,j} = \acute{w}_{i,j}^{[d]}$ である。δ の値が d から大きくなるに従って，$\acute{w}_{i,j}^{[\delta]}$ の値が幾何的に小さくなる。すなわち，神経細胞 i から到達したスパイクが神経細胞 j に与える影響が，時間とともに小さくなる[2)]。

もう一つの重み $\acute{w}_{i,j}^{[d-1]}$ は，負の値をとると考えるとよい。この負の重みは，シナプス前神経細胞 i からスパイクが到達する直前に，シナプス後神経細胞 j が発火し（$x_j^{[0]} = 1$ となり）にくいことを表す。この発火のしにくさを決めるのが長期抑圧（LTD）重み $v_{i,j} = -\acute{w}_{i,j}^{[0]}$ である。δ の値が $d-1$ から小さくなるに従って，$\acute{w}_{i,j}^{[\delta]}$ の絶対値は幾何的に小さくなる。δ は 0 よりも小さな値も取ることができて，$\delta < 0$ のときの $\acute{w}_{i,j}^{[\delta]}$ は，シナプス後神経細胞 j の発火が $|\delta|$ 時点後にシナプス前神経細胞 i の発火に与える影響の強さを表す。

6.2.2 動的ボルツマンマシンの導出

T 層の有限動的ボルツマンマシンは任意の T で条件付き制限ボルツマンマシンであるから，各 T での条件付きエネルギーや条件付き確率分布が定まる。これらの条件付きエネルギーや条件付き確率分布の $T \to \infty$ における極限を，動的ボルツマンマシンの条件付きエネルギーや条件付き確率分布としよう。

有限動的ボルツマンマシンの条件付きエネルギー（式 (6.1)）は $T \to \infty$ の極限で次式に収束するが，これを動的ボルツマンマシンのエネルギーとする。

$$E_{\boldsymbol{\theta}}(\mathbf{x}^{[t]} \mid \mathbf{x}^{[<t]}) = -\mathbf{b}^\top \mathbf{x}^{[t]} - \sum_{d=1}^{\infty} (\mathbf{x}^{[t-d]})^\top \mathbf{W}^{[d]} \mathbf{x}^{[t]} \tag{6.4}$$

上式の無限和が収束するのは，重みが式 (6.3) の構造を持つことによる。また，$\mathbf{x}^{[<t]} \equiv \mathbf{x}^{[-\infty,t-1]}$ と定義することにして，この記法を以下でも用いる。条件付きエネルギーが決まると条件付き確率分布が定まる（式 (5.9) 参照）が，これが動的ボルツマンマシンの定める条件付き確率分布である。

動的ボルツマンマシンの条件付きエネルギーには無限和が含まれるが，再帰的にそして分散して計算できることを以下で確認しよう。N 次元のパターンの時系列を扱う動的ボルツマンマシンの条件付きエネルギーや条件付き確率分布は，N 個の神経細胞（ユニット）のネットワークで計算することができる。このネットワークにおける二つの神経細胞（シナプス前神経細胞からシナプス後神経細胞）のつながりを図 **6.4** に示す。**先入れ先出し**（first-in-first-out, **FIFO**）列を介して，シナプス前神経細胞がシナプス後神経細胞につながっている。各

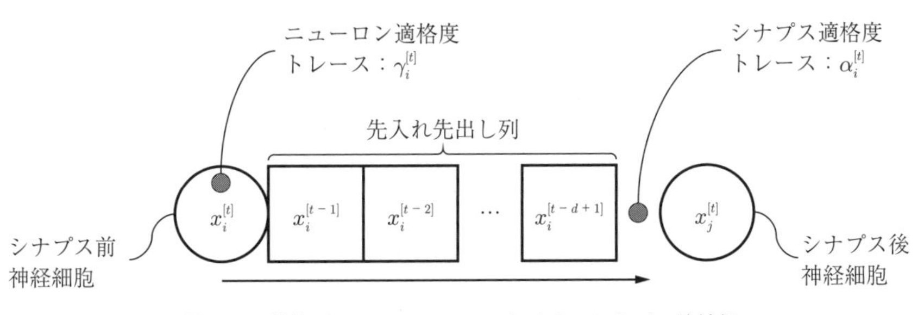

図 **6.4** 動的ボルツマンマシンにおける，シナプス前神経細胞 i からシナプス後神経細胞 j への接続

離散時点 t での各神経細胞 i は，発火する（$x_i^{[t]}=1$）か発火しない（$x_i^{[t]}=0$）かのどちらかである。この発火の情報が FIFO 列を通って，伝達遅延 d のあとにシナプス（シナプス前神経細胞とシナプス後神経細胞の結合部分）に到達する。すなわち，FIFO 列の長さは $d-1$ であり，時点 $t-d+1$ から時点 $t-1$ までのシナプス前神経細胞の発火情報が時点 t で FIFO 列に蓄えられている。

動的ボルツマンマシンの各シナプスは，**シナプス適格度トレース**（synaptic eligibility trace）という量を保持する。FIFO 列からシナプスにスパイク（値 1）が到達すると，シナプス適格度トレースの値が一定量増加する。また，シナプス適格度トレースの値はつねに一定割合だけ減少していく。具体的には，シナプス前神経細胞 i からつながるシナプスに保持されているシナプス適格度トレース $\alpha_i^{[t]}$ の値は，次式に従って各時点 t で更新される。

$$\alpha_i^{[t]} = \lambda\,(\alpha_i^{[t-1]} + x_i^{[t-d+1]}) \tag{6.5}$$

上式の λ は式 (6.3) の減衰率に対応しており，$0 \leq \lambda < 1$ を満たす。

シナプス適格度トレースの値が，スパイクの到達とともに変わっていく様子を**図 6.5** に示す。時点 t の直前にどれだけ頻繁にシナプス前神経細胞 i からスパイクが到達したかを $\alpha_i^{[t]}$ が表している。次式の無限和の形でシナプス適格度トレースを書くこともできる。

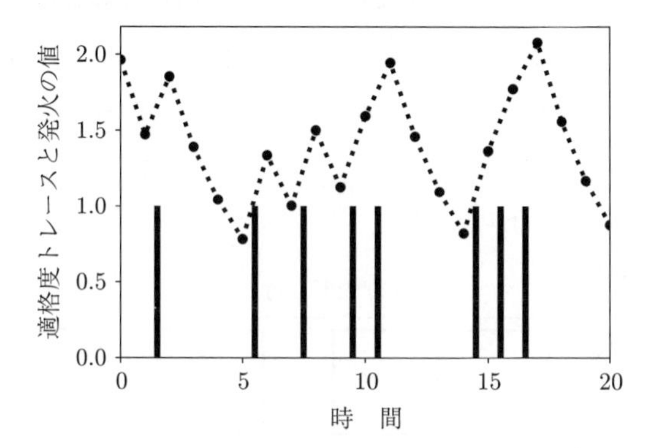

図 6.5　シナプス適格度トレースの値の変化。FIFO 列を通じて伝わってきたシナプス前神経細胞のスパイクを棒が表す。

$$\alpha_i^{[t-1]} = \sum_{s=-\infty}^{t-d} \lambda^{t-s-d}\, x_i^{[s]} \tag{6.6}$$

動的ボルツマンマシンの各神経細胞（ユニット）は，**ニューロン適格度トレース**（neural eligibility trace）という量を保持する。神経細胞 i が保持するニューロン適格度トレースの値は，神経細胞 i が発火したときに一定量だけ値が増加し，またつねに一定割合だけ値が減少する。具体的には，神経細胞 i のニューロン適格度トレース $\gamma_i^{[t]}$ の値は次式によって各時点 t で更新される。

$$\gamma_i^{[t]} = \mu\,(\gamma_i^{[t-1]} + x_i^{[t]}) \tag{6.7}$$

上式の μ は式 (6.3) の減衰率に対応しており，$0 \leq \mu < 1$ を満たす。神経細胞 i が時点 t の直前にどれだけ頻繁に発火したかを $\gamma_i^{[t]}$ が表している。次式の無限和でニューロン適格度トレースを書くこともできる。

$$\gamma_i^{[t-1]} = \sum_{s=-\infty}^{t-1} \mu^{t-s}\, x_j^{[s]} \tag{6.8}$$

動的ボルツマンマシンの各ユニットは，発火した場合と発火しなかった場合とのエネルギーに応じて確率的に発火する。発火した場合のエネルギーのほうが低ければ発火しやすく，発火しなかった場合のエネルギーのほうが低ければ発火しにくい。具体的には，時点 t でユニット j がとる値 $x_j^{[t]} \in \{0,1\}$ の確率分布は次式の形で書ける。

$$\mathbb{P}_{\boldsymbol{\theta},j}(x_j^{[t]} \mid \mathbf{x}^{[<t]}) = \frac{\exp\bigl(-E_{\boldsymbol{\theta},j}(x_j^{[t]} \mid \mathbf{x}^{[<t]})\bigr)}{\sum_{\tilde{x}\in\{0,1\}} \exp\bigl(-E_{\boldsymbol{\theta},j}(\tilde{x} \mid \mathbf{x}^{[<t]})\bigr)} \tag{6.9}$$

上式の $E_{\boldsymbol{\theta},j}\bigl(x_j^{[t]} \mid \mathbf{x}^{[<t]}\bigr)$ は，時点 t におけるユニット j に関わる条件付きエネルギーである。

この条件付きエネルギーは，時点 t でユニット j が発火するかどうか（$x_j^{[t]}$ の値）に依存するとともに，それ以前の発火履歴（$\mathbf{x}^{[<t]}$ の値）にも依存して，次式の形で書ける。

$$E_{\boldsymbol{\theta},j}\left(x_j^{[t]} \mid \mathbf{x}^{[<t]}\right) \equiv -b_j\, x_j^{[t]} + E_{\boldsymbol{\theta},j}^{\mathrm{LTP}}\left(x_j^{[t]} \mid \mathbf{x}^{[<t]}\right) + E_{\boldsymbol{\theta},j}^{\mathrm{LTD}}\left(x_j^{[t]} \mid \mathbf{x}^{[<t]}\right) \tag{6.10}$$

上式の b_j はユニット j のバイアスであり，ユニット j がどれだけ発火しやすいかを表すパラメータである。バイアス b_j が大きい正の値であれば，神経細胞 j は発火しやすい。また，$E_{\boldsymbol{\theta},j}^{\mathrm{LTP}}\left(x_j^{[t]} \mid \mathbf{x}^{[<t]}\right)$ と $E_{\boldsymbol{\theta},j}^{\mathrm{LTD}}\left(x_j^{[t]} \mid \mathbf{x}^{[<t]}\right)$ は次式で定義される。

$$E_{\boldsymbol{\theta},j}^{\mathrm{LTP}}\left(x_j^{[t]} \mid \mathbf{x}^{[<t]}\right) \equiv -\sum_{i=1}^{N} u_{i,j}\, \alpha_i^{[t-1]}\, x_j^{[t]} \tag{6.11}$$

$$E_{\boldsymbol{\theta},j}^{\mathrm{LTD}}\left(x_j^{[t]} \mid \mathbf{x}^{[<t]}\right) \equiv \sum_{i=1}^{N} v_{i,j}\, \beta_i^{[t-1]}\, x_j^{[t]} + \sum_{k=1}^{N} v_{j,k}\, \gamma_k^{[t-1]}\, x_j^{[t]} \tag{6.12}$$

上式の $\beta_i^{[t-1]}$ は次式で定義される量であり，ユニット i からつながる FIFO 列からユニット j に，これからどれだけ頻繁にスパイクが到達するかを表す。

$$\beta_i^{[t-1]} \equiv \sum_{s=t-d+1}^{t-1} \mu^{s-t}\, x_i^{[s]} \tag{6.13}$$

なお，$\alpha_i^{[t-1]}$ や $\gamma_i^{[t-1]}$ のように，$\beta_i^{[t-1]}$ を再帰的に書くこともできるが，この再帰的な計算は数値的に不安定になりやすい。

式 (6.10) の $E_{\boldsymbol{\theta},j}\left(x_j^{[t]} \mid \mathbf{x}^{[<t]}\right)$ の和は，式 (6.3) の構造を持つ式 (6.4) のエネルギーと等しいことを確認しよう。

$$E_{\boldsymbol{\theta}}(\mathbf{x}^{[t]} \mid \mathbf{x}^{[<t]}) = \sum_{j=1}^{N} E_{\boldsymbol{\theta},j}\left(x_j^{[t]} \mid \mathbf{x}^{[<t]}\right) \tag{6.14}$$

すなわち，エネルギー $E_{\boldsymbol{\theta},j}\left(x_j^{[t]} \mid \mathbf{x}^{[<t]}\right)$ が定める確率分布（式 (6.9)）に各神経細胞 j の値 $x_j^{[t]}$ が従うとき，動的ボルツマンマシンのエネルギー $E_{\boldsymbol{\theta}}(\mathbf{x}^{[t]} \mid \mathbf{x}^{[<t]})$ が定める確率分布に $\mathbf{x}^{[t]}$ が従う。

式 (6.11)，(6.12) の i に関する和は，N 個のすべての神経細胞についての和としているが，結合が疎であれば，神経細胞 j につながるすべてのシナプス前神経細胞に関する和とすればよい。神経細胞 j が発火し（$x_j^{[t]} = 1$ となり）やすいのは，神経細胞 j につながるシナプス前神経細胞 i の $\alpha_i^{[t-1]}$ が大きく（神

経細胞 i から神経細胞 j に最近スパイクが伝わり）かつ LTP 重み $u_{i,j}$ が正の大きな値をとる（i から j への長期増強の影響が強い）ときである。シナプス前神経細胞 i からシナプス後神経細胞 j につながる β_i の値が大きく（もうすぐ i から j に i のスパイクが到達し），また LTD 重み $v_{i,j}$ が正で大きな値をとる（i から j への長期抑圧の影響が強い）ときには，シナプス後神経細胞 j は発火しにくい。

式 (6.12) の k に関する和は，結合が疎なときには，神経細胞 j からつながるすべてのシナプス後神経細胞に関する和とすればよい。式 (6.12) の第二項の神経細胞 j をシナプス前神経細胞と解釈すると，シナプス後神経細胞 k が直前に頻繁に発火した（$\gamma_k^{[t-1]}$ が大きな値をとる）ときには，シナプス前神経細胞 j が発火しにくいことを表す。また，この発火のしにくさを LTD 重み $v_{j,k}$ が定める。

動的ボルツマンマシンの各ユニットの発火確率（1 を取る確率）は式 (6.9) で定まるので，与えられた二値の時系列データの対数尤度を最大にするように，動的ボルツマンマシンのパラメータの学習則を導くことができる[83)]。具体的には，動的ボルツマンマシンの各ユニット i, j に関連付けられたパラメータは以下の学習則によって各時点 t で更新すればよい。

$$b_j \leftarrow b_j + \eta \left(x_j^{[t]} - \mathbb{E}_{\boldsymbol{\theta},j}[X_j^{[t]} \mid \mathbf{x}^{[<t]}] \right) \tag{6.15}$$

$$u_{i,j} \leftarrow u_{i,j} + \eta\, \alpha_i^{[t-1]} \left(x_j^{[t]} - \mathbb{E}_{\boldsymbol{\theta},j}[X_j^{[t]} \mid \mathbf{x}^{[<t]}] \right) \tag{6.16}$$

$$\begin{aligned} v_{i,j} \leftarrow v_{i,j} &+ \eta\, \beta_i^{[t-1]} \left(\mathbb{E}_{\boldsymbol{\theta},j}[X_j^{[t]} \mid \mathbf{x}^{[<t]}] - x_j^{[t]} \right) \\ &+ \eta\, \gamma_j^{[t-1]} \left(\mathbb{E}_{\boldsymbol{\theta},i}[X_i^{[t]} \mid \mathbf{x}^{[<t]}] - x_i^{[t]} \right) \end{aligned} \tag{6.17}$$

上式では，時点 t でユニット j に与えられた学習データが $x_j^{[t]}$ であり，ユニット j が時点 t で発火する確率（すなわち式 (6.9) で決まる $X_j^{[t]}$ の期待値）が

$$\mathbb{E}_{\boldsymbol{\theta},j}[X_j^{[t]} \mid \mathbf{x}^{[<t]}] = \mathbb{P}_{\boldsymbol{\theta},j}(x_j^{[t]} = 1 \mid \mathbf{x}^{[<t]}) \tag{6.18}$$

である。この期待値の計算や式 (6.15)～(6.17) の学習則に必要な演算は，各シナプスで，そのときに近くにある情報だけを用いて行うことができる。

6.2.3 スパイク時間依存可塑性との関係

動的ボルツマンマシンの学習則とスパイク時間依存可塑性との関係を考えよう。式 (6.16) に $x_j^{[t]} = 1$ が与えられると LTP 重み $u_{i,j}$ が大きくなる。これは，シナプス後神経細胞 j が発火すると，シナプス前神経細胞 i から j の結合に長期増強が働くことに対応する。このときの $u_{i,j}$ の増加量が $\alpha_i^{[t-1]}$ に比例するが，i から j にスパイクが直前にどれだけ伝わったかを $\alpha_i^{[t-1]}$ が表している。直前にスパイクが伝わっていれば $\alpha_i^{[t-1]}$ の値は大きく，j が発火したときの $u_{i,j}$ の増加量が大きい。これは，まさにスパイク時間依存可塑性の性質である。式 (6.17) の学習則は章末問題【４】で考えよう。

なお，動的ボルツマンマシンでは，シナプス前神経細胞の発火が伝達遅延のあとにシナプスに伝わると考えている。シナプス前神経細胞とシナプス後神経細胞の発火時間の差を図 6.2 で考えたが，シナプス前神経細胞の発火時間に伝達遅延分の時間遅れを加味して，シナプス後神経細胞の発火時間との差を考える必要がある。

式 (6.15) に $x_j^{[t]} = 1$ が与えられると，b_j が増加して神経細胞 j が発火しやすくなる。このとき j がすでに発火しやすかった（$\mathbb{E}_{\boldsymbol{\theta},j}[X_j^{[t]} \mid \mathbf{x}^{[<t]}] \approx 1$）のであれば b_j の増分は小さくなり，発火しにくかったのであれば b_j の増分は大きくなる。この期待値 $\mathbb{E}_{\boldsymbol{\theta},j}[X_j^{[t]} \mid \mathbf{x}^{[<t]}]$ の項がない学習則で学習を続けると，パラメータの値は発散してしまう。同様の期待値の項が式 (6.16)，(6.17) にも現れており，パラメータ値を発散させない効果を持つ。これらの項は，生物で知られる恒常的可塑性[56),124)] の一つの形態であるとも解釈できる。

6.3 制約の緩和

動的ボルツマンマシンの持つ制約の一部を本節で緩和しよう[76)]。スパイク時間依存可塑性との関連が弱くなるが，表現できる確率過程のクラスが大きくなるとともに，簡潔な表現も可能になる。

式 (6.12) の右辺の最初の項にまず注目しよう。式 (6.13) の $\beta_i^{[t-1]}$ の定義を用いると，この項を次式で書き直すことができる。

$$\sum_{i=1}^{N} v_{i,j}\,\beta_i^{[t-1]}\,x_j^{[t]} = \sum_{i=1}^{N}\sum_{s=t-d+1}^{t-1} v_{i,j}\,\mu^{s-t}\,x_i^{[s]}\,x_j^{[t]} \tag{6.19}$$

$$= \sum_{i=1}^{N}\sum_{\delta=1}^{d-1} v_{i,j}^{[\delta]}\,x_i^{[t-\delta]}\,x_j^{[t]} \tag{6.20}$$

上式の重み $v_{i,j}^{[\delta]} \equiv v_{i,j}\,\mu^{-\delta}$ は，神経細胞 i が δ 時点前に発火したときに，神経細胞 j がどれくらい発火しにくいかを表す。$v_{i,j}^{[\delta]} \equiv v_{i,j}\,\mu^{-\delta}$ のこの構造は，δ の増加に伴ってこの重みが幾何的に減衰するという制約を課している。

$v_{i,j}^{[\delta]}$ の構造に関するこの制約を緩和して，$\delta = 1, \cdots, d-1$ について，各 $v_{i,j}^{[\delta]}$ は独立の値をとれるものとしよう。すると，動的ボルツマンマシンのエネルギーは，行列とベクトルを用いて次式で書けるようになる。

$$E_{\boldsymbol{\theta}}(\mathbf{x}^{[t]} \mid \mathbf{x}^{[<t]}) \equiv \sum_{j=1}^{N} E_{\boldsymbol{\theta},j}(x_j^{[t]} \mid \mathbf{x}^{[<t]}) \tag{6.21}$$

$$= -\mathbf{b}^\top \mathbf{x}^{[t]} - (\boldsymbol{\alpha}_\lambda^{[t-1]})^\top \mathbf{U}\,\mathbf{x}^{[t]} + \sum_{\delta=1}^{d-1} (\mathbf{x}^{[t-\delta]})^\top \mathbf{V}^{[\delta]}\,\mathbf{x}^{[t]} + (\mathbf{x}^{[t]})^\top \mathbf{V}\,\boldsymbol{\gamma}_\mu^{[t-1]} \tag{6.22}$$

ただし，バイアスのベクトルを $\mathbf{b} \equiv (b_j)_{j\in[1,N]}$ とし，LTP 重みからなる行列を $\mathbf{U} \equiv (u_{i,j})_{(i,j)\in[1,N]^2}$ とし，LTD 重みからなる行列を $\mathbf{V} \equiv (v_{i,j})_{(i,j)\in[1,N]^2}$ とする。シナプス適格度トレースのベクトルが $\boldsymbol{\alpha}_\lambda^{[t-1]}$ であり，ニューロン適格度トレースのベクトルが $\boldsymbol{\gamma}_\mu^{[t-1]}$ であるが，減衰率（λ と μ）を明記してある。上のように制約を緩和することで，エネルギーの関数形の自由度が高まり，動的ボルツマンマシンが表現できる確率過程のクラスが広がる。

制約を緩和した動的ボルツマンマシンのエネルギー（式 (6.22)）は，一般性を失わずに以下の形で書くことができる（章末問題【 **1** 】〜【 **3** 】参照）。

$$E_{\boldsymbol{\theta}}(\mathbf{x}^{[t]} \mid \mathbf{x}^{[<t]}) = -\left(\mathbf{b}^\top + \sum_{\delta=1}^{d-1} (\mathbf{x}^{[t-\delta]})^\top \mathbf{W}^{[\delta]} + \sum_{\ell=1}^{L} (\boldsymbol{\alpha}_{\lambda_\ell}^{[t-1]})^\top \mathbf{U}^{[\ell]}\right)\mathbf{x}^{[t]} \tag{6.23}$$

式 (6.23) のエネルギーを持つ動的ボルツマンマシンの学習則も，行列とベクトルを用いて簡潔に書くことができる。

$$\mathbf{b} \leftarrow \mathbf{b} + \eta\,(\mathbf{x}^{[t]} - \mathbb{E}_{\boldsymbol{\theta}}[\boldsymbol{X}^{[t]} \mid \mathbf{x}^{[<t]}]) \tag{6.24}$$

$$\mathbf{W}^{[\delta]} \leftarrow \mathbf{W}^{[\delta]} + \eta\,\mathbf{x}^{[t-\delta]}\,(\mathbf{x}^{[t]} - \mathbb{E}_{\boldsymbol{\theta}}[\boldsymbol{X}^{[t]} \mid \mathbf{x}^{[<t]}])^\top \tag{6.25}$$

$$\mathbf{U}^{[\ell]} \leftarrow \mathbf{U}^{[\ell]} + \eta\,\boldsymbol{\alpha}_{\lambda_\ell}^{[t-1]}\,(\mathbf{x}^{[t]} - \mathbb{E}_{\boldsymbol{\theta}}[\boldsymbol{X}^{[t]} \mid \mathbf{x}^{[<t]}])^\top \tag{6.26}$$

上式の $\mathbb{E}_{\boldsymbol{\theta}}[\boldsymbol{X}^{[t]} \mid \mathbf{x}^{[<t]}]$ は，以下の条件付き確率分布に関する条件付き期待値である。

$$\mathbb{P}_{\boldsymbol{\theta}}(\mathbf{x}^{[t]} \mid \mathbf{x}^{[<t]}) = \frac{\exp(-E_{\boldsymbol{\theta}}(\mathbf{x}^{[t]} \mid \mathbf{x}^{[<t]}))}{\displaystyle\sum_{\tilde{\mathbf{x}}^{[t]}} \exp(-E_{\boldsymbol{\theta}}(\tilde{\mathbf{x}}^{[t]} \mid \mathbf{x}^{[<t]}))} \tag{6.27}$$

具体的には

$$\mathbf{m}^{[t]} \equiv \mathbf{b} + \sum_{\delta=1}^{d-1} (\mathbf{W}^{[\delta]})^\top \mathbf{x}^{[t-\delta]} + \sum_{\ell=1}^{L} (\mathbf{U}^{[\ell]})^\top \boldsymbol{\alpha}_{\lambda_\ell}^{[t-1]} \tag{6.28}$$

と定義して，要素ごとに演算をすることにすると条件付き期待値は次式で書ける。

$$\mathbb{E}_{\boldsymbol{\theta}}[\boldsymbol{X}^{[t]} \mid \mathbf{x}^{[<t]}] = \frac{\exp(\mathbf{m}^{[t]})}{1 + \exp(\mathbf{m}^{[t]})} \tag{6.29}$$

$\boldsymbol{X}^{[t]}$ は二値の確率変数のベクトルであるから，$\mathbb{E}_{\boldsymbol{\theta}}[\boldsymbol{X}^{[t]} \mid \mathbf{x}^{[<t]}]$ の第 j 要素は式 (6.9) による $\mathbb{P}_{\boldsymbol{\theta},j}(x_j^{[t]} = 1 \mid \mathbf{x}^{[<t]})$ である。

この確率

$$\mathbb{P}_{\boldsymbol{\theta},j}(x_j^{[t]} = 1 \mid \mathbf{x}^{[<t]}) = \frac{\exp(m_j^{[t]})}{1 + \exp(m_j^{[t]})} \tag{6.30}$$

はロジスティック回帰モデルの形をしている。説明変数は

$$\mathbf{x}^{[t-d+1]}, \cdots, \mathbf{x}^{[t-1]}, \boldsymbol{\alpha}_{\lambda_1}^{[t-1]}, \cdots, \boldsymbol{\alpha}_{\lambda_L}^{[t-1]} \tag{6.31}$$

であり，時系列の過去の履歴 $\mathbf{x}^{[<t]}$ でこれらの説明変数の値が決まる。目的変数は $x_j^{[t]}$ である。式 (6.15)〜(6.17) の学習則を適用することで，このロジスティック回帰モデルのパラメータ $\boldsymbol{\theta} = (\mathbf{b}, \mathbf{W}^{[1]}, \cdots, \mathbf{W}^{[d-1]}, \mathbf{U}^{[1]}, \cdots, \mathbf{U}^{[L]})$ を推定することができる。

6.4 連続値をとる時系列に対する動的ボルツマンマシン

実数値のパターンを扱えるように 4.3 節でガウスボルツマンマシンを考えたが，実数値の時系列データを扱えるように動的ボルツマンマシンにガウスユニットを適用してみよう[22),76)]。

6.4.1 ガウス動的ボルツマンマシン

各時点 t で各ユニットの値が正規分布に従うモデルを考えよう。時点 t におけるユニット j の値の平均値を $m_j^{[t]}$ とし，分散を σ_j^2 とする。

$$p_{\boldsymbol{\theta}}^{(j)}(x_j^{[t]} \mid \mathbf{x}^{[<t]}) = \frac{1}{\sqrt{2\,\pi\,\sigma_j^2}} \exp\Bigl(-\frac{\bigl(x_j^{[t]} - m_j^{[t]}\bigr)^2}{2\,\sigma_j^2}\Bigr) \tag{6.32}$$

この平均値 $m_j^{[t]}$ を式 (6.28) とするのが，**ガウス動的ボルツマンマシン** (Gaussian dynamic Boltzmann machine) である。各 $m_j^{[t]}$ は $\mathbf{x}^{[<t]}$ に依存するが，$\mathbf{x}^{[<t]}$ が所与のときには，異なる i と j の取る値（$x_i^{[t]}$ と $x_j^{[t]}$）はたがいに条件付き独立とする。

ガウス動的ボルツマンマシンは，以下の条件付きエネルギーを持つエネルギーベースのモデルである。

$$E_{\boldsymbol{\theta}}(\mathbf{x}^{[t]} \mid \mathbf{x}^{[<t]}) = \sum_{j=1}^{N} \frac{(x_j^{[t]} - m_j^{[t]})^2}{2\,\sigma_j^2} \tag{6.33}$$

$$= \sum_{j=1}^{N} \frac{(x_j^{[t]} - b_j)^2}{2\,\sigma_j^2} - \sum_{\delta=1}^{d-1}\sum_{i=1}^{N}\sum_{j=1}^{N} x_i^{[t-\delta]}\, w_{i,j}^{[\delta]}\, x_j^{[t]} - \sum_{\ell=1}^{L}\sum_{i=1}^{N}\sum_{j=1}^{N} \alpha_{i,\lambda_\ell}^{[t-1]}\, u_{i,j}^{[\ell]}\, x_j^{[t]} + C \tag{6.34}$$

上式の C は $\mathbf{x}^{[t]}$ に依存しない項である。式 (5.9) の分母と分子で C が打ち消しあうので，以下では条件付きエネルギーから C を省略する。

ここで，$w_{i,j}^{[\delta]}/\sigma_j^2$ を (i,j) 要素とする行列を $\mathbf{W}_\sigma^{[\delta]}$ と書き，$u_{i,j}^{[\ell]}/\sigma_j^2$ を (i,j) 要

素とする行列を $\mathbf{U}_\sigma^{[\ell]}$ と書くと，ガウス動的ボルツマンマシンの条件付きエネルギーを次式で書くことができる。

$$E_{\boldsymbol{\theta}}(\mathbf{x}^{[t]} \mid \mathbf{x}^{[<t]}) = \sum_{j=1}^{N} \frac{(x_j^{[t]} - b_j)^2}{2\,\sigma_j^2} - \sum_{\delta=1}^{d-1} (\mathbf{x}^{[t-\delta]})^\top \mathbf{W}_\sigma^{[\delta]}\,\mathbf{x}^{[t]} - \sum_{\ell=1}^{L} (\boldsymbol{\alpha}_{\lambda_\ell}^{[t-1]})^\top \mathbf{U}_\sigma^{[\ell]}\,\mathbf{x}^{[t]} \tag{6.35}$$

このガウス動的ボルツマンマシンの条件付きエネルギーを，式 (4.29) のガウス・ベルヌーイ制限ボルツマンマシンのエネルギーと比べてみよう。ガウス動的ボルツマンマシンにおける履歴の特徴量（$\mathbf{x}^{[t-1]}, \cdots, \mathbf{x}^{[t-d+1]}, \boldsymbol{\alpha}_{\lambda_1}^{[t-1]}, \cdots, \boldsymbol{\alpha}_{\lambda_L}^{[t-1]}$）が，ガウス・ベルヌーイ制限ボルツマンマシンの隠れユニットの値 $\mathbf{h}$ に対応する。ただし，ガウス動的ボルツマンマシンは履歴の特徴量を所与のものとして扱うので，判別モデル（式 (2.114)）で議論したように，対応するバイアスは冗長である。したがって，式 (4.29) 右辺の第二項に対応する項は式 (6.35) に現れない。

以下では，ガウス動的ボルツマンマシンの学習則を考えよう。与えられた時系列 $\mathbf{x}$ の対数尤度

$$\sum_t \log p_{\boldsymbol{\theta}}(\mathbf{x}^{[t]} \mid \mathbf{x}^{[<t]}) = \sum_t \sum_{i=1}^{N} \log p_{\boldsymbol{\theta}}^{(i)}(x_i^{[t]} \mid \mathbf{x}^{[<t]}) \tag{6.36}$$

を最大にしたい。式 (6.36) の t に関する和は，時系列 $\mathbf{x}$ に関わるすべての時点についての和である。

ガウス動的ボルツマンマシンのパラメータを確率的勾配法で学習しよう。各時点 t について $\mathbf{x}^{[t]}$ の対数尤度（式 (6.32)）の勾配は

$$\boldsymbol{\nabla} \log p_{\boldsymbol{\theta}}(\mathbf{x}^{[t]} \mid \mathbf{x}^{[<t]}) = -\sum_{i=1}^{N} \left(\frac{1}{2} \boldsymbol{\nabla} \log \sigma_i^2 + \boldsymbol{\nabla} \frac{(x_i^{[t]} - m_i^{[t]})^2}{2\,\sigma_i^2} \right) \tag{6.37}$$

であり，この勾配に基づいて学習率 η でパラメータ $\boldsymbol{\theta}$ を更新する学習則は以下で与えられる（章末問題【５】参照）。

$$\mathbf{b} \leftarrow \mathbf{b} + \eta \, \frac{\mathbf{x}^{[t]} - \mathbf{m}^{[t]}}{\boldsymbol{\sigma}^2} \tag{6.38}$$

$$\boldsymbol{\sigma} \leftarrow \boldsymbol{\sigma} + \eta \, \frac{\left(\mathbf{x}^{[t]} - \mathbf{m}^{[t]}\right)^2 - \boldsymbol{\sigma}^2}{\boldsymbol{\sigma}^3} \tag{6.39}$$

$$\mathbf{W}^{[\delta]} \leftarrow \mathbf{W}^{[\delta]} + \eta \, \mathbf{x}^{[t-\delta]} \left(\frac{\mathbf{x}^{[t]} - \mathbf{m}^{[t]}}{\boldsymbol{\sigma}^2} \right)^{\top} \tag{6.40}$$

$$\mathbf{U}^{[\ell]} \leftarrow \mathbf{U}^{[\ell]} + \eta \, \boldsymbol{\alpha}_{\lambda_\ell}^{[t-1]} \left(\frac{\mathbf{x}^{[t]} - \mathbf{m}^{[t]}}{\boldsymbol{\sigma}^2} \right)^{\top} \tag{6.41}$$

上式の，ベクトルの割り算とべき乗は要素ごとに定義され，$\mathbf{m}^{[t]}$ は式 (6.28) で定義される。

ガウス動的ボルツマンマシンによる $\mathbf{x}^{[t]}$ の最尤推定量は式 (6.28) の $\mathbf{m}^{[t]}$ である。最尤推定量を予測値として使うときには，**ベクトル自己回帰モデル**（vector autoregressive model）を一般化したモデルとしてガウス動的ボルツマンマシンを解釈できる。すなわち，式 (6.28) の右辺の最後の項は適格度トレースを含むが，この適格度トレースを削除するとベクトル自己回帰モデルに帰着する。履歴 $\mathbf{x}^{[<t]}$ の特徴量の一つが適格度トレースであり，ベクトル自己回帰モデルの変数にこの特徴量が加えられたと考えることができる。適格度トレースは無限の過去に依存しうるので，ベクトル自己回帰モデルのように $d-1$ より前の過去を完全に無視することがなくなる。

6.4.2 自 然 勾 配

正規分布が平均と標準偏差の二つのパラメータを持つとして，ガウス動的ボルツマンマシンの学習則を前項で導いた。ところが，標準偏差をパラメータと考えるのか，分散をパラメータとするのか，また分散の逆数である精度をパラメータとするのかで，導かれる学習則が変わってくる（4.3.2 項参照）。このような状況では，パラメータの選び方に依存しない「自然な」勾配を使ってパラメータを更新していきたい。

パターン $\mathbf{x}$ の確率密度を $p_{\boldsymbol{\theta}}(\mathbf{x})$ で与える，パラメータ $\boldsymbol{\theta}$ を持つ確率モデルを

考えよう。自然勾配[4)]に基づく確率的勾配法では，各時点 t でパラメータ $\boldsymbol{\theta}$ を次式で更新する。

$$\boldsymbol{\theta}_{t+1} = \boldsymbol{\theta}_t - \eta\, G^{-1}(\boldsymbol{\theta}_t)\, \boldsymbol{\nabla} \log p_{\boldsymbol{\theta}}(\mathbf{x}) \tag{6.42}$$

上式の η は学習率であり，$G(\boldsymbol{\theta})$ は次式のフィッシャー情報行列である。

$$G(\boldsymbol{\theta}) \equiv \int p_{\boldsymbol{\theta}}(\mathbf{x}) \left(\boldsymbol{\nabla} \log p_{\boldsymbol{\theta}}(\mathbf{x})\, \boldsymbol{\nabla} \log p_{\boldsymbol{\theta}}(\mathbf{x})^\top \right) d\mathbf{x} \tag{6.43}$$

式 (6.36) の条件付き独立性により，各ユニットについてそれぞれ自然勾配を考えればよい。平均 m と分散 $v \equiv \sigma^2$ をパラメータとする正規分布の確率密度関数は

$$p(x; m, v) = \frac{1}{\sqrt{2\pi\, v}} \exp\left(-\frac{(x-m)^2}{2\, v} \right) \tag{6.44}$$

と書ける。よって，x の対数尤度は次式で与えられる。

$$\log p(x; m, v) = -\frac{(x-m)^2}{2\, v} - \frac{1}{2} \log v - \frac{1}{2} \log 2\pi \tag{6.45}$$

式 (6.42) に必要な，確率密度関数の勾配とフィッシャー情報行列の逆行列は，それぞれ以下で与えられる。

$$\boldsymbol{\nabla} \log p_{\boldsymbol{\theta}}(\mathbf{x}) = \begin{pmatrix} \dfrac{x-m}{v} \\ \dfrac{(x-m)^2}{2\, v^2} - \dfrac{1}{2\, v} \end{pmatrix} \tag{6.46}$$

$$G^{-1}(\boldsymbol{\theta}) = \begin{pmatrix} \dfrac{1}{v} & 0 \\ 0 & \dfrac{1}{2\, v^2} \end{pmatrix}^{-1} = \begin{pmatrix} v & 0 \\ 0 & 2\, v^2 \end{pmatrix} \tag{6.47}$$

よって，以下の学習則でパラメータ $\boldsymbol{\theta}_t \equiv (m_t, v_t)$ を更新すればよい。

$$m_{t+1} = m_t + \eta\, (x - m_t) \tag{6.48}$$

$$v_{t+1} = v_t + \eta\, \left((x - m_t)^2 - v_t \right) \tag{6.49}$$

ガウス動的ボルツマンマシンの平均 $m_j^{[t]}$ は式 (6.28) で与えられるので，パラメータ $(b_j, w_{i,j}, u_{i,j}^{[\ell]})$ について線形である。また，分散は σ_j^2 そのものであ

る。したがって，自然勾配に基づくこれらのパラメータの学習則は以下で与えられる。

$$\mathbf{b} \leftarrow \mathbf{b} + \eta\,(\mathbf{x}^{[t]} - \mathbf{m}^{[t]}) \tag{6.50}$$

$$\boldsymbol{\sigma}^2 \leftarrow \boldsymbol{\sigma}^2 + \eta\left(\left(\mathbf{x}^{[t]} - \mathbf{m}^{[t]}\right)^2 - \boldsymbol{\sigma}^2\right) \tag{6.51}$$

$$\mathbf{W}^{[\delta]} \leftarrow \mathbf{W}^{[\delta]} + \eta\,\mathbf{x}^{[t-\delta]}\,(\mathbf{x}^{[t]} - \mathbf{m}^{[t]})^\top \tag{6.52}$$

$$\mathbf{U}^{[\ell]} \leftarrow \mathbf{U}^{[\ell]} + \eta\,\boldsymbol{\alpha}_{\lambda_\ell}^{[t-1]}\,(\mathbf{x}^{[t]} - \mathbf{m}^{[t]})^\top \tag{6.53}$$

上式のベクトルのべき乗は要素ごとに行う。自然勾配から得られる式 (6.50)～(6.53) と，通常の勾配から得られる式 (6.38)～(6.41) とを比べてみよう。

6.4.3 非線形特徴量

ガウス動的ボルツマンマシンは線形のモデルであり，うまく近似できる確率過程のクラスが限定されている。時系列の非線形な特徴量をガウス動的ボルツマンマシンに取り込むには，時系列データに非線形写像を適用して得られる特徴量をガウス動的ボルツマンマシンの入力に加えるのが一つの方法である。そのような非線形写像の一例に**エコステートネットワーク**（echo state network, **ESN**）[44] がある。

入力の時系列 $\mathbf{x}$ に対して，以下のように再帰的に非線形特徴量 $\boldsymbol{\psi}$ を合成するのがエコステートネットワークである。

$$\boldsymbol{\psi}^{[t]} = (1-\rho)\,\boldsymbol{\psi}^{[t-1]} + \rho\,\tanh\left(\mathbf{W}_{\rm rec}\,\boldsymbol{\psi}^{[t-1]} + \mathbf{W}_{\rm in}\,\mathbf{x}^{[t]}\right) \tag{6.54}$$

上式の $\mathbf{W}_{\rm rec}$ と $\mathbf{W}_{\rm in}$ は，あらかじめ値をランダムに決めた行列である。$\mathbf{W}_{\rm rec}$ のスペクトル半径を 1 より小さくしておくと，非線形特徴量の値が発散しない。また，ρ は $0 < \rho < 1$ とする。式 (6.54) の tanh は**双曲線正接関数**（hyperbolic tangent function）であるが，ほかの非線形関数に置き換えてもよい。なお，$\mathbf{W}_{\rm rec}$，$\mathbf{W}_{\rm in}$，ρ の値は学習によって求めるものではなく，学習中も事前に決められた値に固定される。

エコステートネットワークが合成する非線形特徴量に対して，適格度トレースは同様に合成された線形特徴量であると解釈することができる。式 (6.54) において，$\mathbf{W}^{\mathrm{rec}} \leftarrow \mathbf{0}$，$1-\rho \leftarrow \lambda$，$\rho \leftarrow \lambda$ として，tanh を恒等写像とすると，$\boldsymbol{\psi}^{[t]}$ は適格度トレースになる。固定されたパラメータでこれらの特徴量が合成されて，入力として動的ボルツマンマシンに与えられると考えると，動的ボルツマンマシンの学習則をそのまま使うことができる。

6.5 動的ボルツマンマシンの連続拡張

本節では，ガウス動的ボルツマンマシンを連続空間に拡張しよう[47)]。連続空間 $\mathcal{Z}$ 上のパターンは，$\mathcal{Z}$ の各点に実数値を割り当てるので，$\mathcal{Z}$ から $\mathbb{R}$ への関数とみなすことができる。$\mathcal{Z}$ から $\mathbb{R}$ への関数の時系列を扱うので，連続拡張されたガウス動的ボルツマンマシンを**関数動的ボルツマンマシン**（functional dynamic Boltzmann machine）と呼ぶ。

過去の実数ベクトルの時系列を所与として，つぎの実数ベクトルの条件付き確率密度を定めるのがガウス動的ボルツマンマシンであった。これに対して，過去の関数の部分的な観測点の時系列を所与として，つぎの関数 $g^{[t]}$ の条件付き確率密度を定めるのが関数動的ボルツマンマシンである。つまり，関数の完全な形を観測できるわけではなく，限られた点の集合 $Z^{[s]} \equiv (z_i^{[s]})_{i\in[1,N_s]}$ においてのみ，関数の値が観測される。時点 s で観測される点の数を N_s とし，N_s は s によって変化しうるとする。また，観測される点の場所が各時点で変わってもよい。

例えば，複数のセンサーを用いて温度を観測し続けるが，センサーが動いたり壊れたりして，また新しいセンサーを追加することもあるような状況を考えよう。観測された温度から関数動的ボルツマンマシンのパラメータを学習し，つぎの時点の任意の場所の温度を予測できるようにしたい。

関数動的ボルツマンマシンは，条件付き確率分布 $g^{[t]}(\cdot)$ が**ガウス過程**（Gaussian process）であるとする。任意の有限個の点における $g^{[t]}(\cdot)$ の値 $\{g^{[t]}(\mathbf{x}_1), \cdots, g^{[t]}(\mathbf{x}_n)\}$ が多次元正規分布に従うのがガウス過程である。ガウス過程は，各点

$z \in \mathcal{Z}$ に平均を定める関数と，二つの点の対のおのおのに共分散（類似度）を与えるカーネルとで規定される。

関数動的ボルツマンマシンが定めるガウス過程の平均 $\mu^{[t]}(z)$ は，時点 t 以前の関数値に次式のように依存するとする。

$$\mu^{[t]}(z) = b(z) + \sum_{\delta=1}^{d-1} \int_{\mathcal{Z}} w^{[\delta]}(z, z')\, g^{[t-\delta]}(z')\, \mathrm{d}z' + \sum_{\ell=1}^{L} \int_{\mathcal{Z}} u_\ell(z, z')\, \alpha_\ell^{[t-1]}(z')\, \mathrm{d}z' \tag{6.55}$$

上式の $b(\cdot)$ は各点にバイアスを与える関数であり，各 δ と ℓ についての $w^{[\delta]}(\cdot,\cdot)$ と $u_\ell(\cdot,\cdot)$ は二つの点の対のおのおのに重みを与える関数であり

$$\alpha_\ell^{[t-1]}(\cdot) = \sum_{s=-\infty}^{t-d} \lambda_\ell^{t-s-d}\, g^{[s]}(\cdot) \tag{6.56}$$

は各点に適格度トレースを与える関数である。

このガウス過程の共分散を定めるカーネルは

$$k_{\sigma^2}(z, z') = k(z, z') + \sigma^2\, \delta(z, z') \tag{6.57}$$

の形を仮定する。$k(\cdot,\cdot)$ は任意のカーネルであり，$\delta(\cdot,\cdot)$ はデルタ関数であり，σ は固定した上位パラメータである。

学習や予測に必要な演算がこのままでは困難であるため，バイアス関数と重み関数に特定の構造を仮定しよう。そのために，$\mathcal{Z}$ から任意に選ばれた M 点を $P = (p_1, \cdots, p_M)$ として，行ベクトル

$$k_{\sigma^2}(z, P) \equiv (k_{\sigma^2}(z, p_i))_{i \in [1,M]} \tag{6.58}$$

と列ベクトル

$$k_{\sigma^2}(P, z') \equiv (k_{\sigma^2}(p_i, z'))_{i \in [1,M]} \tag{6.59}$$

を定義する。これらのベクトルは，P の各点と z や z' との類似度を表している。これらのベクトルを用いて，バイアス関数と重み関数がそれぞれ以下のように書けると仮定しよう。

$$b(z) = k_{\sigma^2}(z, P)\,\mathbf{b} \tag{6.60}$$

$$w^{[\delta]}(z, z') = k_{\sigma^2}(z, P)\,\mathbf{W}^{[\delta]}\,k_{\sigma^2}(P, z') \tag{6.61}$$

$$u_\ell(z, z') = k_{\sigma^2}(z, P)\,\mathbf{U}^{[\ell]}\,k_{\sigma^2}(P, z') \tag{6.62}$$

カーネル k_{σ^2} の**再生核ヒルベルト空間**（reproducing kernel Hilbert space, **RKHS**）に $g^{[t]}$ が属するので，式 (6.60)～(6.62) を式 (6.55) に代入すると次式が得られる。

$$\mu_{\boldsymbol{\theta}}^{[t]}(z) = k_{\sigma^2}(z, P)\left(\mathbf{b} + \sum_{\delta=1}^{d-1} \mathbf{W}^{[\delta]}\,g^{[t-\delta]}(P) + \sum_{\ell=1}^{L} \mathbf{U}^{[\ell]}\,\alpha_\ell^{[t-1]}(P)\right) \tag{6.63}$$

上式の $g^{[t-\delta]}(P)$ は i 番目の要素が $g^{[t-\delta]}(p_i)$ の列ベクトルであり，適格度トレースのベクトル $\alpha_\ell^{[t-1]}(P)$ は次式で再帰的に更新される。

$$\alpha_\ell^{[t]}(P) = \lambda_\ell\left(\alpha_\ell^{[t-1]}(P) + g^{[t-d+1]}(P)\right) \tag{6.64}$$

関数動的ボルツマンマシンのパラメータをまとめて

$$\boldsymbol{\theta} \equiv (\mathbf{b}, \mathbf{W}^{[1]}, \cdots, \mathbf{W}^{[d-1]}, \mathbf{U}^{[1]}, \cdots, \mathbf{U}^{[L]}) \tag{6.65}$$

と書こう。

各 $g^{[s]}(p_i)$ は観測できないので，**最大事後確率**（maximum a posteriori, **MAP**）推定量 $\hat{g}^{[s]}(p_i)$ で近似しよう[47]。

$$\begin{aligned}&\hat{g}^{[s]}(p_i)\\&\quad = \mu_{\boldsymbol{\theta}}^{[s]}(p_i) + k(p_i, Z^{[t]})\,k_{\sigma^2}(Z^{[t]}, Z^{[t]})^{-1}\left(g^{[t]}(Z^{[t]}) - \mu_{\boldsymbol{\theta}}^{[t]}(Z^{[t]})\right)\end{aligned} \tag{6.66}$$

上式の $k_{\sigma^2}(Z^{[t]}, Z^{[t]})$ は，(i, j) 要素が $k_{\sigma^2}(z_i^{[t]}, z_j^{[t]})$ の $N_t \times N_t$ 行列であり，列ベクトル $\mu_{\boldsymbol{\theta}}^{[t]}(Z^{[t]})$ は $g^{[t]}(Z^{[t]})$ と同様に定義される。

観測された値の対数尤度を最大にするようにパラメータ $\boldsymbol{\theta}$ を更新する学習則を導こう。以下では

$$\Delta_{\boldsymbol{\theta}}^{[t]} \equiv g^{[t]}(Z^{[t]}) - \mu_{\boldsymbol{\theta}}^{[t]}(Z^{[t]}) \tag{6.67}$$

の記法を用いる。時点 t の点 $Z^{[t]}$ における関数の値の条件付き確率密度は

$$\begin{aligned} & p_{\boldsymbol{\theta}}(g^{[t]}(Z^{[t]}) \mid g^{[<t]}) \\ & \quad \sim \exp\Bigl(-\frac{1}{2}(\Delta_{\boldsymbol{\theta}}^{[t]})^\top k_{\sigma^2}(Z^{[t]}, Z^{[t]})^{-1}\, \Delta_{\boldsymbol{\theta}}^{[t]}\Bigr) \end{aligned} \tag{6.68}$$

と書ける。よって，最大化したい目的関数は

$$f(\boldsymbol{\theta}) \equiv \sum_t f_t(\boldsymbol{\theta}) \tag{6.69}$$

において，$f_t(\boldsymbol{\theta})$ を次式で定義したものである。

$$f_t(\boldsymbol{\theta}) \equiv \log p_{\boldsymbol{\theta}}(g^{[t]}(Z^{[t]}) \mid g^{[<t]}) \tag{6.70}$$

$$= -\frac{1}{2}(\Delta_{\boldsymbol{\theta}}^{[t]})^\top k_{\sigma^2}(Z^{[t]}, Z^{[t]})^{-1}\, \Delta_{\boldsymbol{\theta}}^{[t]} + C \tag{6.71}$$

上式の C は $\boldsymbol{\theta}$ に依存しない項である。

この $f_t(\boldsymbol{\theta})$ の勾配は次式で与えられる。

$$\boldsymbol{\nabla} f_t(\boldsymbol{\theta}) = \boldsymbol{\nabla}\mu_{\boldsymbol{\theta}}^{[t]}(Z^{[t]})^\top k_{\sigma^2}(Z^{[t]}, Z^{[t]})^{-1}\, \Delta_{\boldsymbol{\theta}}^{[t]} \tag{6.72}$$

よって，以下の偏微分が式 (6.63) から得られる。

$$\frac{\partial}{\partial b_i}\mu_{\boldsymbol{\theta}}^{[t]}(Z^{[t]})^\top = k_{\sigma^2}(p_i, Z^{[t]}) \tag{6.73}$$

$$\frac{\partial}{\partial w_{i,j}^{[\delta]}}\mu_{\boldsymbol{\theta}}^{[t]}(Z^{[t]})^\top = k_{\sigma^2}(p_i, Z^{[t]})\, g^{[t-\delta]}(p_j) \tag{6.74}$$

$$\frac{\partial}{\partial u_{i,j}^{[\ell]}}\mu_{\boldsymbol{\theta}}^{[t]}(Z^{[t]})^\top = k_{\sigma^2}(p_i, Z^{[t]})\, \alpha_\ell^{[t-1]}(p_j) \tag{6.75}$$

確率的勾配法に基づく以下の学習則がこれらの偏微分から示唆される。

$$\mathbf{b} \leftarrow \mathbf{b} + \eta\, k_{\sigma^2}(P, Z^{[t]})\, k_{\sigma^2}(Z^{[t]}, Z^{[t]})^{-1}\, \Delta_{\boldsymbol{\theta}}^{[t]} \tag{6.76}$$

$$\mathbf{W}^{[\delta]} \leftarrow \mathbf{W}^{[\delta]} + \eta\, k_{\sigma^2}(P, Z^{[t]})\, k_{\sigma^2}(Z^{[t]}, Z^{[t]})^{-1}\, \Delta_{\boldsymbol{\theta}}^{[t]}\, g^{[t-\delta]}(P)^\top \tag{6.77}$$

$$\mathbf{U}^{[\ell]} \leftarrow \mathbf{U}^{[\ell]} + \eta\, k_{\sigma^2}(P, Z^{[t]})\, k_{\sigma^2}(Z^{[t]}, Z^{[t]})^{-1}\, \Delta_{\boldsymbol{\theta}}^{[t]}\, \alpha_\ell^{[t-1]}(P)^\top \quad (6.78)$$

上式の η は学習率であり，$g^{[t-\delta]}(P)$ は式 (6.66) の MAP 推定量 $\hat{g}^{[t-\delta]}(P)$ で近似する。

章　末　問　題

【1】 式 (6.23) の形で式 (6.22) を書けることを示せ。

【2】 シナプス適格度トレース $\boldsymbol{\alpha}_{\lambda_\ell}$ の代わりにニューロン適格度トレース $\boldsymbol{\gamma}_{\mu_\ell}$ を用いて，式 (6.22) を式 (6.23) のような形で書き直せ。

【3】 制約を緩和した動的ボルツマンマシンのエネルギー（式 (6.23)）に制約を追加して，動的ボルツマンマシンのエネルギー（式 (6.10)）に帰着させよ。

【4】 式 (6.17) の学習則によると，どのような場合に LTD 重みが強くなるか説明せよ。

【5】 式 (6.38)～(6.41) の学習則が，式 (6.37) から得られることを確認せよ。

7 強化学習

将来にわたる報酬の積算値を最大とするように，行動を逐次的に選択する逐次的意思決定の問題を考えよう。逐次的意思決定の問題をデータから解くのが強化学習であり，ボルツマンマシンがどのように強化学習に使えるかが本章のテーマである。特に，候補となる行動の数が多いと強化学習を効率的に行うのが難しくなるが，ボルツマンマシンを用いることでこの難しさが解消される。強化学習の基礎から始めて，ボルツマンマシンを強化学習に適用していこう。

7.1 マルコフ決定過程

各時点 t で意思決定者はつぎの**行動** (action) A_t を選択する。どの状態 (state) S_t でどの行動 A_t が選ばれたかに依存して**即時報酬**（immediate reward）R_t が得られ，またつぎの状態 S_{t+1} が確率的に決まる。

このとき，**初期状態**（initial state）S_0 から得られる，期間 $[0, T-1]$ の**期待累積報酬**（expected cumulative reward）

$$f^\pi(S_0) \equiv \mathbb{E}^\pi \left[\sum_{t=0}^{T-1} \gamma^t R_t \right] \tag{7.1}$$

を最大とするように，行動を決める**方策**（policy）π を求めたい。ただし，γ は $(0, 1]$ 内の定数であり，将来の即時報酬の割引率である。$T \to \infty$ の無限期間を考えるときには，$0 < \gamma < 1$ として，期待累積報酬が発散しないことを保証する。方策は，状態から行動への関数である。方策に依存して，得られる即時報酬や，状態の遷移の仕方が変わるが，$\mathbb{E}^\pi$ は方策 π で決まる確率分布に関する

期待値を表すものとする。

得られる即時報酬は，直前の状態 s と行動 a で決まる。即時報酬が確率的に決まるときにも，式 (7.1) の期待累積報酬を考える限り，期待即時報酬を r_t とすればよいので，以下では（即時）報酬関数を $r(s,a)$ と書き，$r(s,a)$ は確定的な実数値をとるものとする。また，遷移先の状態に即時報酬が依存する場合でも，期待累積報酬を考える限り，状態 s で行動 a をとったときに得られる期待即時報酬 $r(s,a)$ がわかれば十分である。

ある状態 s である行動 a をとると，状態が遷移する。このとき遷移先の状態 s' は確率的に決まるが，つぎの状態の条件付き確率分布を状態遷移関数 $p_{\mathrm{tra}}(s' \mid s,a)$ で表す。状態 s で行動 a をとったときに，状態が s' に遷移する確率が $p_{\mathrm{tra}}(s' \mid s,a)$ である。

以下では，取りうる状態と行動は有限であるとし，**状態空間**（state space）を $\mathcal{S}$，**行動空間**（action space）を $\mathcal{A}$ とする。$(\mathcal{S},\mathcal{A},p_{\mathrm{tra}},r)$ の四つ組で規定されるのが**マルコフ決定過程**（Markov decision process, **MDP**）である[8)]。マルコフ決定過程でシステムがモデル化されるときに，式 (7.1) を最大にする方策 $\pi^\star$ を求められれば，各時点で状態を観測して，$\pi^\star$ によって行動を決めていくことで，期待累積報酬を最大にすることができる。なお，期待累積報酬はマルコフ決定過程に基づく**逐次的意思決定**（sequential decision making）の標準的な目的関数であるが，期待値ではない**リスク指標**（risk measure）を目的関数とする研究[73),74)] もある。

マルコフ決定過程においては，状態が**マルコフ性**（Markovian property）を持つと仮定する。すなわち，状態 s にいることがわかっていれば，状態 s に至るまでの履歴は，将来の予測について追加の情報をもたらさない。具体的には，時点 $t+1$ の状態 S_{t+1} の確率分布は，状態遷移関数 $p_{\mathrm{tra}}(\cdot \mid S_t,A_t)$ で完全に決まり，S_t が所与のもとでは，時点 t より前の状態（$\cdots,S_{t-2},S_{t-1}$）・行動（$\cdots,A_{t-2},A_{t-1}$）・即時報酬（$\cdots,R_{t-2},R_{t-1}$）と S_{t+1} とは条件付き独立である。また，時点 t での即時報酬は $r(S_t,A_t)$ で決まるものであり，S_t が所与のもとでは，時点 t より前の状態・行動・即時報酬とは条件付き独立である。

マルコフ決定過程に基づく逐次的意思決定の際には，このようなマルコフ性を持つ状態が観測できると仮定する。このときのマルコフ決定過程は，**完全観測マルコフ決定過程**（fully observable Markov decision process）とも呼ぶ。7.9 節では，マルコフ性を持つ状態が観測できない**部分観測マルコフ決定過程**（partially observable Markov decision process）を考える。

7.2 最適性方程式と価値反復法

状態遷移関数や報酬関数が未知であるなかで，できるだけ良い方策を見つけるのが**強化学習**（reinforcement learning）の目標となるが，まずはマルコフ決定過程が既知であるときに最適方策を求める手法（**計画法**（planning））を考えよう。計画法の一つに，**価値関数**（value function）を求める手法がある。価値関数は状態の関数であり，与えられた状態から最適方策に従って行動を選んでいくときに得られる期待累積報酬を表す。価値関数の求め方と，価値関数に基づいて最適な行動を選ぶ方法を本節で考えよう。

7.2.1 有限期間の場合

まず，**有限期間**（finite horizon）（$T < \infty$）の場合を考えよう。時点 t に状態 s から始めて，最適方策に従って行動し続けたときに得られる期待累積報酬を $v_t(s)$ と書く。この $v_t(\cdot)$ は，有限期間の価値関数であるが，以下の**最適性方程式**（optimality equation）を満たす。

$$v_t(s) = \max_{a \in \mathcal{A}} \left\{ r(s, a) + \gamma \sum_{s' \in \mathcal{S}} p_{\mathrm{tra}}(s' \mid s, a)\, v_{t+1}(s') \right\} \tag{7.2}$$

すなわち，時点 t に状態 s から最適に行動して得られる期待累積報酬は，時点 t で最適な行動 a を選んで得られる即時報酬 $r(s, a)$ と，時点 $t+1$ に遷移した状態 s' から最適に行動して得られる累積報酬との和の期待値に等しい。

最適性方程式は，アルゴリズム 7.1 の**価値反復法**（value iteration）[8] によって価値関数を求められることを示唆している。価値反復法は，$t = T - 1$ から

アルゴリズム 7.1　有限期間の場合の価値反復法

1: **Input:** γ
2: $v_T(s) \leftarrow 0, \forall s \in \mathcal{S}$
3: **for** $t \leftarrow T-1$ **to** 0 **do**
4: 　$v_t \leftarrow \texttt{DPbackup}(v_{t+1}, \gamma)$
5: **end for**
6: **Return:** $v_t, t = 0, \cdots, T$

始めて $t=0$ まで，v_{t+1} から v_t を求めていく。なお，時点 T 以降には報酬は得られないので，$v_T(\cdot) \equiv 0$ と初期化している。

アルゴリズム 7.2 は v_{t+1} から v_t を求める手続きである。まず，すべての行動 $a \in \mathcal{A}$ について，時点 t に状態 s で行動 a をとって，時点 $t+1$ からは最適方策に従うとしたときに得られる期待累積報酬 $Q_t(s,a)$ を求める。この $Q_t(s,a)$ は有限期間の**行動価値関数**（action-value function）と呼ばれ，価値関数とは以下の関係にある。

$$Q_t(s,a) = r(s,a) + \gamma \sum_{s' \in \mathcal{S}} p_{\text{tra}}(s' \mid s,a)\, v_{t+1}(s') \tag{7.3}$$

また，時点 t の価値関数は行動価値関数から

$$v_t(s) = \max_{a \in \mathcal{A}} Q(s,a) \tag{7.4}$$

として求まる。

アルゴリズム 7.2　価値反復法の 1 ステップ（DPbackup）

1: **Input:** v_{t+1}, γ
2: **for** $i \leftarrow 1$ **to** $|\mathcal{S}|$ **do**
3: 　**for** $\ell \leftarrow 1$ **to** $|\mathcal{A}|$ **do**
4: 　　$Q_t(s_i, a_\ell) \leftarrow r(s_i, a_\ell) + \gamma \mathbb{E}\left[v_{t+1}(S_{t+1})\right]$
5: 　**end for**
6: 　$v_t(s_i) \leftarrow \max_{\ell} Q_t(s_i, a_\ell)$
7: **end for**
8: **Return:** v_t

7.2.2 無限期間の場合

つぎに，$T \to \infty$ として，**無限期間**（infinite horizon）の場合を考えよう。こ

のとき期待累積報酬が発散しないように，$0 < \gamma < 1$ とする。また，即時報酬の絶対値の最大値が有限であることを仮定する。

$$\bar{r} \equiv \max_{s \in \mathcal{S}, a \in \mathcal{A}} |r(s,a)| < \infty \tag{7.5}$$

これらの条件を満たすとき，無限期間の期待累積報酬が，有限期間の期待累積報酬によって任意の精度で近似できることを確認しておこう（章末問題【1】）。

また，時点 0 に状態 S_0 から始めたときの無限期間の期待累積報酬は

$$f^\pi(S_0) = \sum_{t=0}^{\infty} \gamma^t \, \mathbb{E}\Big[r(S_t, A_t)\Big] \tag{7.6}$$

$$= \sum_{t=0}^{T_0-1} \gamma^t \, \mathbb{E}\Big[r(S_t, A_t)\Big] + \gamma^{T_0} \sum_{t=0}^{\infty} \gamma^t \, \mathbb{E}\Big[r(S_{t+T_0}, A_{t+T_0})\Big] \tag{7.7}$$

$$= \sum_{t=0}^{T_0-1} \gamma^t \, \mathbb{E}\Big[r(S_t, A_t)\Big] + \gamma^{T_0} \sum_{t=0}^{\infty} \gamma^t \, f^\pi(S_{t+T_0}) \tag{7.8}$$

と書くこともできる。したがって，任意の状態 s について，$f^\pi(s)$ を最大にする方策は，時点 0 以降の期待累積報酬 $f^\pi(S_0)$ を最大にするし，任意の時点 T_0 以降の期待累積報酬 $f^\pi(S_{t+T_0})$ も最大にする。

したがって，十分に大きな T について価値反復法を適用して得られる時点 0 の行動価値関数を，無限期間の方策に用いる近似手法が考えられる。アルゴリズム 7.3 に無限期間の場合の価値反復法を示す。DPbackup はアルゴリズム 7.2 を，有限期間の場合と同様にそのまま用いればよい。

アルゴリズム 7.3　無限期間の場合の価値反復法

1: **Input:** γ
2: $v(s) \leftarrow 0, \forall s \in \mathcal{S}$
3: **while** 停止条件を満たすまで **do**
4: 　　$v \leftarrow$ DPbackup(v, γ)
5: **end while**
6: **Return:** v

無限期間の場合の価値反復法が収束することを確認しておこう。まず，有限期間の最適性方程式 (7.2) で $t \to \infty$ の極限を考えると，無限期間の部分観測マ

ルコフ決定過程の価値関数 $v(\cdot)$ についての最適性方程式が得られる。

$$v(s) = \max_{a \in \mathcal{A}} r(s,a) + \gamma \sum_{s' \in \mathcal{S}} p_{\mathrm{tra}}(s' \mid s,a)\, v(s') \tag{7.9}$$

右辺の価値関数に対する写像を**ベルマン演算子**（Bellman operator）と呼び，$\mathfrak{L}$ と書く。すなわち

$$\mathfrak{L}v(s) \equiv \max_{a \in \mathcal{A}} r(s,a) + \gamma \sum_{s' \in \mathcal{S}} p_{\mathrm{tra}}(s' \mid s,a)\, v(s') \tag{7.10}$$

とする。このとき，$\mathfrak{L}$ は**収縮写像**（contraction mapping）である。すなわち，つぎの定理 7.1 が成り立つ。

定理 7.1　v と u をそれぞれ価値関数とすると

$$||\mathfrak{L}v - \mathfrak{L}u||_\infty \leq \gamma\, ||v - u||_\infty \tag{7.11}$$

が成り立つ。

【証明】　まず，$\mathfrak{L}u(s) \leq \mathfrak{L}v(s)$ である場合を考えよう。このとき

$$a^\star = \operatorname*{argmax}_a r(s,a) + \gamma \sum_{s' \in \mathcal{S}} p_{\mathrm{tra}}(s' \mid s,a)\, v(s') \tag{7.12}$$

とすると

$$0 \leq \mathfrak{L}v(s) - \mathfrak{L}u(s) \tag{7.13}$$

$$\leq r(s,a^\star) + \gamma \sum_{s' \in \mathcal{S}} p_{\mathrm{tra}}(s' \mid s,a^\star)\, v(s')$$

$$- \left(r(s,a^\star) + \gamma \sum_{s' \in \mathcal{S}} p_{\mathrm{tra}}(s' \mid s,a^\star)\, u(s') \right) \tag{7.14}$$

$$= \gamma \sum_{s' \in \mathcal{S}} p_{\mathrm{tra}}(s' \mid s,a^\star)\, \big(v(s') - u(s')\big) \tag{7.15}$$

$$\leq \gamma \sum_{s' \in \mathcal{S}} p_{\mathrm{tra}}(s' \mid s,a^\star)\, ||v(s') - u(s')||_\infty \tag{7.16}$$

$$= \gamma\, ||v - u||_\infty \tag{7.17}$$

が成り立つ。

同様にして，$\mathfrak{L}v(s) \leq \mathfrak{L}u(s)$ である場合にも

$$0 \leq \mathfrak{L}u(s) - \mathfrak{L}v(s) \tag{7.18}$$

$$= \gamma ||u - v||_\infty \tag{7.19}$$

を示すことができる。式 (7.17)～(7.19) より

$$||\mathfrak{L}v - \mathfrak{L}u||_\infty = \max_{s \in \mathcal{S}} |v(s) - u(s)| \tag{7.20}$$

$$\leq \gamma ||u - v||_\infty \tag{7.21}$$

が示される。

◇

ベルマン写像が収縮写像であるので，ベルマン写像を反復的に適用して得られる関数は，式 (7.9) を満たす唯一の解 $v(\cdot)$ に収束することが**バナッハの不動点定理**（the Banach fixed-point theorem）により示される。

7.3 Q 学 習

本節以降では，マルコフ決定過程の状態遷移関数や報酬関数が未知であるとして，最適な方策を探る強化学習を考えよう。本節では，強化学習の一つである **Q 学習**（Q learning）[126),127)] について議論する。

マルコフ決定過程は与えられないが，マルコフ決定過程に従って状態が遷移し，報酬が得られる状況において，行動をとった履歴が Q 学習の訓練データとして与えられる。すなわち，各時点 t の状態 s_t と，そのときにとった行動 a_t と，その結果得られた報酬 r_t と，遷移した状態 s_{t+1} とが訓練データ $\mathcal{D}$ となる。

$$\mathcal{D} \equiv \{(s_t, a_t, r_t, s_{t+1})\}_{t=0,1,\cdots} \tag{7.22}$$

このとき，訓練データは必ずしも 1 本の履歴である必要はなく，複数の初期状態からの履歴であってもよい。極端な場合を考えると，それぞれ独立した (s_t, a_t, r_t, s_{t+1}) の四つ組の集合が訓練データであっても構わない。ただし，こ

の四つ組に遷移先の状態 s_{t+1} が含まれるのが重要である。

式 (7.9) の最適性方程式に対応する，行動価値関数の最適性方程式を考えよう。

$$Q(s_t, a_t) = r(s_t, a_t) + \gamma \sum_{s_{t+1} \in \mathcal{S}} p_{\mathrm{tra}}(s_{t+1} \mid s_t, a_t) \max_{a \in \mathcal{A}} Q(s_{t+1}, a) \tag{7.23}$$

この等式を満たす行動価値関数（Q 関数）を反復的な手法で求めたい。

あるステップまでに求まった行動価値関数をターゲットの関数 Q' として

$$Q(s_t, a_t) = r(s_t, a_t) + \gamma \sum_{s_{t+1} \in \mathcal{S}} p_{\mathrm{tra}}(s_{t+1} \mid s_t, a_t) \max_{a \in \mathcal{A}} Q'(s_{t+1}, a) \tag{7.24}$$

を満たすように，関数 Q を更新できればよい。これは価値反復法にほかならないが，いまは p_{tra} や r がわからない。

そこで，上式の右辺を期待値の形に書きなおしてみよう。

$$Q(s_t, a_t) = \mathbb{E}\left[r(s_t, a_t) + \gamma \max_{a \in \mathcal{A}} Q'(S_{t+1}, a) \mid S_t = s_t, A_t = a_t \right] \tag{7.25}$$

この両辺の二乗誤差を目的関数として最小化を試みよう。$q \equiv Q(s_t, a_t)$ と書くと，二乗誤差は

$$f(q) \equiv \left(q - \mathbb{E}\left[r(s_t, a_t) + \gamma \max_{a \in \mathcal{A}} Q'(S_{t+1}, a) \mid S_t = s_t, A_t = a_t \right] \right)^2 \tag{7.26}$$

であるから，その q に関する偏微分はつぎのように得られる。

$$\frac{\partial f(q)}{\partial q} = 2 \left(q - \mathbb{E}\left[r(s_t, a_t) + \gamma \max_{a \in \mathcal{A}} Q'(S_{t+1}, a) \mid S_t = s_t, A_t = a_t \right] \right) \tag{7.27}$$

上式の右辺の全体も $p_{\mathrm{tra}}(\cdot \mid s_t, a_t)$ に関する期待値の形をしているので，確率的勾配法が適用できる。すなわち，$p_{\mathrm{tra}}(\cdot \mid s_t, a_t)$ に従って，s_{t+1} をサンプリングして，確率的勾配

$$\frac{\partial f(q)}{\partial q}(\omega) = 2\left(q - r(s_t, a_t) - \gamma \max_{a \in \mathcal{A}} Q'(s_{t+1}, a)\right) \tag{7.28}$$

に従って，q を更新する。学習率を $\eta/2$ とすると

$$q \leftarrow q - \eta\left(q - r(s_t, a_t) - \gamma \max_{a \in \mathcal{A}} Q'(s_{t+1}, a)\right) \tag{7.29}$$

が更新規則である。$q \equiv Q(s_t, a_t)$ であるから，$r_t = r(s_t, a_t)$ として上式を整理すると

$$Q(s_t, a_t) \leftarrow (1-\eta)\, Q(s_t, a_t) + \eta\left(r_t + \gamma \max_{a \in \mathcal{A}} Q'(s_{t+1}, a)\right) \tag{7.30}$$

が得られる。

式 (7.22) の強化学習の訓練データは，(s_t, a_t, r_t, s_{t+1}) の四つ組からなり，s_{t+1} は $p_{\mathrm{tra}}(\cdot \mid s_t, a_t)$ に従ってサンプリングされたものである。また，即時報酬が確率的である場合にも，式 (7.25) の期待値は，状態遷移と即時報酬に関する期待値であり，訓練データにある r_t は (s_t, a_t) を所与としたときの即時報酬の条件付き確率分布に従ってサンプリングされたものである。これらのことから，強化学習の訓練データを用いた，式 (7.30) の確率的勾配法が正当化される。

学習率が式 (1.39), (1.40) を満たして確率的勾配法が収束するときには，$Q = Q'$ から始めて，式 (7.30) の更新を繰り返すと，式 (7.26) の二乗誤差が零に収束する。これはアルゴリズム 7.2 の価値反復法の 1 ステップにほかならない。ただし，二乗誤差が零に収束するには，訓練データからのサンプルが，真のマルコフ決定過程からのサンプルと同じである必要がある。例えば，訓練データが少なく，ある状態 s である行動 a を一度しかとったことがなければ，次状態は一つに決まってしまうので，状態遷移が確定的でない限り，訓練データからのサンプルと真のマルコフ決定過程からのサンプルとは異なってしまう。

二乗誤差が零に収束してから

$$Q' \leftarrow Q \tag{7.31}$$

で置き換えて，また式 (7.30) の確率的勾配法を繰り返せばよい。この Q 学習をアルゴリズム 7.4 にまとめておこう。

アルゴリズム 7.4　Q 学習

1: **Input:** $\mathcal{D}$, γ
2: $Q(s,a) \leftarrow 0, \forall s \in \mathcal{S}, a \in \mathcal{A}$
3: **while** 停止条件を満たすまで **do**
4: 　$Q' \leftarrow Q$
5: 　**while** 停止条件を満たすまで **do**
6: 　　$\mathcal{D}$ から (s_t, a_t, r_t, s_{t+1}) をサンプリング
7: 　　$Q(s_t,a_t) \leftarrow (1-\eta)\,Q(s_t,a_t) + \eta\left(r_t + \gamma \max_{a\in\mathcal{A}} Q'(s_{t+1},a)\right)$
8: 　**end while**
9: **end while**
10: **Return:** Q

なお，アルゴリズム 7.4 の内側の while ループを 1 反復で止めても，一定の条件を満たせば Q 学習は収束する[127)]。このとき，行動価値関数の更新規則は

$$Q(s_t,a_t) \leftarrow (1-\eta)\,Q(s_t,a_t) + \eta\left(r_t + \gamma \max_{a\in\mathcal{A}} Q(s_{t+1},a)\right) \tag{7.32}$$

となるが，学習率 η は式 (1.39)，(1.40) を満たすようにする。通常，アルゴリズム 7.4 の内側の while ループを 1 反復で止める手法が Q 学習と呼ばれるが，反復させることで学習が安定することがある[67)]。

また，アルゴリズム 7.4 のステップ 6 における訓練データからのサンプルは，各反復で独立に選ぶ必要はない。時点 $t=0$ のサンプルから順に選んで用いても，一定の条件を満たせば Q 学習は収束する[127)]。

したがって，あらかじめ得られている訓練データを用いて行動価値関数を（バッチで）学習するのではなく，行動価値関数を（オンラインで）学習しながら訓練データのサンプルを取得していってもよい。すなわち，時点 t の訓練データ (s_t, a_t, r_t, s_{t+1}) を使って，式 (7.32) で行動価値関数を更新したら，状態 s_{t+1} でつぎの行動 a_{t+1} をとり，即時報酬 r_{t+1} を得てつぎの状態 s_{t+2} に遷移する。

そうしたら，つぎの訓練データ $(s_{t+1}, a_{t+1}, r_{t+1}, s_{t+2})$ を使って，式 (7.32) で行動価値関数を更新することを繰り返す。

ただし，Q 学習は価値関数の推定のための手法であって，効果的に訓練データを取得するために，行動をどのように選ぶべきかについてはなにも規定しない。一方で，Q 学習の収束のためには，すべての状態においてすべての行動が無限に選ばれる必要がある。また，実際に行動して訓練データを取得しながら価値関数を推定する際には，訓練データを取得している間にもできるだけ多くの累積報酬を得たいことがある。その場合には，各時点で推定されている行動価値関数によると良いと思われる行動を選び（**活用**（exploitation）し）ながらも，それまでにあまり選んだことのない行動も選んで（**探索**（exploration）して），その行動に関する行動価値関数をよりよく推定していく必要がある。

7.4 活用と探索

活用と探索のトレードオフを考慮して行動を選ぶ代表的な手法に，**ε 貪欲法**（epsilon greedy）と**ボルツマン探索法**（Boltzmann exploration）がある。これらの手法は，推定された行動価値関数に基づいて，良いと推定される行動を高い確率で選ぶが，そうでない行動も低い確率で選ぶことで，活用と探索の両者を実現しようとする。本節では，ある時点までに推定された行動価値関数 $\hat{Q}$ を用いて，ある状態 s における行動を選ぶ方法を考えよう。

ε 貪欲法は，確率 $1-\varepsilon$ で，最適と推定される行動

$$a^\star = \operatorname*{argmax}_{a \in \mathcal{A}} \hat{Q}(s, a) \tag{7.33}$$

をとり，確率 ε で $\mathcal{A}$ から一様ランダムに（等確率で）行動を一つ選ぶ。

ε 貪欲法は $\varepsilon = 0$ で完全に貪欲となり，最適と推定される行動をつねに選ぶ。$\hat{Q}$ が真の行動価値関数と一致していれば，貪欲な行動の選び方が最適であるが，そうでなければ，実際は良くない行動を最適と推定して，その行動を選び続けてしまう。真に最適な行動 a' が選ばれることがないので，$\hat{Q}(s, a')$ の値が真の

値に近づくこともなく，いつまでも選ばれることがない。

一方で，$\varepsilon = 1$ とすると，ε 貪欲法は探索だけを繰り返してしまう。すべての行動が等確率で選ばれるので，どの行動 a についても $\hat{Q}(s,a)$ の値が真の値に近づく。漸近的に行動価値関数はうまく推定されるが，その推定結果を活用することがない。

活用と探索のトレードオフを考えて，ε を適切な値に設定する必要がある。ε を 1 に近い値から始めて，徐々に小さな値にしていくのが理にかなっているだろう。行動価値関数がうまく推定できていないときには探索を優先して，推定の精度が上がるにつれて，推定結果を活用するようにしていくのである。

ボルツマン探索法は，温度パラメータ τ を持ち，各行動 $a \in \mathcal{A}$ を確率

$$p(a) = \frac{\exp\left(\tau^{-1}\,\hat{Q}(s,a)\right)}{\sum_{\tilde{a}\in\mathcal{A}} \exp\left(\tau^{-1}\,\hat{Q}(s,\tilde{a})\right)} \tag{7.34}$$

で選ぶ。温度パラメータは $0 < \tau < \infty$ とする。

ボルツマン探索法は，$\tau \to 0$ で，最適と推定される行動を確率 1 で選ぶ貪欲法に近づく。また，$\tau \to \infty$ で，すべての行動を同じ確率で選ぶようになる。ε 貪欲法のパラメータ ε と同様に，活用と探索のトレードオフを考えて，温度パラメータ τ を適切な値に設定する必要がある。ここでも，高い温度から始めて，徐々に温度を低くしていくのが理にかなっているだろう。

7.5 SARSA 法

ε 貪欲法やボルツマン探索法で行動を選びながら，Q 学習で価値関数をオンラインで推定するときにも，Q 学習で推定される価値関数は，最適方策に従って行動を選ぶときの期待累積報酬を表す。このとき，ε 貪欲法では $\varepsilon = 0$ とする必要はなく，ボルツマン探索法では $\tau \to 0$ とする必要はない。すなわち，最適方策に従って行動を選んでいなくても，最適方策に従うときの期待累積報酬が推定される。ある方策（最適方策）に従うときの期待累積報酬を推定するの

に，別の方策に従って得られた訓練データを用いるので，Q 学習は**オフ方策**（off policy）の手法と呼ばれる。

これに対して，ε 貪欲法やボルツマン探索法などを方策として行動を選びながら，その方策に従うときの期待累積報酬を推定する手法を**オン方策**（on policy）と呼ぶ。このとき，推定された期待累積報酬に基づいて，方策を徐々に更新していってもよい。Q 学習に対応するオン方策の手法は **SARSA 法**[97]（state-action-reward-state-action（状態-行動-報酬-状態-行動））と呼ばれる。SARSA は，その更新式に現れる変数に対応している。

式 (7.23) の最適性方程式は，最適方策に従ったときの累積期待報酬 Q が満たすべき等式であるが，ある特定の方策 π に従ったときの累積期待報酬 Q^π は

$$Q^\pi(s_t, a_t) = r_t + \gamma \sum_{s_{t+1} \in \mathcal{S}} p_{\mathrm{tra}}(s_{t+1} \mid s_t, a_t)\, Q^\pi(s_{t+1}, a_{t+1}) \qquad (7.35)$$

を満たすことを，式 (7.23) と同様にして確認することができる。なお，a_{t+1} は π と s_{t+1} に基づいて選ばれる行動である。この Q^π を，方策 π における**行動価値関数**と呼ぶ。単に行動価値関数というときには，最適方策における行動価値関数を意味する。

式 (7.30) の Q 学習の更新則に対応して，ターゲットの行動価値関数を用いる SARSA 法の更新則

$$Q^\pi(s_t, a_t) \leftarrow (1-\eta)\, Q^\pi(s_t, a_t) + \eta \left(r_t + \gamma {Q'}^\pi(s_{t+1}, a_{t+1})\right) \qquad (7.36)$$

が得られる。また，式 (7.32) の Q 学習の更新則に対応して，各反復ごとに行動価値関数を更新する SARSA 法の更新則

$$Q^\pi(s_t, a_t) \leftarrow (1-\eta)\, Q^\pi(s_t, a_t) + \eta \left(r_t + \gamma Q^\pi(s_{t+1}, a_{t+1})\right) \qquad (7.37)$$

が得られる。これらが SARSA 法の更新則であり，右辺に $s_t, a_t, r_t, s_{t+1}, a_{t+1}$ が現れるのが，その名前の由来である。なお，Q 学習と同様に，学習率 η は式 (1.39)，(1.40) を満たすようにする。

アルゴリズム 7.5 に SARSA 法をまとめておこう。ここでは，状態 s で方策 π によって選ばれる行動を $\pi(s)$ と書く。ステップ 7 で方策を改善し，ステップ 8 からの while ループで方策を評価する。Q 学習と同様に，ステップ 10 からの while ループを 1 反復で止めてもよく，またステップ 8 からの while ループも 1 反復で止めてもよい。通常，これらの while ループを 1 反復で止める手法が SARSA 法と呼ばれる。

アルゴリズム 7.5　SARSA 法

1: **Input:** γ, π_0
2: $\pi \leftarrow \pi_0$
3: $Q^\pi(s,a) \leftarrow 0, \forall s \in \mathcal{S}, a \in \mathcal{A}$
4: $t \leftarrow 0$
5: $a_0 \leftarrow \pi(s_0)$
6: **while** 停止条件を満たすまで **do**
7: 　Q^π に基づいて π を更新
8: 　**while** 停止条件を満たすまで **do**
9: 　　$Q'^\pi \leftarrow Q^\pi$
10: 　　**while** 停止条件を満たすまで **do**
11: 　　　$a_{t+1} \leftarrow \pi(s_{t+1})$
12: 　　　$Q^\pi(s_t,a_t) \leftarrow (1-\eta)\,Q^\pi(s_t,a_t) + \eta\,\left(r_t + \gamma Q'^\pi(s_{t+1},a_{t+1})\right)$
13: 　　　$t \leftarrow t+1$
14: 　　**end while**
15: 　**end while**
16: **end while**
17: **Return:** Q^π

SARSA 法によって，方策は最適方策に収束し，また価値関数も最適方策の価値関数に収束させることができるが，一定の条件が必要である。特に，行動の選び方については，以下の二つの条件のもとでの収束性が証明されている[112]。

① 各状態で各行動が無限に選ばれる。

② 反復回数無限大の極限において，確率 1 で，方策が行動価値関数について貪欲となる。

これらを合わせて，**無限の探索の極限で貪欲**（greedy in the limit with infinite exploration, **GLIE**）条件と呼ばれる。ε 貪欲法やボルツマン探索法は，ε や τ の値をうまく変えていくことで GLIE 条件を満たす[112]。

ε 貪欲法の場合，パラメータ ε を各状態について用意し，時点 t での状態 s のパラメータを $\varepsilon_t(s)$ とするとき

$$\varepsilon_t(s) = \frac{c}{n_t(s)} \tag{7.38}$$

で $\varepsilon(s)$ を変えていくことで GLIE 条件を満たす。ただし，時点 t までの状態 s への訪問回数を $n_t(s)$ とし，$0 < c < 1$ とする。

ボルツマン探索法の場合，温度パラメータを各状態について用意し，時点 t での状態 s の温度パラメータを $\tau_t(s)$ とするとき

$$\tau_t(s) = \frac{\max_{a \in \mathcal{A}} |Q_t(s, a^\star) - Q_t(s, a)|}{\ln n_t(s)} \tag{7.39}$$

で $\tau_t(s)$ を変えていくことで GLIE 条件を満たす。ただし，時点 t で推定されている行動価値関数を Q_t として

$$a^\star \equiv \operatorname*{argmax}_{a \in \mathcal{A}} Q_t(s, a) \tag{7.40}$$

とする。

7.6 方策反復法

アルゴリズム 7.5 のように SARSA 法を書くと，ステップ 7 の**方策改善** (policy improvement) と，ステップ 8 からの while ループの**方策評価** (policy evaluation) とを繰り返す，**方策反復法**[39] (policy iteration) とみることができる。本節では，この方策反復法について考えるが，読み飛ばしても以降の理解を妨げるものではない。

本節ではマルコフ決定過程が与えられ，状態遷移関数や報酬関数が既知であるとする計画法を考えよう。式 (7.9) の価値関数が満たす最適性方程式と同様に，任意の方策 π における価値関数 v^π は以下の等式を満たすことを確認しよう。

$$v^\pi(s) = r(s, \pi(s)) + \gamma \sum_{s' \in \mathcal{S}} p_{\mathrm{tra}}(s' \mid s, \pi(s))\, v^\pi(s') \tag{7.41}$$

ただし，状態 s で方策 π によって選ばれる行動を $\pi(s)$ とする。

よって，各 $s \in \mathcal{S}$ についての $v^\pi(s)$ を要素とする列ベクトルを $\mathbf{v}^\pi$ とし，各 $s \in \mathcal{S}$ についての $r(s,\pi(s))$ を要素とする列ベクトルを $\mathbf{r}^\pi$ とし，各 $(s,s') \in \mathcal{S}\times\mathcal{S}$ についての $p_{\mathrm{tra}}(s' \mid s,\pi(s))$ を要素とする行列を $\mathbf{P}^\pi_{\mathrm{tra}}$ とすると，π の価値関数 $\mathbf{v}^\pi$ は以下の連立一次方程式を解くことで求まる。

$$(\mathbf{I} - \gamma\,\mathbf{P}^\pi_{\mathrm{tra}})\,\mathbf{v}^\pi = \mathbf{r}^\pi \tag{7.42}$$

これが方策評価である。

つぎに，π の価値関数 v^π を用いて，各状態 $s \in \mathcal{S}$ について

$$\pi'(s) = \operatorname*{argmax}_{a\in\mathcal{A}} r(s,a) + \gamma \sum_{s'\in\mathcal{S}} p_{\mathrm{tra}}(s' \mid s,a)\,v^\pi(s') \tag{7.43}$$

となる方策 π' を考える。この方策は，すべての状態 $s \in \mathcal{S}$ において，価値関数を減少させることはない。これをつぎの補題 7.1 で確認しよう。

補題 7.1　　式 (7.43) で得られる方策 π' の価値関数 $v^{\pi'}$ は，すべての $s \in \mathcal{S}$ について次式を満たす。

$$v^{\pi'}(s) \geq v^\pi(s) \tag{7.44}$$

※　証明は章末問題【 **2** 】とする。

方策反復法は，式 (7.41) の方策評価と式 (7.43) の方策改善を繰り返すが，$v^{\pi'}(s) = v^\pi(s)$ を満たすと停止する。補題 7.1 より，方策の価値関数は単調増加するので，状態数と行動数が有限のときには，方策反復法は有限回数で停止する。

また，停止したときには，式 (7.43) より

$$\max_{a\in\mathcal{A}} r(s,a) + \gamma \sum_{s'\in\mathcal{S}} p_{\mathrm{tra}}(s' \mid s,a)\,v^\pi(s')$$

$$= r(s, \pi'(s)) + \gamma \sum_{s' \in \mathcal{S}} p_{\mathrm{tra}}(s' \mid s, \pi'(s))\, v^{\pi}(s') \tag{7.45}$$

が成り立つので，上式右辺に $v^{\pi}(s') = v^{\pi'}(s')$ を代入して

$$\max_{a \in \mathcal{A}} r(s, a) + \gamma \sum_{s' \in \mathcal{S}} p_{\mathrm{tra}}(s' \mid s, a)\, v^{\pi}(s')$$

$$= r(s, \pi'(s)) + \gamma \sum_{s' \in \mathcal{S}} p_{\mathrm{tra}}(s' \mid s, \pi'(s))\, v^{\pi'}(s') \tag{7.46}$$

$$= v^{\pi'}(s) \tag{7.47}$$

が得られる。ただし，最後の等式は式 (7.41) を用いて示すことができる。よって，$v^{\pi'}$ は最適性方程式を満たすので，π' は最適方策である。

価値反復法が有限回の反復では一般に最適方策を見つけられないのに対して，方策反復法は有限回の反復で最適方策を見つけることが確認された。アルゴリズム 7.6 に方策反復法をまとめておこう。

アルゴリズム 7.6　方策反復法

1: **Input:** γ, π'
2: **repeat**
3: 　$\pi \leftarrow \pi'$
4: 　（方策評価）$\mathbf{v}^{\pi} = (\mathbf{I} - \gamma\, \mathbf{P}^{\pi}_{\mathrm{tra}})^{-1}\, \mathbf{r}^{\pi}$
5: 　**for** $s \in \mathcal{S}$ **do**
6: 　　（方策改善）$\pi'(s) = \operatorname*{argmax}_{a \in \mathcal{A}} r(s, a) + \gamma \sum_{s' \in \mathcal{S}} p_{\mathrm{tra}}(s' \mid s, a)\, v^{\pi}(s')$
7: 　**end for**
8: **until** $\mathbf{v}^{\pi} = \mathbf{v}^{\pi'}$
9: **Return:** π'

方策反復法の方策評価は，状態数 $|\mathcal{S}|$ について，$O(|\mathcal{S}|^3)$ の計算量を要するので，状態が多いときには計算量的に困難になる。しかし，ある方策の価値関数を厳密に評価するのが目的ではなく，方策を改善するのが目的であるから，より良い方策を見つけられる程度の精度で方策が評価できれば十分である。

そこで

$$\mathbf{v}^{\pi} \leftarrow \mathbf{r}^{\pi} + \gamma\, \mathbf{P}^{\pi}_{\mathrm{tra}}\, \mathbf{v}^{\pi} \tag{7.48}$$

を繰り返すことで，反復的に方策 π の価値関数を近似的に求める手法が考えられる。方策反復法の方策評価を，このように近似的に価値関数を反復的に求める手法に置き換えたものを，**修正方策反復法**（modified policy iteration）と呼ぶ。

アルゴリズム 7.7 に修正方策反復法を示している。修正方策反復法で更新される価値関数は，最適方策の価値関数に収束することが知られている[90)]。方策評価の反復を無限に行って厳密に評価すると，修正方策反復法は，方策評価の仕方を除いて方策反復法と一致する。また，方策評価の反復を 1 回だけ行うとき，修正方策反復法は価値反復法と一致する。

アルゴリズム 7.7　修正方策反復法

1: **Input:** γ, π'
2: $\mathbf{v}^{\pi} \leftarrow \mathbf{0}$
3: **repeat**
4: 　$\pi \leftarrow \pi'$
5: 　**while** 停止条件を満たすまで **do**
6: 　　$\mathbf{v}^{\pi} \leftarrow \mathbf{r}^{\pi} + \gamma \mathbf{P}^{\pi}_{\mathrm{tra}} \mathbf{v}^{\pi}$
7: 　**end while**
8: 　**for** $s \in \mathcal{S}$ **do**
9: 　　$\pi'(s) = \operatorname*{argmax}_{a \in \mathcal{A}} r(s,a) + \gamma \sum_{s' \in \mathcal{S}} p_{\mathrm{tra}}(s' \mid s,a)\, v^{\pi}(s')$
10: 　**end for**
11: **until** $\mathbf{v}^{\pi} = \mathbf{v}^{\pi'}$
12: **Return:** $\pi', \mathbf{v}^{\pi'}$

アルゴリズム 7.5 の SARSA 法は，修正方策反復法の強化学習版の一種とも考えることができる。SARSA 法のステップ 8 からの while ループは，修正方策反復法のステップ 5 からの while ループの方策評価に対応する。ただし，SARSA 法は，状態遷移関数を未知として，状態遷移関数に基づくサンプルを用いて方策を評価している。また，SARSA 法では，活用と探索のトレードオフを考慮して行動を選ぶ必要があるので，方策は確率的であるとし，ステップ 7 の方策改善ではこの確率的な方策を更新する。

7.7 価値関数の近似

計画法から強化学習に話を戻そう。Q 学習や SARSA 法のような価値関数に基づく強化学習は，状態の数や行動の数が増えると計算量的に困難になる。

例えば，考慮する各要素の状態の組合せによってシステム全体の状態が決まるときには，状態の数は要素の数に対して指数的に大きくなる。これは**次元の呪（のろ）い** (curse of dimensionality)[7] として知られている。例えば，ロボットが道具を使って棚から商品を取り出して箱に入れる仕事を考えた場合，ロボットの向きなどの状態，道具の位置などの状態，棚の扉が開いているか閉じているかの状態，商品の棚の中の位置の状態，箱になにが入っているかの状態などが，各要素の状態になるが，これらの組合せによって，最適な行動が変わってくる。

状態数や行動数が大きい場合には，表の形で行動価値関数を保存することができなくなる。また，大きな主記憶装置を用いて表を保存することができたとしても，表の各要素の値を十分な精度で推定するには大量の訓練データが必要となる。

そこで，行動価値関数 Q を，パラメータ $\boldsymbol{\theta}$ を持つ関数 $Q_{\boldsymbol{\theta}}$ で近似することを考えよう。表で Q を持つときには，各 $(s,a) \in \mathcal{S} \times \mathcal{A}$ の対について，$Q(s,a)$ の値を推定する必要があったが，関数近似をするときには $\boldsymbol{\theta}$ の値を推定する。これにより，$(s,a) \in \mathcal{S} \times \mathcal{A}$ が与えられたときに，$Q_{\boldsymbol{\theta}}(s,a)$ の値を返すことができるようになる。

7.7.1 Q 学習での関数近似

まず，Q 学習における関数近似[92] を考えよう。式 (7.26) の二乗誤差は，関数近似を用いた場合には

$$\left(Q_{\boldsymbol{\theta}}(s_t, a_t) - \mathbb{E}\left[r(s_t, a_t) + \gamma \max_{a \in \mathcal{A}} Q'(S_{t+1}, a) \right] \right)^2 \tag{7.49}$$

となる。

ここでは，状態 S と行動 A に関する定常状態における期待二乗誤差の最小化を考えよう。簡潔に書くために

$$\Delta_{\boldsymbol{\theta}}(s,a) \equiv Q_{\boldsymbol{\theta}}(s,a) - \mathbb{E}\left[r(s,a) + \gamma \max_{\tilde{a}\in\mathcal{A}} Q'(S_{t+1},\tilde{a}) \mid S_t = s, A_t = a\right] \tag{7.50}$$

と定義すると，期待二乗誤差は次式で書ける。

$$f(\boldsymbol{\theta}) \equiv \mathbb{E}\left[\Delta_{\boldsymbol{\theta}}(S,A)^2\right] \tag{7.51}$$

この二乗誤差の $\boldsymbol{\theta}$ についての勾配は

$$\boldsymbol{\nabla} f(\boldsymbol{\theta}) = 2\,\mathbb{E}\left[\Delta_{\boldsymbol{\theta}}(S,A)\,\boldsymbol{\nabla} Q_{\boldsymbol{\theta}}(S,A)\right] \tag{7.52}$$

と書けるので，式 (7.50) の $\Delta_{\boldsymbol{\theta}}$ の定義より

$$\begin{aligned}&\boldsymbol{\nabla} f(\boldsymbol{\theta})\\&\quad = 2\,\mathbb{E}\left[\left(Q_{\boldsymbol{\theta}}(S_t,A_t) - r(S_t,A_t) - \gamma \max_{\tilde{a}\in\mathcal{A}} Q'(S_{t+1},\tilde{a})\right) \boldsymbol{\nabla} Q_{\boldsymbol{\theta}}(S_t,A_t)\right]\end{aligned} \tag{7.53}$$

が得られる。ただし，定常状態における状態 S_t と，その状態での行動 A_t と次状態 S_{t+1} に関する期待値を $\mathbb{E}$ で表す。

勾配が期待値の形で書けるので，確率的勾配

$$\boldsymbol{\nabla} f(\boldsymbol{\theta})(\omega) = 2\,\Delta_{\boldsymbol{\theta}}(\omega)\,\boldsymbol{\nabla} Q_{\boldsymbol{\theta}}(S_t(\omega),A_t(\omega)) \tag{7.54}$$

を用いることができる。ただし，上式の $\Delta_{\boldsymbol{\theta}}(\omega)$ は次式で定義する。

$$\Delta_{\boldsymbol{\theta}}(\omega) \equiv Q_{\boldsymbol{\theta}}(S_t(\omega),A_t(\omega)) - R_t(\omega) - \gamma \max_{\tilde{a}\in\mathcal{A}} Q'(S_{t+1}(\omega),\tilde{a}) \tag{7.55}$$

すなわち，各時点 t において，状態・行動・即時報酬・次状態の組

$$(S_t(\omega), A_t(\omega), R_t(\omega), S_{t+1}(\omega)) \tag{7.56}$$

のサンプルが得られたら，学習率を $\eta/2$ として

$$\boldsymbol{\theta} \leftarrow \boldsymbol{\theta} + \eta\,\Delta_{\boldsymbol{\theta}}(\omega)\,\boldsymbol{\nabla} Q_{\boldsymbol{\theta}}(S_t(\omega), A_t(\omega)) \tag{7.57}$$

によって，パラメータ $\boldsymbol{\theta}$ を更新する。

関数近似を用いたQ学習をアルゴリズム7.8にまとめておこう。このアルゴリズムは，最適方策の価値関数には収束しないのが普通である。関数近似器 $Q_{\boldsymbol{\theta}}$ が，最適方策の価値関数を表現できるとは限らないし，また，各反復において，式(7.51)の二乗誤差を0にする $Q_{\boldsymbol{\theta}}$ が存在するとも限らない。最適方策の価値関数に収束させるためには，ステップ6のサンプリングを各反復で十分に行うとともに，関数近似器が定義される空間を大きくしていく必要がある[68]。また，アルゴリズム7.8は，勾配法に基づいてパラメータ $\boldsymbol{\theta}$ を更新しているが，局所最適解が二乗誤差を最小にするとは限らないのも問題である。二乗誤差を最小とするには，二乗誤差がパラメータについて凸関数となるように $Q_{\boldsymbol{\theta}}$ の形を限定するか，二乗誤差を最小にできる別の手法を用いる必要がある。

アルゴリズム 7.8　関数近似を用いたQ学習

```
1: Input: D, γ
2: θ を任意の値に初期化
3: while 停止条件を満たすまで do
4:     θ' ← θ
5:     while 停止条件を満たすまで do
6:         D から (s_t, a_t, r_t, s_{t+1}) をサンプリング
7:         Δ ← Q_θ(s_t, a_t) − r_t − γ max_{ã∈A} Q_θ'(s_{t+1}, ã)
8:         θ ← θ + η Δ ∇Q_θ(s_t, a_t)
9:     end while
10: end while
11: Return: Q
```

7.7.2 SARSA法での関数近似

関数近似を用いるSARSA法（アルゴリズム7.9）も，Q学習の場合と同様にして導くことができる。まず，$\Delta'_{\boldsymbol{\theta}}(\omega)$ を次式で定義しよう。

アルゴリズム 7.9 関数近似を用いた SARSA 法

1: **Input:** γ, π_0
2: $\pi \leftarrow \pi_0$
3: $\boldsymbol{\theta}$ を任意の値に初期化
4: $t \leftarrow 0$
5: $a_0 \leftarrow \pi(s_0)$
6: **while** 停止条件を満たすまで **do**
7: $\quad Q^\pi_{\boldsymbol{\theta}}$ に基づいて π を更新
8: $\quad$ **while** 停止条件を満たすまで **do**
9: $\quad\quad \boldsymbol{\theta}' \leftarrow \boldsymbol{\theta}$
10: $\quad\quad$ **while** 停止条件を満たすまで **do**
11: $\quad\quad\quad a_{t+1} \leftarrow \pi(s_{t+1})$
12: $\quad\quad\quad \Delta \leftarrow Q^\pi_{\boldsymbol{\theta}}(s_t, a_t) - r_t - \gamma Q^\pi_{\boldsymbol{\theta}'}(s_{t+1}, a_{t+1})$
13: $\quad\quad\quad \boldsymbol{\theta} \leftarrow \boldsymbol{\theta} + \eta \Delta \boldsymbol{\nabla} Q^\pi_{\boldsymbol{\theta}}(s_t, a_t)$
14: $\quad\quad$ **end while**
15: $\quad\quad t \leftarrow t + 1$
16: $\quad$ **end while**
17: **end while**
18: **Return:** Q^π

$$\Delta'_{\boldsymbol{\theta}}(\omega) \equiv Q^\pi_{\boldsymbol{\theta}}(S_t(\omega), A_t(\omega)) - R_t(\omega) - \gamma Q^\pi_{\boldsymbol{\theta}'}(S_{t+1}(\omega), A_{t+1}(\omega)) \tag{7.58}$$

各時点 t において，状態・行動・即時報酬・次状態・次行動の組

$$(S_t(\omega), A_t(\omega), R_t(\omega), S_{t+1}(\omega), A_{t+1}(\omega)) \tag{7.59}$$

のサンプルが得られたら，学習率を $\eta/2$ として

$$\boldsymbol{\theta} \leftarrow \boldsymbol{\theta} + \eta \Delta'_{\boldsymbol{\theta}}(\omega) \boldsymbol{\nabla} Q^\pi_{\boldsymbol{\theta}}(S_t(\omega), A_t(\omega)) \tag{7.60}$$

によって，パラメータ $\boldsymbol{\theta}$ を更新する。

なお，式 (7.58) の $\Delta'_{\boldsymbol{\theta}}(\omega)$ は，特に $\boldsymbol{\theta} = \boldsymbol{\theta}'$ のとき，**TD 誤差**（temporal difference error）と呼ばれる。ここで $Q^\pi_{\boldsymbol{\theta}}(S_t(\omega), A_t(\omega))$ は，時点 t から得られる期待累積報酬の近似値であり，$R_t(\omega) + \gamma Q^\pi_{\boldsymbol{\theta}'}(S_{t+1}(\omega), A_{t+1}(\omega))$ は，時点 t で得られた即時報酬に時点 $t+1$ から得られる期待累積報酬の近似値を加えたものである。$Q^\pi_{\boldsymbol{\theta}}$ が真の期待累積報酬であれば，TD 誤差の期待値は零になるは

ずである。TD 誤差の期待値が小さくなるように $\boldsymbol{\theta}$ が求めようとするのが，関数近似を用いた SARSA 法である。

7.8 自由エネルギーを用いた強化学習

前置きが長くなったが，いよいよボルツマンマシンを強化学習に用いてみよう。ここではボルツマンマシンの自由エネルギーを行動価値関数の関数近似器として用いる手法を考える。特に，**図 7.1** の制限ボルツマンマシンを考えよう。

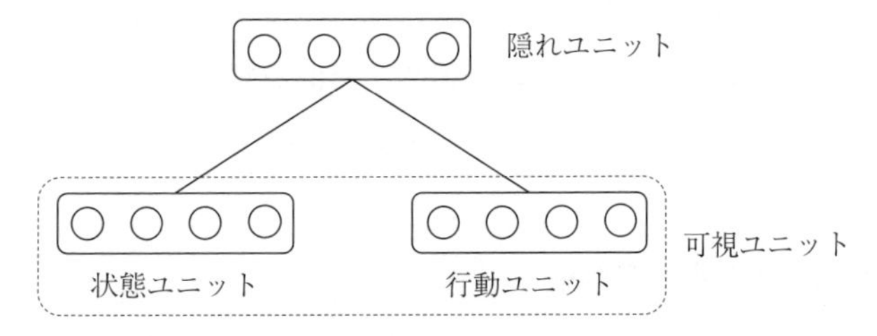

図 7.1 強化学習に用いる制限ボルツマンマシン

可視ユニットは，状態を表す状態ユニットと，行動を表す行動ユニットとに分けられる。状態ユニットの値を $\mathbf{s}$，行動ユニットの値を $\mathbf{a}$，隠れユニットの値を $\mathbf{h}$ と書こう。このとき，制限ボルツマンマシンのエネルギーは

$$E_{\boldsymbol{\theta}}(\mathbf{s}, \mathbf{a}, \mathbf{h}) = -\mathbf{b}^{\top} \begin{pmatrix} \mathbf{s} \\ \mathbf{a} \\ \mathbf{h} \end{pmatrix} - \begin{pmatrix} \mathbf{s} \\ \mathbf{a} \end{pmatrix}^{\top} \mathbf{W}\, \mathbf{h} \tag{7.61}$$

で，自由エネルギーは

$$F_{\boldsymbol{\theta}}(\mathbf{s}, \mathbf{a}) = -\log \sum_{\tilde{\mathbf{h}}} \exp\left(-E_{\boldsymbol{\theta}}(\mathbf{s}, \mathbf{a}, \tilde{\mathbf{h}})\right) \tag{7.62}$$

と書ける。

状態 $s \in \mathcal{S}$ を二値ベクトル $\mathbf{s}$ で表し，行動 $a \in \mathcal{A}$ を二値ベクトル $\mathbf{a}$ で表し，自由エネルギーを用いて方策 π の行動価値関数を

$$Q^{\pi}_{\boldsymbol{\theta}}(s,a) = -F_{\boldsymbol{\theta}}(\mathbf{s},\mathbf{a}) \tag{7.63}$$

で近似しよう[86),101)~103)]。

図7.1の制限ボルツマンマシンは，N_{state} 個の状態ユニットを用いると，$2^{N_{\mathrm{state}}}$ 通りの状態を表現できるし，N_{action} 個の行動ユニットを用いると，$2^{N_{\mathrm{action}}}$ 通りの行動を表現できる。これにより，複数の要素の組合せで状態や行動が決まるために，状態空間や行動空間が要素数に対して指数的に大きくなる場合でも，要素数に比例する数のユニットを持つ制限ボルツマンマシンの自由エネルギーで行動価値関数を表現できる。この性質は制限ボルツマンマシンの自由エネルギーに特有であるわけでなく，関数近似の一般的な特長である。制限ボルツマンマシンの自由エネルギーの特長は7.8.2項で顕著に現れる。

7.8.1 自由エネルギーの勾配

関数近似を用いたQ学習やSARSA法では，式(7.57)や式(7.60)のように，関数近似器の勾配 $\boldsymbol{\nabla} Q^{\pi}_{\boldsymbol{\theta}}(s,a)$ を用いて，そのパラメータが更新される。制限ボルツマンマシンの自由エネルギーは，その勾配を効率的に計算できるのが特長である。

式(2.54)から，自由エネルギーの勾配は

$$\boldsymbol{\nabla} F_{\boldsymbol{\theta}}(\mathbf{s},\mathbf{a}) = \sum_{\tilde{\mathbf{h}}} \mathbb{P}_{\boldsymbol{\theta}}(\tilde{\mathbf{h}} \mid \mathbf{s},\mathbf{a})\, \boldsymbol{\nabla} E_{\boldsymbol{\theta}}(\mathbf{s},\mathbf{a},\tilde{\mathbf{h}}) \tag{7.64}$$

と書ける。状態ユニットと行動ユニットをまとめた可視ユニットのバイアスを $\mathbf{b}^{\mathrm{V}}$ と書き，隠れユニットのバイアスを $\mathbf{b}^{\mathrm{H}}$ と書くと，各種パラメータに関する勾配は以下のように書ける。

$$\boldsymbol{\nabla}_{\mathbf{b}^{\mathrm{V}}} F_{\boldsymbol{\theta}}(\mathbf{s},\mathbf{a}) = \begin{pmatrix} \mathbf{s} \\ \mathbf{a} \end{pmatrix} \tag{7.65}$$

$$\boldsymbol{\nabla}_{\mathbf{b}^{\mathrm{H}}} F_{\boldsymbol{\theta}}(\mathbf{s},\mathbf{a}) = \mathbb{E}[\boldsymbol{H} \mid \mathbf{s},\mathbf{a}] \tag{7.66}$$

$$\nabla_{\mathbf{W}} F_{\boldsymbol{\theta}}(\mathbf{s},\mathbf{a}) = \begin{pmatrix} \mathbf{s} \\ \mathbf{a} \end{pmatrix} \mathbb{E}[\boldsymbol{H} \mid \mathbf{s},\mathbf{a}]^{\top} \tag{7.67}$$

上式の $\mathbb{E}[\boldsymbol{H} \mid \mathbf{s},\mathbf{a}]$ は，$\mathbb{P}_{\boldsymbol{\theta}}(\tilde{\mathbf{h}} \mid \mathbf{s},\mathbf{a})$ に関する期待値である。式 (3.20) のとおり，可視ユニットの値が所与のもとでは隠れユニットの値はそれぞれ条件付き独立になるので，i 番目の可視ユニットの値の期待値は

$$\mathbb{E}[H_i \mid \mathbf{s},\mathbf{a}] = \frac{1}{1 + \exp\left(-b_i^{\mathrm{H}} - \mathbf{W}_{i,:}^{\top}\begin{pmatrix} \mathbf{s} \\ \mathbf{a} \end{pmatrix}\right)} \tag{7.68}$$

である。

制限ボルツマンマシンの自由エネルギーの勾配が効率的に計算できるので，この自由エネルギーを関数近似器とすると，Q 学習や SARSA 法で必要な勾配が効率的に計算できることになる。ただし，Q 学習の場合には式 (7.57) に $\max_{a \in \mathcal{A}}$ が現れるので，行動空間が大きいときには，この最大値を求めるのが困難になる。制限ボルツマンマシンにおいても，自由エネルギーを最も小さくするように，行動ユニットの値を決めるのは計算量的に困難である。

特に，複数の意思決定者が協調して行動を選ぶ場合には，それぞれの意思決定者の行動の組合せが全体の行動となるので，行動空間が意思決定者の数に対して指数的に大きくなる。また，意思決定者が一人であっても，複数個所を強調して動かす必要がある場合にも，動き（行動）の組合せの数は，動かす箇所の数に対して指数的に大きくなる。

一方で，SARSA 法には $\max_{a \in \mathcal{A}}$ が現れないので，状態・行動・即時報酬の系列が与えられれば，状態空間や行動空間が指数的に大きくても，行動価値関数を効率的に更新していくことができる。

7.8.2 ボルツマン探索

行動空間が指数的に大きなときに，SARSA 法で問題になるのが，ε 貪欲法やボルツマン探索法などによって行動を選ぶところである。Q 学習をオンライン

で用いる場合にも，同様に行動を選んでいく必要がある。ε 貪欲法は確率 $1-\varepsilon$ で行動価値関数を最大（自由エネルギーを最小）にする行動を選ぶが，行動空間が指数的に大きいときに，これが困難であるのは前節で議論したとおりである。

一方のボルツマン探索法は，式 (7.34) で示すように，ボルツマン分布に従って行動を選ぶ。制限ボルツマンマシンの自由エネルギーを関数近似器として用いる場合には，このボルツマン分布からのサンプリングは，制限ボルツマンマシンにおけるサンプリングに一致する。

方策 π を用いて状態 s での行動をボルツマン探索法で選んでみよう。方策 π の行動価値関数 Q^π を，負の自由エネルギー $-F_{\boldsymbol{\theta}}$ で近似する制限ボルツマンマシンを考える。状態 s における行動をサンプリングしたいので，状態 s に対応する二値ベクトル $\mathbf{s}$ に，状態ユニットの値を固定しよう。また，温度を τ としたいので，エネルギーを τ^{-1} 倍にする。このときの行動ユニットの値の確率分布は，以下のエネルギーを持つ制限ボルツマンマシンにおける可視ユニットの値の確率分布と等しくなることを，補題 2.1 と同様にして示すことができる。

$$
\begin{aligned}
&E_{\boldsymbol{\theta}}(\mathbf{x},\mathbf{h}) \\
&\quad = -\tau^{-1}\,(\mathbf{b}^{\mathrm{A}})^\top \mathbf{x} - \tau^{-1}\,\left((\mathbf{b}^{\mathrm{H}})^\top + \mathbf{s}^\top \mathbf{W}^{\mathrm{SH}}\right)^\top \mathbf{h} - \tau^{-1}\,\mathbf{x}^\top\,\mathbf{W}^{\mathrm{AH}}\,\mathbf{h}
\end{aligned}
\tag{7.69}
$$

ただし，元の制限ボルツマンマシンにおいて，行動ユニットのバイアスは $\mathbf{b}^{\mathrm{A}}$，隠れユニットのバイアスは $\mathbf{b}^{\mathrm{H}}$，状態ユニットと隠れユニットの間の重みは $\mathbf{W}^{\mathrm{SH}}$，行動ユニットと隠れユニットの間の重みは $\mathbf{W}^{\mathrm{AH}}$ とする。式 (7.69) のエネルギーを持つ制限ボルツマンマシンから，可視ユニットの値をサンプリングするには，アルゴリズム 3.2 のブロック化ギブスサンプラーを使えばよい。

本項では，SARSA 法をボルツマン探索法と組み合わせたときに，制限ボルツマンマシンの自由エネルギーが行動価値関数の関数近似器として望ましい性質を備えていることを議論した。特に，状態空間と行動空間が指数的に大きい場合でも，パラメータの更新に必要な勾配が効率的に計算でき，またボルツマン探索法で効率的に行動をサンプリングできることを確認した。

なお，SARSA 法ではなく**アクタークリティック法** (actor critic method) において自由エネルギーを用いて方策を表す手法[32)] や，自由エネルギーの代わりに期待エネルギーで行動価値関数を近似する手法[26)] も提案されている。行列式点過程のエネルギーに対応する行列式で行動価値関数を近似する SARSA 法[84)] も，自由エネルギーを用いた SARSA 法と同様の特長を持つ。

7.9 部分観測環境における強化学習

本節では，マルコフ性を持つ状態が直接観測できない場合を考えよう。

7.9.1 部分観測マルコフ決定過程

マルコフ性を持つ状態を観測できないときには，**部分観測マルコフ決定過程**を考える。部分観測マルコフ決定過程では，各時点で，そのときの状態と行動に依存した観測量が得られる。以下では，観測量は有限の集合から得られるものとし，観測量空間を $\mathcal{O}$ と書く。各時点で得られる観測量は，その時点の状態と行動とで確率的に決まり，状態 s で行動 a をとったときに観測量 z が得られる確率を観測確率関数 $p_{\mathrm{obs}}(z \mid s, a)$ が定める。まとめると，部分観測マルコフ決定過程は $(\mathcal{S}, \mathcal{A}, p_{\mathrm{tra}}, r, \mathcal{O}, p_{\mathrm{obs}})$ の六つ組で規定される。

部分観測マルコフ決定過程でシステムがモデル化されるときに，式 (7.1) の期待累積報酬が最大となるように行動を決める方策を考えたい。マルコフ性を持つ状態 S_t が観測できる（マルコフ決定過程の）場合には，S_t を考慮すれば $t-1$ 以前の履歴を考慮する必要はなかった。したがって，状態から行動への関数として方策を定めることができた。

マルコフ性を持つ状態 S_t が観測されないときには，時点 t で最適な行動は，時点 t までに得られるすべての情報（履歴）H_t に依存しうる。時点 t までに得られる情報には，時点 t までの観測量（$\cdots, O_{t-1}, O_t$）と時点 $t-1$ までの行動（$\cdots, A_{t-2}, A_{t-1}$）がある。これらを履歴

$$H_t \equiv (A_0, O_1, A_1, \cdots, O_{t-1}, A_{t-1}, O_t) \tag{7.70}$$

としてまとめて書こう。部分観測マルコフ決定過程における方策は，各時点 t までの履歴 H_t からつぎの行動 a_t を決める関数となる。即時報酬は，観測される場合と観測されない場合がありうる。即時報酬が観測されるときには，得られる即時報酬を観測量に含めればよい。

行動と観測の履歴 H_t から行動 A_t への関数を方策と考えると，特に意思決定期間が長い場合に，方策を簡潔に表現するのが困難になる。行動と観測の任意の列が履歴になり得るので，H_t の空間のサイズは，意思決定期間長 T について指数的に（$|\mathcal{A}|^T\,|\mathcal{O}|^T$ のオーダーで）増大する。

履歴の代わりに，**信念状態**（belief state）や[6]や**予測ベクトル**（predictive state representation）[45),58),131] で部分観測マルコフ決定過程の「状態」を表す手法も知られている。信念状態 $\mathbf{b}$ は，隠れ状態空間上の確率ベクトルであり，信念状態の i 番目の要素 b_i は，隠れ状態が i 番目の隠れ状態 s_i である確率を表す。すなわち，隠れ状態の確率分布が同じであれば，同じ「状態」であるとみなす。また，予測ベクトルの各要素は，将来の行動の特定の系列を所与としたときの，報酬と観測の特定の系列に対する確率を表す。すなわち，行動の系列が同じであるときに，報酬と観測の系列が同じ確率分布で起こるならば，「状態」は同じであるとみなす。

信念状態や予測ベクトルは，最適な行動を決めるにあたって，十分な情報を持っており，信念状態から行動への関数を方策としても，予測ベクトルから行動への関数を方策としても，履歴から行動への関数を方策とする場合と比べて最適性を失わない。ところが，部分観測マルコフ決定過程の最適方策を求める問題は，一般に計算量的に困難である。具体的には，意思決定期間が有限の場合に最適方策を求める問題は，PSPACE 困難という計算量的に手に負えないクラスに属することが知られている[87]。また，意思決定期間が無限の場合には，累積期待報酬などの目的関数が一定値を上回る方策が存在するかどうかの問題が，一般には決定不可能であることが知られている[61]。したがって，信念状態や予測ベクトルを用いて最適方策を求める場合にも，さまざまな近似手法[30),55),75),89),111),113)]を用いることになる。

以下では，履歴がマルコフ性を持つ状態であると考え，方策は履歴から行動への関数であるとして，この関数を近似するアプローチを考えよう。履歴を直接扱う場合には，マルコフ性を持つ隠れ状態がなにかを意識する必要はない。また，各時点で履歴が観測されると考えてもよいので，履歴すなわちマルコフ性を持つ状態が観測されると考えることができる。このとき，部分観測マルコフ決定過程は（完全観測）マルコフ決定過程とみなすことができるが，状態空間が各時点で大きくなっていき，また各状態には高々一度しか到達しないという点が特殊である。

7.9.2　動的ボルツマンマシンによる強化学習

履歴をマルコフ決定過程の状態とみなして，行動価値関数を近似すると，Q学習やSARSA法を適用できるようになる。履歴を状態とすると，7.5節のGLIE条件を満たさなくなるなど，収束性について理論的な保証を与えるのが難しいが，実用的にはうまくいくことも多い。

履歴は観測と行動の時系列データであるから，行動価値関数は時系列データから実数値への関数である。したがって，関数近似器も時系列データから実数値への関数である必要がある。そのような関数近似器の候補となるのが，5章と6章で議論した時系列モデルである。

これらの時系列モデルは自由エネルギーを持つが，この自由エネルギーは二値ベクトルの時系列から実数値への関数である。したがって，二値ベクトルで観測や行動を表すことができれば，これらの履歴は二値ベクトルの時系列となる。すなわち，時系列モデルの自由エネルギーで部分観測マルコフ決定過程の行動価値関数を近似できる。なお，6章では，連続値をとる時系列モデルも議論したが，本節では，二値ベクトルの時系列モデルだけを考えよう。

自由エネルギーが定義される時系列モデルであれば，どの時系列モデルでもその自由エネルギーで行動価値関数を近似できるが，本節では，6.3節で制約が緩和された動的ボルツマンマシンを考えよう。この動的ボルツマンマシンは，隠れユニットを持たないので，エネルギーが自由エネルギーである。

式 (7.70) の履歴とつぎの行動の組合せでエネルギーが決まるように，時間展開したときに**図 7.2** の構造を持つ動的ボルツマンマシンを考えよう。時点 t の観測量を二値ベクトル $\mathbf{o}^{[t]}$ で表し，時点 t の行動を二値ベクトル $\mathbf{a}^{[t]}$ で表す。7.8 節の制限ボルツマンマシンと同様にして，履歴 $(\mathbf{o}^{[\le t]}, \mathbf{a}^{[<t]})$ を表すユニットを**状態ユニット**と呼び，行動 $\mathbf{a}$ を表すユニットを**行動ユニット**と呼ぼう。

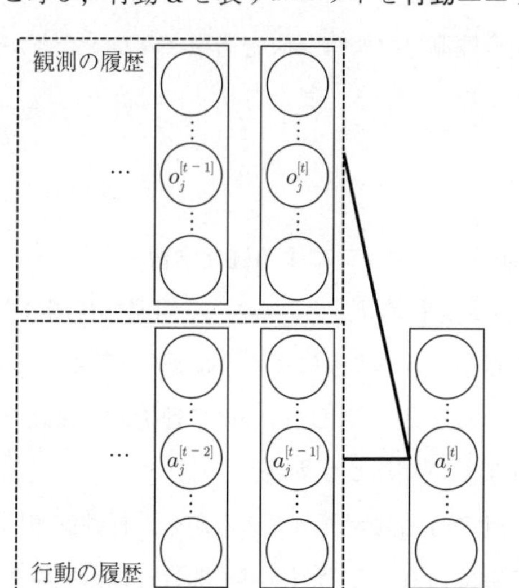

図 7.2　強化学習のための動的ボルツマンマシンの時間展開

式 (6.23) より，この動的ボルツマンマシンのエネルギーは次式で書ける。

$$E_{\boldsymbol{\theta}}(\mathbf{a}^{[t]} \mid \mathbf{o}^{[\le t]}, \mathbf{a}^{[<t]}) = -\left(\mathbf{b}^\top + \sum_{\delta=1}^{d-1} \begin{pmatrix} \mathbf{o}^{[t-\delta+1]} \\ \mathbf{a}^{[t-\delta]} \end{pmatrix}^\top \mathbf{W}^{[\delta]} + \sum_{\ell=1}^{L} (\boldsymbol{\alpha}_{\lambda_\ell}^{[t-1]})^\top \mathbf{U}^{[\ell]} \right) \mathbf{a}^{[t]} \tag{7.71}$$

ただし，各 ℓ について，減衰率を λ_ℓ として，シナプス適格度トレース $\boldsymbol{\alpha}_{\lambda_\ell}^{[t-1]}$ は

次式で再帰的に計算される。

$$\boldsymbol{\alpha}_{\lambda_\ell}^{[t-1]} = \begin{pmatrix} \mathbf{o}^{[t-d+1]} \\ \mathbf{a}^{[t-d]} \end{pmatrix} + \lambda_\ell \, \boldsymbol{\alpha}_{\lambda_\ell}^{[t-2]} \tag{7.72}$$

履歴（$\mathbf{o}^{[\leq t]}, \mathbf{a}^{[<t]}$）が所与のもとで，各行動 $\mathbf{a}^{[t]}$ のエネルギーを考えるので，式 (7.71) は，バイアスが

$$\mathbf{b}^{[t]} \equiv \mathbf{b}^\top + \sum_{\delta=1}^{d-1} \begin{pmatrix} \mathbf{o}^{[t-\delta+1]} \\ \mathbf{a}^{[t-\delta]} \end{pmatrix}^\top \mathbf{W}^{[\delta]} + \sum_{\ell=1}^{L} (\boldsymbol{\alpha}_{\lambda_\ell}^{[t-1]})^\top \, \mathbf{U}^{[\ell]} \tag{7.73}$$

の可視ユニット（行動ユニット）だけからなるボルツマンマシンのエネルギーと等価である。

これに隠れユニットを加えてもよいが，隠れユニットがなくても，図 7.2 の動的ボルツマンマシンでは，状態ユニットと行動ユニットが接続されているので，履歴を通じて行動ユニット間は相関を持つ。これに対して，図 7.1 の制限ボルツマンマシンの場合には，状態ユニットと行動ユニットの間に接続がないために，隠れユニットがないと行動ユニット間は完全に独立であった。

いずれにしても，7.8 節の制限ボルツマンマシンと同様にして，（自由）エネルギーの勾配が効率的に計算できるし，ボルツマン探索法で必要なボルツマン分布からのサンプリングも効率的に行える。特に，隠れユニットがない図 7.2 の動的ボルツマンマシンの場合には，ブロック化ギブスサンプラーの反復は不要であり，1 回で厳密にボルツマン分布に従うサンプリングが可能である。

章　末　問　題

【1】 式 (7.5) を仮定して，無限期間の期待累積報酬が，有限期間の期待累積報酬によって任意の精度で近似できることを示せ。

【2】 補題 7.1 を証明せよ。

付録：隠れユニットを持つ動的ボルツマンマシン

ここでは，図 **A.1** に示すような，隠れユニットを持つ動的ボルツマンマシンを考えてみよう。最も右の層には，ある時点 t の可視ユニットの値 $\mathbf{x}^{[t]}$ と隠れユニットの値 $\mathbf{h}^{[t]}$ が含まれる。右から数えて δ 番目の層の可視ユニットの値 $\mathbf{x}^{[t-\delta]}$ は，時点 $t-\delta$ のパターンを表し，右から数えて δ 番目の層の隠れユニットの値 $\mathbf{h}^{[t-\delta]}$ は，時点 $t-\delta$ における潜在変数の値を表す。各層内のユニットはたがいに接続されない。

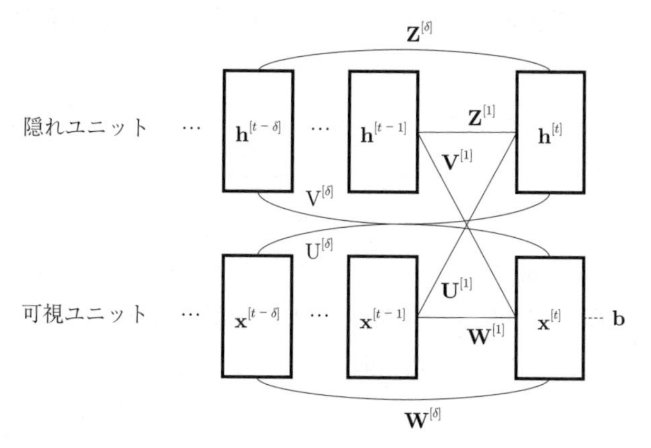

図 **A.1**　隠れユニットを持つ動的ボルツマンマシン

図に示すボルツマンマシンは，バイアス $\mathbf{b}$ と重み（$\mathbf{U}, \mathbf{V}, \mathbf{W}, \mathbf{Z}$）をパラメータに持つ。（過去のユニットから）時点 t の可視ユニット $\mathbf{x}^{[t]}$ につながるパラメータをまとめて $\boldsymbol{\theta} \equiv (\mathbf{V}, \mathbf{W}, \mathbf{b})$ と書き，隠れユニット $\mathbf{h}^{[t]}$ につながるパラメータをまとめて $\boldsymbol{\phi} \equiv (\mathbf{U}, \mathbf{Z})$ と書こう。また，$\mathbf{x}^{[<t]} \equiv (\mathbf{x}^{[s]})_{s<t}$ や $\mathbf{h}^{[<t]} \equiv (\mathbf{h}^{[s]})_{s<t}$ の記法を以下で用いる。

A.1　確　率　分　布

図 A.1 のボルツマンマシンの条件付きエネルギー $E_{\boldsymbol{\theta},\boldsymbol{\phi}}(\mathbf{x}^{[t]}, \mathbf{h}^{[t]} \mid \mathbf{x}^{[<t]}, \mathbf{h}^{[<t]})$ は，時点 t の可視ユニットの値に依存する部分と，時点 t の隠れユニットの値に依存する

部分に分けることができる。

$$E_{\boldsymbol{\theta},\boldsymbol{\phi}}(\mathbf{x}^{[t]}, \mathbf{h}^{[t]} \mid \mathbf{x}^{[<t]}, \mathbf{h}^{[<t]}) \\ = E_{\boldsymbol{\theta}}(\mathbf{x}^{[t]} \mid \mathbf{x}^{[<t]}, \mathbf{h}^{[<t]}) + E_{\boldsymbol{\phi}}(\mathbf{h}^{[t]} \mid \mathbf{x}^{[<t]}, \mathbf{h}^{[<t]}) \tag{A.1}$$

ただし，$E_{\boldsymbol{\theta}}(\mathbf{x}^{[t]} \mid \mathbf{x}^{[<t]}, \mathbf{h}^{[<t]})$ が可視ユニットの値に依存する部分で

$$E_{\boldsymbol{\theta}}(\mathbf{x}^{[t]} \mid \mathbf{x}^{[<t]}, \mathbf{h}^{[<t]}) \\ \equiv -\mathbf{b}^\top \mathbf{x}^{[t]} - \sum_{\delta=1}^{\infty} (\mathbf{x}^{[t-\delta]})^\top \mathbf{W}^{[\delta]} \mathbf{x}^{[t]} - \sum_{\delta=1}^{\infty} (\mathbf{h}^{[t-\delta]})^\top \mathbf{V}^{[\delta]} \mathbf{x}^{[t]} \tag{A.2}$$

と定義され，隠れユニットの値に依存する部分も同様に次式で定義される。

$$E_{\boldsymbol{\theta}}(\mathbf{h}^{[t]} \mid \mathbf{x}^{[<t]}, \mathbf{h}^{[<t]}) \\ \equiv -\mathbf{b}^\top \mathbf{h}^{[t]} - \sum_{\delta=1}^{\infty} (\mathbf{x}^{[t-\delta]})^\top \mathbf{U}^{[\delta]} \mathbf{h}^{[t]} - \sum_{\delta=1}^{\infty} (\mathbf{h}^{[t-\delta]})^\top \mathbf{Z}^{[\delta]} \mathbf{h}^{[t]} \tag{A.3}$$

6.3 節で条件を緩和した動的ボルツマンマシンと同様にして，減衰率 λ を持つシナプス適格度トレースを導入しよう（$0 \leq \lambda < 1$）。また，式 (6.6) の可視ユニットに対応するシナプス適格度トレース $\boldsymbol{\alpha}^{[t-1]}$ と同様にして，隠れユニットのシナプス適格度トレース $\boldsymbol{\beta}^{[t-1]}$ も定義する。

$$\boldsymbol{\alpha}^{[t-1]} \equiv \sum_{\delta=d}^{\infty} \lambda^{\delta-d} \mathbf{x}^{[t-\delta]} \tag{A.4}$$

$$\boldsymbol{\beta}^{[t-1]} \equiv \sum_{\delta=d}^{\infty} \lambda^{\delta-d} \mathbf{h}^{[t-\delta]} \tag{A.5}$$

つぎに $\delta \geq d$ について，各パラメータに以下の形を仮定しよう。

$$\mathbf{W}^{[\delta]} = \lambda^{\delta-d} \mathbf{W}^{[d]} \tag{A.6}$$

$$\mathbf{V}^{[\delta]} = \lambda^{\delta-d} \mathbf{V}^{[d]} \tag{A.7}$$

$$\mathbf{Z}^{[\delta]} = \lambda^{\delta-d} \mathbf{Z}^{[d]} \tag{A.8}$$

$$\mathbf{U}^{[\delta]} = \lambda^{\delta-d} \mathbf{U}^{[d]} \tag{A.9}$$

このとき，シナプス適格度トレースを用いて，条件付きエネルギーは以下のように書ける。

$$E_{\boldsymbol{\theta}}(\mathbf{x}^{[t]} \mid \mathbf{x}^{[<t]}, \mathbf{h}^{[<t]}) \\ = -\mathbf{b}^\top \mathbf{x}^{[t]} - \sum_{\delta=1}^{d-1} (\mathbf{x}^{[t-\delta]})^\top \mathbf{W}^{[\delta]} \mathbf{x}^{[t]} - \sum_{\delta=1}^{d-1} (\mathbf{h}^{[t-\delta]})^\top \mathbf{V}^{[\delta]} \mathbf{x}^{[t]}$$

$$- (\boldsymbol{\alpha}^{[t-1]})^\top \mathbf{W}^{[d]}\,\mathbf{x}^{[t]} - (\boldsymbol{\beta}^{[t-1]})^\top \mathbf{V}^{[d]}\,\mathbf{x}^{[t]} \tag{A.10}$$

$$\begin{aligned} &E_{\boldsymbol{\phi}}(\mathbf{h}^{[t]} \mid \mathbf{x}^{[<t]}, \mathbf{h}^{[<t]}) \\ &= -\sum_{\delta=1}^{d-1} (\mathbf{x}^{[t-\delta]})^\top \mathbf{U}^{[\delta]}\,\mathbf{h}^{[t]} - \sum_{\delta=1}^{d-1} (\mathbf{h}^{[t-\delta]})^\top \mathbf{Z}^{[\delta]}\,\mathbf{h}^{[t]} \\ &\quad - (\boldsymbol{\alpha}^{[t-1]})^\top\,\mathbf{U}^{[d]}\mathbf{h}^{[t]} - (\boldsymbol{\beta}^{[t-1]})^\top\,\mathbf{Z}^{[d]}\mathbf{h}^{[t]} \end{aligned} \tag{A.11}$$

これらの条件付きエネルギーを用いると，$\mathbf{x}^{[<t]}$ と $\mathbf{h}^{[<t]}$ を所与としたときの，時点 t の可視ユニットの値 $\mathbf{x}^{[t]}$ の条件付き確率分布と，隠れユニットの値 $\mathbf{h}^{[t]}$ の条件付き確率分布は次式で書ける。

$$\mathbb{P}_{\boldsymbol{\theta}}(\mathbf{x}^{[t]} \mid \mathbf{x}^{[<t]}, \mathbf{h}^{[<t]}) = \frac{\exp(-E_{\boldsymbol{\theta}}(\mathbf{x}^{[t]} \mid \mathbf{x}^{[<t]}, \mathbf{h}^{[<t]}))}{\sum_{\tilde{\mathbf{x}}^{[t]}} \exp(-E_{\boldsymbol{\theta}}(\tilde{\mathbf{x}}^{[t]} \mid \mathbf{x}^{[<t]}, \mathbf{h}^{[<t]}))} \tag{A.12}$$

$$\mathbb{P}_{\boldsymbol{\phi}}(\mathbf{h}^{[t]} \mid \mathbf{x}^{[<t]}, \mathbf{h}^{[<t]}) = \frac{\exp(-E_{\boldsymbol{\phi}}(\mathbf{h}^{[t]} \mid \mathbf{x}^{[<t]}, \mathbf{h}^{[<t]}))}{\sum_{\tilde{\mathbf{h}}^{[t]}} \exp(-E_{\boldsymbol{\phi}}(\tilde{\mathbf{h}}^{[t]} \mid \mathbf{x}^{[<t]}, \mathbf{h}^{[<t]}))} \tag{A.13}$$

これらの条件付き確率分布を用いて，時系列 $\mathbf{x} \equiv (\mathbf{x}^{[t]})_{t=\ell,\cdots,u}$ の確率分布は次式で与えられる。

$$\mathbb{P}_{\boldsymbol{\theta},\boldsymbol{\phi}}(\mathbf{x}) = \sum_{\tilde{\mathbf{h}}} \mathbb{P}_{\boldsymbol{\phi}}(\tilde{\mathbf{h}} \mid \mathbf{x}) \prod_{t=\ell}^{u} \mathbb{P}_{\boldsymbol{\theta}}(\mathbf{x}^{[t]} \mid \mathbf{x}^{[<t]}, \tilde{\mathbf{h}}^{[<t]}) \tag{A.14}$$

ただし，$\sum_{\tilde{\mathbf{h}}}$ は時点 $t = \ell$ から時点 $t = u$ までの隠れユニットのすべての可能な時系列値に関する和で

$$\mathbb{P}_{\boldsymbol{\phi}}(\tilde{\mathbf{h}} \mid \mathbf{x}) \equiv \prod_{s=\ell}^{u} \mathbb{P}_{\boldsymbol{\phi}}(\tilde{\mathbf{h}}^{[s]} \mid \mathbf{x}^{[<s]}, \tilde{\mathbf{h}}^{[<s]}) \tag{A.15}$$

は，$\mathbf{x}$ を所与としたときの，隠れユニットの時系列値に関する条件付き確率分布とする。なお，上式で，$s < \ell$ については，$\mathbf{x}^{[s]} = \mathbf{0}$ と $\tilde{\mathbf{h}}^{[s]} = \mathbf{0}$ とする。

A.2 学　習　則

訓練データの時系列 $\mathbf{x}$ の対数尤度を厳密に最大にするようにパラメータ $(\boldsymbol{\theta}, \boldsymbol{\phi})$ を学習するのは困難である。ここでは，**イェンセンの不等式**（Jensen's inequality）によって与えられる，対数尤度の下限を最大にしよう。

イェンセンの不等式を用いると，対数尤度の下限が以下のように導かれる。

$$\log \mathbb{P}_{\boldsymbol{\theta},\boldsymbol{\phi}}(\mathbf{x}) = \log\Bigl(\sum_{\tilde{\mathbf{h}}} \mathbb{P}_{\boldsymbol{\phi}}(\tilde{\mathbf{h}} \mid \mathbf{x}) \prod_{t=\ell}^{u} \mathbb{P}_{\boldsymbol{\theta}}(\mathbf{x}^{[t]} \mid \mathbf{x}^{[<t]}, \tilde{\mathbf{h}}^{[<t]})\Bigr) \tag{A.16}$$

$$\geq \sum_{\tilde{\mathbf{h}}} \mathbb{P}_{\boldsymbol{\phi}}(\tilde{\mathbf{h}} \mid \mathbf{x}) \log\Bigl(\prod_{t=\ell}^{u} \mathbb{P}_{\boldsymbol{\theta}}(\mathbf{x}^{[t]} \mid \mathbf{x}^{[<t]}, \tilde{\mathbf{h}}^{[<t]})\Bigr) \tag{A.17}$$

$$= \sum_{\tilde{\mathbf{h}}} \mathbb{P}_{\boldsymbol{\phi}}(\tilde{\mathbf{h}} \mid \mathbf{x}) \sum_{t=\ell}^{u} \log \mathbb{P}_{\boldsymbol{\theta}}(\mathbf{x}^{[t]} \mid \mathbf{x}^{[<t]}, \tilde{\mathbf{h}}^{[<t]}) \tag{A.18}$$

$$= \sum_{t=\ell}^{u} \sum_{\tilde{\mathbf{h}}^{[<t]}} \mathbb{P}_{\boldsymbol{\phi}}(\tilde{\mathbf{h}}^{[<t]} \mid \mathbf{x}^{[<t-1]}) \log \mathbb{P}_{\boldsymbol{\theta}}(\mathbf{x}^{[t]} \mid \mathbf{x}^{[<t]}, \tilde{\mathbf{h}}^{[<t]})$$

$$\equiv L_{\boldsymbol{\theta},\boldsymbol{\phi}}(\mathbf{x}) \tag{A.19}$$

ただし，$\tilde{\mathbf{h}}^{[<t]}$ に関する和は，時点 $t-1$ までの隠れユニットのすべての可能な時系列値に関する和で，また $\mathbb{P}_{\boldsymbol{\phi}}(\tilde{\mathbf{h}}^{[<t]} \mid \mathbf{x}^{[<t-1]})$ は次式で定義される。

$$\mathbb{P}_{\boldsymbol{\phi}}(\tilde{\mathbf{h}}^{[<t]} \mid \mathbf{x}^{[<t-1]}) \equiv \prod_{s=\ell}^{t-1} \mathbb{P}_{\boldsymbol{\phi}}(\tilde{\mathbf{h}}^{[s]} \mid \mathbf{x}^{[<s]}, \tilde{\mathbf{h}}^{[<s]}) \tag{A.20}$$

〔1〕 可視ユニットへの重みの学習　まず，$\boldsymbol{\theta}$ について，対数尤度の下限の勾配を考えてみよう。

$$\boldsymbol{\nabla}_{\boldsymbol{\theta}} L_{\boldsymbol{\theta},\boldsymbol{\phi}}(\mathbf{x}) = \sum_{t=\ell}^{u} \sum_{\tilde{\mathbf{h}}^{[<t]}} \mathbb{P}_{\boldsymbol{\phi}}(\tilde{\mathbf{h}}^{[<t]} \mid \mathbf{x}^{[<t-1]}) \, \boldsymbol{\nabla}_{\boldsymbol{\theta}} \log \mathbb{P}_{\boldsymbol{\theta}}(\mathbf{x}^{[t]} \mid \mathbf{x}^{[<t]}, \tilde{\mathbf{h}}^{[<t]}) \tag{A.21}$$

上式の右辺は勾配の期待値であるから，確率的勾配

$$\boldsymbol{\nabla}_{\boldsymbol{\theta}} \log \mathbb{P}_{\boldsymbol{\theta}}(\mathbf{x}^{[t]} \mid \mathbf{x}^{[<t]}, \boldsymbol{H}^{[<t]}(\omega)) \tag{A.22}$$

を用いて，パラメータを学習することができる。すなわち，各時点 t において，$\mathbb{P}_{\boldsymbol{\phi}}(\cdot \mid \mathbf{x}^{[<t-1]}, \boldsymbol{H}^{[<t-1]}(\omega))$ に従って，隠れユニットの値 $\boldsymbol{H}^{[t-1]}(\omega)$ をサンプリングし，式 (A.22) の確率的勾配に従って，パラメータ $\boldsymbol{\theta}$ を更新すればよい。

サンプリングされた隠れユニットの値を可視ユニットの値と同様に扱うと，式 (A.22) に基づく学習則は，可視ユニットしかない場合の動的ボルツマンマシンの学習則と同じである。したがって，6.2 節の学習則と同様にして，各 δ（$1 \leq \delta < d$）について，$\boldsymbol{\theta}$ の学習則を以下のように導くことができる。

$$\mathbf{b} \leftarrow \mathbf{b} + \eta\Bigl(\mathbf{x}^{[t]} - \mathbb{E}_{\boldsymbol{\theta}}\bigl[\boldsymbol{X}^{[t]} \mid \mathbf{x}^{[<t]}, \boldsymbol{H}^{[<t]}(\omega)\bigr]\Bigr) \tag{A.23}$$

$$\mathbf{W}^{[d]} \leftarrow \mathbf{W}^{[d]} + \eta\,\boldsymbol{\alpha}^{[t-1]}\Bigl(\mathbf{x}^{[t]} - \mathbb{E}_{\boldsymbol{\theta}}\bigl[\boldsymbol{X}^{[t]} \mid \mathbf{x}^{[<t]}, \boldsymbol{H}^{[<t]}(\omega)\bigr]\Bigr)^{\top} \tag{A.24}$$

$$\mathbf{V}^{[d]} \leftarrow \mathbf{V}^{[d]} + \eta\,\boldsymbol{\beta}^{[t-1]}(\omega)\left(\mathbf{x}^{[t]} - \mathbb{E}_{\boldsymbol{\theta}}\left[\boldsymbol{X}^{[t]} \mid \mathbf{x}^{[<t]}, \boldsymbol{H}^{[<t]}(\omega)\right]\right)^{\top} \tag{A.25}$$

$$\mathbf{W}^{[\delta]} \leftarrow \mathbf{W}^{[\delta]} + \eta\,\mathbf{x}^{[t-\delta]}\left(\mathbf{x}^{[t]} - \mathbb{E}_{\boldsymbol{\theta}}\left[\boldsymbol{X}^{[t]} \mid \mathbf{x}^{[<t]}, \boldsymbol{H}^{[<t]}(\omega)\right]\right)^{\top} \tag{A.26}$$

$$\mathbf{V}^{[\delta]} \leftarrow \mathbf{V}^{[\delta]} + \eta\,\boldsymbol{H}^{[t-\delta]}(\omega)\left(\mathbf{x}^{[t]} - \mathbb{E}_{\boldsymbol{\theta}}\left[\boldsymbol{X}^{[t]} \mid \mathbf{x}^{[<t]}, \boldsymbol{H}^{[<t]}(\omega)\right]\right)^{\top} \tag{A.27}$$

ただし，$\mathbb{E}_{\boldsymbol{\theta}}[\boldsymbol{X}^{[t]} \mid \mathbf{x}^{[<t]}, \boldsymbol{H}^{[<t]}(\omega)]$ は条件付き確率分布 $\mathbb{P}_{\boldsymbol{\theta}}(\cdot \mid \mathbf{x}^{[<t]}, \boldsymbol{H}^{[<t]}(\omega))$ に関する条件付き期待値で，また隠れユニットの値はサンプリングされることから，そのシナプス適格度トレースも

$$\boldsymbol{\beta}^{[s-1]}(\omega) = \sum_{\delta=d}^{\infty} \lambda^{\delta-d}\,\boldsymbol{H}^{[s-\delta]}(\omega) \tag{A.28}$$

と ω を付けて表記している。

〔**2**〕 **隠れユニットへの重みの学習**　　つぎに，$L_{\boldsymbol{\theta},\boldsymbol{\phi}}(\mathbf{x})$ の $\boldsymbol{\phi}$ に関する勾配を考えよう。

$$\boldsymbol{\nabla}_{\boldsymbol{\phi}} L_{\boldsymbol{\theta},\boldsymbol{\phi}}(\mathbf{x}) = \sum_{t=\ell}^{u} \sum_{\tilde{\mathbf{h}}^{[<t]}} \boldsymbol{\nabla}_{\boldsymbol{\phi}} \mathbb{P}_{\boldsymbol{\phi}}(\tilde{\mathbf{h}}^{[<t]} \mid \mathbf{x}^{[<t-1]}) \log \mathbb{P}_{\boldsymbol{\theta}}(\mathbf{x}^{[t]} \mid \mathbf{x}^{[<t]}, \tilde{\mathbf{h}}^{[<t]}) \tag{A.29}$$

であるが，$\boldsymbol{\nabla}_{\boldsymbol{\phi}} \mathbb{P}_{\boldsymbol{\phi}}(\tilde{\mathbf{h}}^{[<t]} \mid \mathbf{x}^{[<t-1]})$ は以下のように書ける。

$$\boldsymbol{\nabla}_{\boldsymbol{\phi}} \mathbb{P}_{\boldsymbol{\phi}}(\tilde{\mathbf{h}}^{[<t]} \mid \mathbf{x}^{[<t-1]})$$

$$= \boldsymbol{\nabla}_{\boldsymbol{\phi}} \prod_{s=\ell}^{t-1} \mathbb{P}_{\boldsymbol{\phi}}(\tilde{\mathbf{h}}^{[s]} \mid \mathbf{x}^{[<s]}, \tilde{\mathbf{h}}^{[<s]}) \tag{A.30}$$

$$= \sum_{s=\ell}^{t-1} \boldsymbol{\nabla}_{\boldsymbol{\phi}} \log \mathbb{P}_{\boldsymbol{\phi}}(\tilde{\mathbf{h}}^{[s]} \mid \mathbf{x}^{[<s]}, \tilde{\mathbf{h}}^{[<s]}) \prod_{s'=\ell}^{t-1} \mathbb{P}_{\boldsymbol{\phi}}(\tilde{\mathbf{h}}^{[s']} \mid \mathbf{x}^{[<s']}, \tilde{\mathbf{h}}^{[<s']}) \tag{A.31}$$

$$= \mathbb{P}_{\boldsymbol{\phi}}(\tilde{\mathbf{h}}^{[<t]} \mid \mathbf{x}^{[<t-1]}) \sum_{s=\ell}^{t-1} \boldsymbol{\nabla}_{\boldsymbol{\phi}} \log \mathbb{P}_{\boldsymbol{\phi}}(\tilde{\mathbf{h}}^{[s]} \mid \mathbf{x}^{[<s]}, \tilde{\mathbf{h}}^{[<s]}) \tag{A.32}$$

式 (A.32) を式 (A.29) に代入すると，$\boldsymbol{\nabla}_{\boldsymbol{\phi}} L_{\boldsymbol{\theta},\boldsymbol{\phi}}(\mathbf{x})$ が，隠れユニットの時系列値に関する期待値で書けることがわかる。

$$\boldsymbol{\nabla}_{\boldsymbol{\phi}} L_{\boldsymbol{\theta},\boldsymbol{\phi}}(\mathbf{x}) = \mathbb{E}\left[\boldsymbol{G}_{t-1}\right] \tag{A.33}$$

ただし，$\boldsymbol{G}_{t-1}$ は次式で定義される。

$$\boldsymbol{G}_{t-1} \equiv \log \mathbb{P}_{\boldsymbol{\theta}}(\mathbf{x}^{[t]} \mid \mathbf{x}^{[<t]}, \boldsymbol{H}^{[<t]}) \sum_{s=\ell}^{t-1} \boldsymbol{\nabla}_{\boldsymbol{\phi}} \log \mathbb{P}_{\boldsymbol{\phi}}(\boldsymbol{H}^{[s]} \mid \mathbf{x}^{[<s]}, \boldsymbol{H}^{[<s]}) \tag{A.34}$$

勾配が隠れユニットの値に関する期待値で書けるので，各時点 t の隠れユニットの値 $\boldsymbol{H}^{[t]}$ を，$\mathbb{P}_{\boldsymbol{\phi}}(\cdot \mid \mathbf{x}^{[<t-1]}, \boldsymbol{H}^{[<t]}(\omega))$ に従ってサンプリングして，確率的勾配

$$\begin{aligned}&\boldsymbol{G}_{t-1}(\omega)\\&\quad\equiv \log \mathbb{P}_{\boldsymbol{\theta}}(\mathbf{x}^{[t]} \mid \mathbf{x}^{[<t]}, \boldsymbol{H}^{[<t]}(\omega)) \sum_{s=\ell}^{t-1} \boldsymbol{\nabla}_{\boldsymbol{\phi}} \log \mathbb{P}_{\boldsymbol{\phi}}(\boldsymbol{H}^{[s]}(\omega) \mid \mathbf{x}^{[<s]}, \boldsymbol{H}^{[<s]}(\omega))\end{aligned} \tag{A.35}$$

に従ってパラメータ $\boldsymbol{\phi}$ を更新してもよい。

すなわち，$\mathbb{E}_{\boldsymbol{\phi}}[\boldsymbol{H}^{[s]} \mid \mathbf{x}^{[<s]}, \boldsymbol{H}^{[<s]}(\omega)]$ を $\mathbb{P}_{\boldsymbol{\phi}}(\cdot \mid \mathbf{x}^{[<s]}, \boldsymbol{H}^{[<s]}(\omega))$ に関する $\boldsymbol{H}^{[s]}$ の期待値とし

$$\boldsymbol{\Delta}_{\boldsymbol{\phi}}^{[s]}(\omega) \equiv \Big(\boldsymbol{H}^{[s]}(\omega) - \mathbb{E}_{\boldsymbol{\phi}}\big[\mathbf{H}^{[s]} \mid \mathbf{x}^{[<s]}, \boldsymbol{H}^{[<s]}(\omega)\big]\Big)^{\top} \tag{A.36}$$

と定義すると，確率的勾配法に基づく $\mathbf{U}$ と $\mathbf{Z}$ に関する以下の学習則が得られる。

$$\mathbf{U}^{[d]} \leftarrow \mathbf{U}^{[d]} + \eta \log \mathbb{P}_{\boldsymbol{\theta}}(\mathbf{x}^{[t]} \mid \mathbf{x}^{[<t]}, \mathbf{h}^{[<t]}) \sum_{s=\ell}^{t-1} \boldsymbol{\alpha}^{[s-1]}\, \Delta_{\boldsymbol{\phi}}^{[s]}(\omega) \tag{A.37}$$

$$\mathbf{Z}^{[d]} \leftarrow \mathbf{Z}^{[d]} + \eta \log \mathbb{P}_{\boldsymbol{\theta}}(\mathbf{x}^{[t]} \mid \mathbf{x}^{[<t]}, \mathbf{h}^{[<t]}) \sum_{s=\ell}^{t-1} \boldsymbol{\beta}^{[s-1]}(\omega)\, \Delta_{\boldsymbol{\phi}}^{[s]}(\omega) \tag{A.38}$$

$$\mathbf{U}^{[\delta]} \leftarrow \mathbf{U}^{[\delta]} + \eta \log \mathbb{P}_{\boldsymbol{\theta}}(\mathbf{x}^{[t]} \mid \mathbf{x}^{[<t]}, \mathbf{h}^{[<t]}) \sum_{s=\ell}^{t-1} \mathbf{x}^{[s-\delta]}\, \Delta_{\boldsymbol{\phi}}^{[s]}(\omega) \tag{A.39}$$

$$\mathbf{Z}^{[\delta]} \leftarrow \mathbf{Z}^{[\delta]} + \eta \log \mathbb{P}_{\boldsymbol{\theta}}(\mathbf{x}^{[t]} \mid \mathbf{x}^{[<t]}, \mathbf{h}^{[<t]}) \sum_{s=\ell}^{t-1} \boldsymbol{H}^{[s-\delta]}(\omega)\, \Delta_{\boldsymbol{\phi}}^{[s]}(\omega) \tag{A.40}$$

ただし，δ は $1 \le \delta < d$ を満たす。

式 (A.33) の勾配は，二つの点でその計算が困難である。まず，式 (A.33) は，隠れユニットの時系列値のサンプル $\boldsymbol{H}^{[<t]}(\omega)$ を用いた確率的勾配で近似できるが，$\boldsymbol{\phi}$ が更新されると，その前にサンプリングされた値を再利用できなくなり，$\boldsymbol{\phi}$ の最新の値に基づくサンプルを新たに生成する必要がある。つぎに，$\boldsymbol{G}_{t-1}(\omega)$ の各項は $\boldsymbol{\phi}$ に依存するので，$\boldsymbol{\phi}$ が更新されたら，$\boldsymbol{G}_{t-1}(\omega)$ を始めから計算しなおす必要がある。したがって，式 (A.35) の確率的勾配を求める計算量は，時系列の長さ $(t-\ell)$ に比例して大きくなる。式 (A.22) の可視ユニットへの重みに関する確率的勾配が，時系列の長さに依存しない時間で計算できるのに対して，この計算量の増大は対照的である。

式 (A.35) の確率的勾配には，$s < t$ についての

$$\log \mathbb{P}_{\boldsymbol{\theta}}(\mathbf{x}^{[t]} \mid \mathbf{x}^{[<t]}, \boldsymbol{H}^{[<t]}(\omega)) \tag{A.41}$$

および

$$\boldsymbol{\nabla}_{\boldsymbol{\phi}} \log \mathbb{P}_{\boldsymbol{\phi}}(\boldsymbol{H}^{[s]}(\omega) \mid \mathbf{x}^{[<s]}, \boldsymbol{H}^{[<s]}(\omega)) \tag{A.42}$$

の積が現れる。かりに式 (A.41) を定数として $\boldsymbol{\phi}$ が更新されると，$\boldsymbol{\phi}$ の更新則は $\boldsymbol{\theta}$ の更新則と同じになり，サンプリングされた $\boldsymbol{H}^{[s]}(\omega)$ がよりサンプリングされやすくなる。しかし，たまたまサンプリングされた $\boldsymbol{H}^{[s]}(\omega)$ を再びサンプリングしたいわけではないので，そのような更新則は望ましくない。式 (A.41) への依存があることで，時点 s にサンプリングされた $\boldsymbol{H}^{[s]}(\omega)$ が時点 t（$t > s$）の予測に有用であったときには，s までの履歴が同じ条件であれば $\boldsymbol{H}^{[s]}(\omega)$ がよりサンプリングされるように，$\boldsymbol{\phi}$ の値が更新される。ある隠れユニットの値が将来の予測に役立つかどうかは，将来の値を観測してからでないとわからないので，式 (A.41) と式 (A.42) の積が勾配に現れるのは避けられないことが直感的に理解できるだろう。

〔3〕近　　似　式 (A.35) の $\boldsymbol{G}_t(\omega)$ に現れる和

$$\boldsymbol{J}_t(\omega) \equiv \sum_{s=\ell}^{t-1} \boldsymbol{\nabla}_{\boldsymbol{\phi}} \log \mathbb{P}_{\boldsymbol{\phi}}(\boldsymbol{H}^{[s]}(\omega) \mid \mathbf{x}^{[<s]}, \boldsymbol{H}^{[<s]}(\omega)) \tag{A.43}$$

を再帰的に計算する近似手法を考えよう。割引率を $\gamma \in [0, 1)$ とした，以下の再帰式が考えられる。

$$\boldsymbol{J}_t(\omega) \leftarrow \gamma\, \boldsymbol{J}_{t-1}(\omega) + (1-\gamma) \boldsymbol{\nabla}_{\boldsymbol{\phi}} \log \mathbb{P}_{\boldsymbol{\phi}}(\boldsymbol{H}^{[t]}(\omega) \mid \mathbf{x}^{[<t]}, \boldsymbol{H}^{[<t]}(\omega)) \tag{A.44}$$

この再帰式を用いると，$\boldsymbol{\phi}$ の古い（$s < t$）値で求められた

$$\boldsymbol{\nabla}_{\boldsymbol{\phi}} \log \mathbb{P}_{\boldsymbol{\phi}}(\boldsymbol{H}^{[s]}(\omega) \mid \mathbf{x}^{[<s]}, \boldsymbol{H}^{[<s]}(\omega)) \tag{A.45}$$

に対して，古いほど指数的に小さな重み γ^{t-s} を掛けて $\boldsymbol{J}_t(\omega)$ の和を求めることになる。

式 (A.37)～(A.40) においては，$\mathbb{E}_{\boldsymbol{\phi}}[\boldsymbol{H}^{[s]} \mid \mathbf{x}^{[<s]}, \boldsymbol{H}^{[<s]}(\omega)]$ の値は $\boldsymbol{\phi}$ の最新の値を用いて計算されている。時点 t の直前の $\boldsymbol{\phi}$ の値を $\boldsymbol{\phi}^{[t-1]}$ とすると，式 (A.44) を再帰的に適用して得られる確率的勾配を用いた更新式は

$$\eta^{[t]}(\omega) \equiv \eta \log \mathbb{P}_{\boldsymbol{\theta}}(\mathbf{x}^{[t]} \mid \mathbf{x}^{[<t]}, \boldsymbol{H}^{[<t]}(\omega)) \tag{A.46}$$

の定義を用いて，以下で与えられる。

$$\mathbf{U}^{[d]} \leftarrow \mathbf{U}^{[d]} + \eta^{[t]}(\omega)\,(1-\gamma) \sum_{s=\ell}^{t-1} \gamma^{t-1-s}\, \boldsymbol{\alpha}^{[s-1]}\, \Delta^{[s]}_{\boldsymbol{\phi}^{[s-1]}}(\omega) \tag{A.47}$$

$$\mathbf{Z}^{[d]} \leftarrow \mathbf{Z}^{[d]} + \eta^{[t]}(\omega)\,(1-\gamma)\sum_{s=\ell}^{t-1}\gamma^{t-1-s}\,\boldsymbol{\beta}^{[s-1]}(\omega)\,\Delta^{[s]}_{\boldsymbol{\phi}^{[s-1]}}(\omega) \tag{A.48}$$

$$\mathbf{U}^{[\delta]} \leftarrow \mathbf{U}^{[\delta]} + \eta^{[t]}(\omega)\,(1-\gamma)\sum_{s=\ell}^{t-1}\gamma^{t-1-s}\,\mathbf{x}^{[s-\delta]}\,\Delta^{[s]}_{\boldsymbol{\phi}^{[s-1]}}(\omega) \tag{A.49}$$

$$\mathbf{Z}^{[\delta]} \leftarrow \mathbf{Z}^{[\delta]} + \eta^{[t]}(\omega)\,(1-\gamma)\sum_{s=\ell}^{t-1}\gamma^{t-1-s}\,\boldsymbol{H}^{[s-\delta]}(\omega)\,\Delta^{[s]}_{\boldsymbol{\phi}^{[s-1]}}(\omega) \tag{A.50}$$

ただし，各 s について $\boldsymbol{H}^{[s]}(\omega)$ は $\mathbb{P}_{\boldsymbol{\phi}^{[s-1]}}(\cdot \mid \mathbf{x}^{[<s]}, \boldsymbol{H}^{[<s]}(\omega))$ に従うサンプルである。

なお，式 (A.47)～(A.50) の

$$\boldsymbol{J}'_{t-1}(\omega) \equiv \sum_{s=\ell}^{t-1}\gamma^{t-1-s}\,\boldsymbol{\alpha}^{[s-1]}\,\Delta^{[s]}_{\boldsymbol{\phi}^{[s-1]}}(\omega) \tag{A.51}$$

などの項は

$$\boldsymbol{J}'_{t}(\omega) \leftarrow \gamma\,\boldsymbol{J}'_{t-1}(\omega) + (1-\gamma)\,\boldsymbol{\alpha}^{[t-1]}\,\Delta^{[s]}_{\boldsymbol{\phi}^{[s-1]}}(\omega) \tag{A.52}$$

などと，再帰的に計算される量である。

本節では，与えられた時系列データの対数尤度の下限を最大にすることを目的とした確率的勾配法に必要な，確率的勾配の近似的な計算方法について議論した。可視ユニットにつながるパラメータ $\boldsymbol{\theta}$ の学習は比較的容易で，隠れユニットにつながるパラメータ $\boldsymbol{\phi}$ の学習は比較的困難であることを確認した。時系列を将来から過去に向かって考えるモデルを考えると，この学習が容易なパラメータと学習が困難なパラメータの関係は一部逆転する。この関係を利用して，時系列データを過去から未来に使うのに加えて，未来から過去にも時系列データを使って学習をする手法も提案されている[80)]。

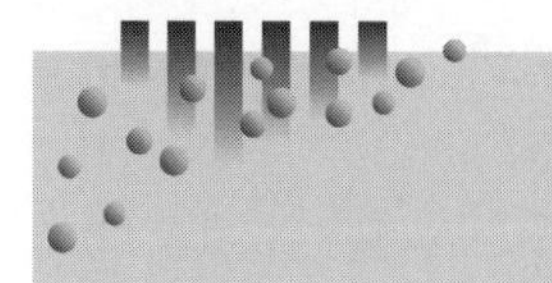

引用・参考文献

1) 機械学習プロフェッショナルシリーズ，講談社

2) L.F. Abbott and S.B. Nelson : Synaptic plasticity: Taming the beast, Nature Neuroscience, **3**, pp.1178–1183 (2000)

3) D.H. Ackley, G.E. Hinton, and T.J. Sejnowski : A learning algorithm for Boltzmann machines, Cognitive Science, **9**, pp.147–169 (1985)

4) S. Amari and H. Nagaoka : Methods of Information Geometry, Oxford University Press (2000)

5) L. Armijo : Minimization of functions having Lipschitz continuous first partial derivatives, Pacific Journal of Mathematics, **16**, 1, pp.1–3 (1966)

6) K.J. Åström : Optimal control of Markov processes with incomplete state information, Journal of Mathematical Analysis and Applications, **10**, pp.174–205 (1965)

7) R. Bellman : Dynamic programming, Princeton University Press (1957)

8) R. Bellman : A Markovian decision process, Journal of Mathematics and Mechanics, **6**, 4, pp.679–684 (1957)

9) Y. Bengio and J.-S. Senécal : Quick training of probabilistic neural nets by importance sampling, In Proceedings of the 9th International Workshop on Artificial Intelligence and Statistics (AISTATS 2003) (Jan. 2003)

10) Y. Bengio and J.-S. Senécal : Adaptive importance sampling to accelerate training of a neural probabilistic language model, IEEE Transactions on Neural Networks, **19**, 4, pp.713–722 (2008)

11) G. Bi and M. Poo : Synaptic modifications in cultured hippocampal neurons; Dependence on spike timing, synaptic strength, and postsynaptic cell type, Journal of Neuroscience, **18**, pp.10464–10472 (1998)

12) C.M. Bishop : Pattern Recognition and Machine Learning, Information Science and Statistics, Springer (2006)

13) L. Bottou : Online learning and stochastic approximations, In D. Saad, editor, On-Line Learning in Neural Networks, chapter 2, pp.9–42, Cambridge

University Press (2009)

14) N. Boulanger-Lewandowski, Y. Bengio, and P. Vincent：Modeling temporal dependencies in high-dimensional sequences: Application to polyphonic music generation and transcription, In Proceedings of the 29th International Conference on Machine Learning (ICML 2012), pp.1159–1166 (Jun. 2012)

15) M.Á. Carreira-Perpiñán and G.E. Hinton：On contrastive divergence learning, In Proceedings of the 10th International Workshop on Artificial Intelligence and Statistics, pp.33–40 (Jan. 2005)

16) G. Casella and E.I. George：Explaining the Gibbs sampler, The Americal Statistician, **46**, 3, pp.167–174 (1992)

17) K.H. Cho, T. Raiko, and A. Ilin：Gaussian-Bernoulli deep Boltzmann machine, In Proceedings of the 2013 International Joint Conference on Neural Networks (IJCNN), pp.1–7 (Jul. 2013)

18) K.H. Cho, T. Raiko, A. Ilin, and J. Karhunen：A two-stage pretraining algorithm for deep Boltzmann machines, In Proceedings of the 23rd International Conference on Artificial Neural Networks (ICANN 2013), pp.106–113 (Sep. 2013)

19) A. Courville, J. Bergstra, and Y. Bengio：A spike and slab restricted Boltzmann machine, In Proceedings of the 14th International Conference on Artificial Intelligence and Statistics (AISTATS 2011), pp.233–241 (Apr. 2011)

20) A. Courville, J. Bergstra, and Y. Bengio：Unsupervised models of images by spike-and-slab RBMs, In Proceedings of the 28th International Conference on Machine Learning (ICML 2011), pp.1145–1152 (Jun. 2011)

21) Z. Dai, A. Almahairi, P. Bachman, E. Hovy, and A. Courville：Calibrating energy-based generative adversarial networks, CoRR, abs/1702.01691 (presented at the 5th International Conference on Learning Representations (ICLR 2017)) (2017)

22) S. Dasgupta and T. Osogami：Nonlinear dynamic Boltzmann machines for time-series prediction, In Proceedings of the 31st AAAI Conference on Artificial Intelligence (AAAI-17), pp.1833–1839 (Jan. 2017)

23) S. Dasgupta, T. Yoshizumi, and T. Osogami：Regularized dynamic Boltzmann machine with delay pruning for unsupervised learning of tem-

poral sequences, In Proceedings of the 23rd International Conference on Pattern Recognition (ICPR 2016), pp.1201–1206 (Dec. 2016)

24) A. Defazio, F. Bach, and S. Lacoste-Julien：SAGA: A fast incremental gradient method with support for non-strongly convex composite objectives, In Z. Ghahramani, M. Welling, C. Cortes, N.D. Lawrence, and K.Q. Weinberger, editors, Advances in Neural Information Processing Systems 27, pp.1646–1654, Curran Associates, Inc. (2014)

25) J. Duchi, E. Hazan, and Y. Singer：Adaptive subgradient methods for online learning and stochastic optimization, Journal of Machine Learning Research, **12**, pp.2121–2159 (2011)

26) S. Elfwing, E. Uchibe, and K. Doya：From free energy to expected energy: Improving energy-based value function approximation in reinforcement learning, Neural Networks, **84**, pp.17–27 (2016)

27) S. Elfwing, E. Uchibe, and K. Doya：Expected energy-based restricted Boltzmann machine for classification, Neural Networks, **64**, pp.29–38 (2015)

28) I. Goodfellow, J. Pouget-Abadie, M. Mirza, B. Xu, D. Warde-Farley, S. Ozair, A. Courville, and Y. Bengio：Generative adversarial nets, In Z. Ghahramani, M. Welling, C. Cortes, N.D. Lawrence, and K.Q. Weinberger, editors, Advances in Neural Information Processing Systems 27, pp.2672–2680, Curran Associates, Inc. (2014)

29) T. Haarnoja, H. Tang, P. Abbeel, and S. Levine：Reinforcement learning with deep energy-based policies, In Proceedings of the 34th International Conference on Machine Learning (ICML 2017), pp.1352–13618 (Aug. 2017)

30) M. Hauskrecht：Value-function approximations for partially observable Markov decision processes, Journal of Artificial Intelligence Research, **13**, 1, pp.33–94 (2000)

31) D.O. Hebb：The organization of behavior: A neuropsychological approach, Wiley (1949)

32) N. Heess, D. Silver, and Y.W. Teh：Actor-critic reinforcement learning with energy-based policies, In M.P. Deisenroth, C. Szepesvári, and J. Peters, editors, Proceedings of the 10th European Workshop on Reinforcement Learning, volume 24 of Proceedings of Machine Learning Research, pp.45–58, Edinburgh, Scotland (Sep. 2013) PMLR.

33) G.E. Hinton：Training products of experts by minimizing contrastive di-

vergence, Neural Computation, **14**, 8, pp.1771–1800 (Aug. 2002)

34) G.E. Hinton：Boltzmann machines, In C. Sammut and G.I. Webb, editors, Encyclopedia of Machine Learning, Springer (2010)

35) G.E. Hinton, S. Osindero, and Y.-W. Teh：A fast learning algorithm for deep belief nets, Neural Computation, **18**, 7, pp.1527–1554 (Jul. 2006)

36) G.E. Hinton and R. Salakhutdinov：Reducing the dimensionality of data with neural networks, Science, **313**, pp.504–507 (2006)

37) G.E. Hinton and T.J. Sejnowski：Optimal perceptual inference, In Proceedings of IEEE Conference on Computer Vision and Pattern Recognition, pp.448–453 (Jun. 1983)

38) S. Hochreiter and J. Schmidhuber：Long short-term memory, Neural Computation, **9**, 8, pp.1735–1780 (1997)

39) R.A. Howard：Dynamic Programming and Markov Processes, The M.I.T. Press (1960)

40) A. Hyvärinen：Estimation of non-normalized statistical models by score matching, Journal of Machine Learning Research, **6**, pp.695–709 (2005)

41) A. Hyvärinen：Some extensions of score matching, Computational Statistics & Data Analysis, **51**, 5, pp.2499–2512 (2007)

42) A. Hyvärinen：Optimal approximation of signal priors, Neural Computation, **20**, pp.3087–3110 (2008)

43) E. Ising：Beitrag zur theorie des ferromagnetismus, Zeitschrift für Physik, **31**, 1, pp.253–258 (1925)

44) H. Jaeger and H. Haas：Harnessing nonlinearity: Predicting chaotic systems and saving energy in wireless communication, Science, **304**, 5667, pp.78–80 (2004)

45) M.R. James, S. Singh, and M.L. Littman：Planning with predictive state representations, In Proceedings of the 2004 International Conference on Machine Learning and Applications, pp.304–311 (Dec. 2004)

46) R. Johnson and T. Zhang：Accelerating stochastic gradient descent using predictive variance reduction, In C.J.C. Burges, L. Bottou, M. Welling, Z. Ghahramani, and K.Q. Weinberger, editors, Advances in Neural Information Processing Systems 26, pp.315–323, Curran Associates, Inc. (2013)

47) H. Kajino：A functional dynamic Boltzmann machine, In Proceedings of the 26th International Joint Conference on Artificial Intelligence (IJCAI-

17), pp.1987–1993 (Aug. 2017)

48) T. Kim and Y. Bengio : Deep directed generative models with energy-based probability estimation, CoRR, abs/1606.03439 (presented at the Wokshop track of the 4th International Conference on Learning Representations (ICLR 2016)) (2016)

49) R. Kindermann and J.L. Snell : Markov random field and their applications, Americal Mathematical Society (1980)

50) D.P. Kingma and J. Ba : Adam: A method for stochastic optimization, CoRR, abs/1412.6980 (2015)

51) D.P. Kingma and Y. LeCun : Regularized estimation of image statistics by score matching, In J.D. Lafferty, C.K.I. Williams, J. Shawe-Taylor, R.S. Zemel, and A. Culotta, editors, Advances in Neural Information Processing Systems 23, pp.1126–1134, Curran Associates, Inc. (2010)

52) U. Köster, J.T. Lindgren, and A. Hyvärinen : Estimating Markov random field potentials for natural images, In T. Adali T, C. Jutten C, J.M.T. Romano, and A.K. Barros, editors, Independent Component Analysis and Signal Separation, ICA 2009, Lecture Notes in Computer Science, **5441**, pp.515–522, Springer (2009)

53) A. Krizhevsky : Learning multiple layers of features from tiny images, Master's thesis, Computer Science Department, University of Toronto, Toronto, Canada (2009)

54) A. Krizhevsky, I. Sutskever, and G.E. Hinton : ImageNet classification with deep convolutional neural networks, In F. Pereira, C.J.C. Burges, L. Bottou, and K.Q. Weinberger, editors, Advances in Neural Information Processing Systems 25, pp.1097–1105, Curran Associates, Inc. (2012)

55) H. Kurniawati, D. Hsu, and W.S. Lee : SARSOP: Efficient point-based POMDP planning by approximating optimally reachable belief spaces, In Robotics: Science and Systems IV, pp.65–72, MIT Press (2009)

56) A. Lazar, G. Pipa, and J. Triesch : SORN: A self-organizing recurrent neural network, Frontiers in Computational Neurosci., **3**, Article 23 (2009)

57) D.A. Levin, Y. Peres, and E.L. Wilmer : Markov Chains and Mixing Times, American Mathematical Society, first edition (2008)

58) M.L. Littman and R.S. Sutton : Predictive representations of state, In T.G. Dietterich, S. Becker, and Z. Ghahramani, editors, Advances in Neural

Information Processing Systems 14, pp.1555–1561, MIT Press (2002)
59) S. Löwel and W. Singer : Selection of intrinsic horizontal connections in the visual cortex by correlated neuronal activity, Science, **255**, pp.209–212 (1992)
60) S. Lyu : Interpretation and generalization of score matching, In Proceedings of the 25th Conference in Uncertainty in Artificial Intelligence (UAI 2009), pp.359–366 (Jun. 2009)
61) O. Madani, S. Hanks, and A. Condon : On the undecidability of probabilistic planning and related stochastic optimization problems, Artificial Intelligence, **147**, pp.5–34 (2003)
62) T. Marks and J. Movellan : Diffusion networks, products of experts, and factor analysis, In Proceedings of the 3rd International Conference on Independent Component Analysis and Blind Source Separation, pp.481–485 (2001)
63) H. Matthies and G. Strang : The solution of nonlinear finite element equations, International Journal for Numerical Methods in Engineering, **14**, 11, pp.1613–1626 (1979)
64) J. Melchior, A. Fischer, and L. Wiskott : How to center deep Boltzmann machines, Journal of Machine Learning Research, **17**, 99, pp.1–61 (2016)
65) R. Memisevic and G.E. Hinton : Unsupervised learning of image transformations, In Proceedings of the IEEE Conference on Computer Vision and Pattern Recognition (CVPR 2007), pp.1–8 (Jun. 2007)
66) R. Mittelman, B. Kuipers, S. Savarese, and H. Lee : Structured recurrent temporal restricted Boltzmann machines, In Proceedings of the 31st Annual International Conference on Machine Learning (ICML 2014), pp.1647–1655 (Jun. 2014)
67) V. Mnih, K. Kavukcuoglu, D. Silver, A.A. Rusu, J. Veness, M.G. Bellemare, A. Graves, M. Riedmiller, A.K. Fidjeland, G. Ostrovski, S. Petersen, C. Beattie, A. Sadik, I. Antonoglou, H. King, D. Kumaran, D. Wierstra, S. Legg, and D. Hassabis : Human-level control through deep reinforcement learning, Nature, **518**, pp.529–533 (2015)
68) R. Munos and C. Szepesvári : Finite-time bounds for fitted value iteration, Journal of Machine Learning Research, **1**, pp.815–857 (2008)
69) K.P. Murphy : Machine Learning; A Probabilistic Perspective, Adaptive Computation and Machine Learning series, The MIT Press, 1st edition

(2012)

70) R. Neal：Connectionist learning of belief networks, Artificial Intelligence, **56**, pp.71–113 (1992)

71) Y. Nesterov：Introductory Lectures on Convex Optimization: A Basic Course, Springer (2004)

72) J. Nocedal：Updating quasi-Newton matrices with limited storage, Mathematics of Computation, **35**, 151, pp.773–782 (1980)

73) T. Osogami：Iterated risk measures for risk-sensitive Markov decision processes with discounted cost, In Proceedings of the 27th Conference on Uncertainty in Artificial Intelligence (UAI 2011), pp.573–580 (Jul. 2011)

74) T. Osogami：Robustness and risk-sensitivity in Markov decision processes, In F. Pereira, C.J.C. Burges, L. Bottou, and K.Q. Weinberger, editors, Advances in Neural Information Processing Systems 25, pp.233–241, Curran Associates, Inc. (2012)

75) T. Osogami：Robust partially observable Markov decision process, In Proceedings of the 32nd International Conference on Machine Learning (ICML 2015), pp.106–1158 (Jul. 2015)

76) T. Osogami：Learning binary or real-valued time-series via spike-timing dependent plasticity, CoRR, abs/1612.04897 (presented at Computing with Spikes NIPS 2016 Workshop, Barcelona, Spain, December 2016) (2016)

77) T. Osogami：Boltzmann machines and energy-based models, Technical Report RT0979, IBM Research - Tokyo (2017)

78) T. Osogami：Boltzmann machines for time-series, Technical Report RT0980, IBM Research - Tokyo (2017)

79) T. Osogami and S. Dasgupta：Learning the values of the hyperparameters of a dynamic Boltzmann machine, IBM Journal of Research and Development, **61**, 4/5, pp.8:1–8:8 (2017)

80) T. Osogami, H. Kajino, and T. Sekiyama：Bidirectional learning for time-series models with hidden units, In Proceedings of the 34th International Conference on Machine Learning (ICML 2017), pp.2711–2720 (Aug. 2017)

81) T. Osogami and M. Otsuka：Restricted Boltzmann machines modeling human choice, In Z. Ghahramani, M. Welling, C. Cortes, N.D. Lawrence, and K.Q. Weinberger, editors, Advances in Neural Information Processing Systems 27, pp.73–81, Curran Associates, Inc. (2014)

82) T. Osogami and M. Otsuka：Learning dynamic Boltzmann machines with spike-timing dependent plasticity, Technical Report RT0967, IBM Research (2015)

83) T. Osogami and M. Otsuka：Seven neurons memorizing sequences of alphabetical images via spike-timing dependent plasticity, Scientific Reports, **5**, 14149 (2015)

84) T. Osogami and R. Raymond：Determinantal reinforcement learning, In Proceedings of the 33rd AAAI Conference on Artificial Intelligence (AAAI-19) (Jan. 2019)

85) M. Otsuka and T. Osogami：A deep choice model, In Proceedings of the 30th AAAI Conference on Artificial Intelligence (AAAI-16), pp.850–856 (Jan. 2016)

86) M. Otsuka, J. Yoshimoto, and K. Doya：Free-energy-based reinforcement learning in a partially observable environment, In Proceedings of the European Symposium on Artificial Neural Networks — Computational Intelligence and Machine Learning, pp.28–30 (Apr. 2010)

87) C.H. Papadimitriou and J.N. Tsitsiklis：The complexity of Markov decision processes, Mathematics of Operations Research, **12**, 3, pp.441–450 (1987)

88) C. Peterson and J. Anderson：A mean field theory learning algorithm for neural networks, Complex Systems, **1**, 5, pp.995–1019 (1987)

89) J. Pineau, G. Gordon, and S. Thrun：Point-based value iteration: An anytime algorithm for POMDPs, In Proceedings of the 18th International Joint Conference on Artificial Intelligence (IJCAI-03), pp.1025–1032 (Aug. 2003)

90) M.L. Puterman：Markov Decision Processes: Discrete Stochastic Dynamic Programming, John Wiley & Sons, Inc. (2005)

91) N. Qian：On the momentum term in gradient descent learning algorithms, Neural Networks: The Official Journal of the International Neural Network Society, **12**, 1, pp.145–151 (1999)

92) M. Riedmiller：Neural fitted Q iteration — First experiences with a data efficient neural reinforcement learning method, In Proceedings of the European Conference on Machine Learning (ECML 2005), pp.317–328 (Oct. 2005)

93) H. Robbins and S. Monro：A stochastic approximation model, Annals of Mathematical Statistics, **22**, pp.400–407 (1951)

94) N.L. Roux, M. Schmidt, and F.R. Bach：A stochastic gradient method with an exponential convergence rate for finite training sets, In F. Pereira, C.J.C. Burges, L. Bottou, and K.Q. Weinberger, editors, Advances in Neural Information Processing Systems 25, pp.2663–2671, Curran Associates, Inc. (2012)

95) N. Le Roux and Y. Bengio：Representational power of restricted Boltzmann machines and deep belief networks, Neural Computation, **20**, 6, pp.1631–1649 (Jun. 2008)

96) D.E. Rumelhart, G.E. Hinton, and R.J. Williams：Learning internal representations by error propagation, In D.E. Rumelhart, J.L. McClelland, and PDP Research Group, editors, Parallel Distributed Processing: Explorations in the Microstructure of Cognition, vol.1: Foundations, chapter 8, pp.318–362, MIT Press (1986)

97) G.A. Rummery and M. Niranjan：On-line Q-learning using connectionist systems, Technical Report CUED/F-INFENG/TR 166, Cambridge University, Engineering Department (1994)

98) R. Salakhutdinov：Learning deep Boltzmann machines using adaptive MCMC, In Proceedings of the 27th International Conference on International Conference on Machine Learning (ICML 2010), pp.943–950 (2010)

99) R. Salakhutdinov and G. Hinton：An efficient learning procedure for deep Boltzmann machines, Neural Computation, **24**, 8, pp.1967–2006 (2012)

100) R. Salakhutdinov and G.E. Hinton：Deep Boltzmann machines, In Proceedings of the International Conference on Artificial Intelligence and Statistics (AISTATS-2009), pp.448–455 (Apr. 2009)

101) B. Sallans：Reinforcement learning for factored Markov decision processes, PhD thesis (2002)

102) B. Sallans and G.E. Hinton：Using free energies to represent Q-values in a multiagent reinforcement learning task, In T.K. Leen, T.G. Dietterich, and V. Tresp, editors, Advances in Neural Information Processing Systems 13, pp.1075–1081, MIT Press (2001)

103) B. Sallans and G.E. Hinton：Reinforcement learning with factored states and actions, Journal of Machine Learning Research, **5**, pp.1063–1088 (2004)

104) J. Schmidhuber：Learning factorial codes by predictability minimization, Neural Computation, **4**, 6, pp.863–879 (1992)

105) J. Schmidhuber：Deep learning in neural networks: An overview, Neural Networks, **61**, pp.85–117 (2015)

106) B. Schrauwen and L. Buesing：A hierarchy of recurrent networks for speech recognition, In NIPS Workshop on Deep Learning for Speech Recognition and Related Applications (2009)

107) F. Seide, G. Li, and D. Yu：Conversational speech transcription using context-dependent deep neural networks, In Proceedings of the 12th Annual Conference of the International Speech Communication Association, INTERSPEECH, pp.437–440 (Aug. 2011)

108) T.J. Sejnowski：Higher-order Boltzmann machines, American Institute of Physics, Conference Proceedings, **151**, 1, pp.398–403 (1986)

109) S. Shalev-Shwartz and S. Ben-David：Understanding Machine Learning: From Theory to Algorithms, Cambridge University Press, 1st edition (2014)

110) J.R. Shewchuk：An introduction to the conjugate gradient method without the agonizing pain, Technical report, Carnegie Mellon University (Aug. 1994)

111) D. Silver and J. Veness：Monte-Carlo planning in large POMDPs, In J.D. Lafferty, C.K.I. Williams, J. Shawe-Taylor, R.S. Zemel, and A. Culotta, editors, Advances in Neural Information Processing Systems 23, pp.2164–2172, Curran Associates, Inc. (2010)

112) S. Singh, T. Jaakkola, M.L. Littman, and C. Szepesvári：Convergence results for single-step on-policy reinforcement-learning algorithms, Machine Learning, **39**, pp.287–308 (2000)

113) T. Smith and R. Simmons：Heuristic search value iteration for POMDPs, In Proceedings of the 20th Conference on Uncertainty in Artificial Intelligence (UAI 2004), pp.520–527 (Jul. 2004)

114) P. Smolensky：Information processing in dynamical systems: Foundations of harmony theory, In Parallel Distributed Processing: Explorations in the Microstructure of Cognition, Volume 1: Foundations, chapter 6, pp.194–281, MIT Press (1986)

115) N. Srivastava and R. Salakhutdinov：Multimodal learning with deep Boltzmann machines, Journal of Machine Learning Research, **15**, pp.2949–2980 (2014)

116) I. Sutskever and G.E. Hinton：Learning multilevel distributed representa-

tions for high-dimensional sequences, In Proceedings of the 11th International Conference on Artificial Intelligence and Statistics (AISTATS-2007), **2**, pp.548–555, Journal of Machine Learning Research - Proceedings Track (Mar. 2007)

117) I. Sutskever, G.E. Hinton, and G.W. Taylor：The recurrent temporal restricted Boltzmann machine, In Advances in Neural Information Processing Systems 21, pp.1601–1608 (Dec. 2008)

118) K. Swersky, M. Ranzato, D. Buchman, B.M. Marlin, and N. Freitas：On autoencoders and score matching for energy based models, In Proceedings of the 28th International Conference on Machine Learning (ICML 2011), pp.1201–1208 (Jun. 2011)

119) G.W. Taylor and G.E. Hinton：Factored conditional restricted Boltzmann machines for modeling motion style, In Proceedings of the 26th Annual International Conference on Machine Learning (ICML 2009), pp.1025–1032 (Jun. 2009)

120) G.W. Taylor, G.E. Hinton, and S.T. Roweis：Modeling human motion using binary latent variables, In P.B. Schölkopf, J.C. Platt, and T. Hoffman, editors, Advances in Neural Information Processing Systems 19, pp.1345–1352, MIT Press (2007)

121) T. Tieleman：Training restricted Boltzmann machines using approximations to the likelihood gradient, In Proceedings of the 25th International Conference on Machine Learning (ICML 2008), pp.1064–1071 (Jul. 2008)

122) T. Tieleman and G. Hinton：Using fast weights to improve persistent contrastive divergence, In Proceedings of the 26th International Conference on Machine Learning (ICML 2009), pp.1033–1040 (2009)

123) T. Tieleman and G.E. Hinton：Lecture 6.5—Rmsprop: Divide the gradient by a running average of its recent magnitude, COURSERA: Neural Networks for Machine Learning (2012)

124) G.G. Turrigiano and S.B. Nelson：Homeostatic plasticity in the developing nervous system, Nature Reviews Neuroscience, **5**, pp.97–107 (2004)

125) P. Vincent：A connection between score matching and denoising autoencoders, Neural Computation, **23**, 7, pp.1661–1674 (2011)

126) C.J.C.H. Watkins：Learning from Delayed Rewards, PhD thesis (1989)

127) C.J.C.H. Watkins and P. Dayan：Q-learning, Machine Learning, **8**, 3,

pp.279–292 (1992)

128) M. Welling and G.E. Hinton：A new learning algorithm for mean field Boltzmann machines, In Proceedings of the 12th International Conference on Artificial Neural Networks, pp.351–357 (Aug. 2002)

129) M. Welling, M. Rosen-Zvi, and G.E. Hinton：Exponential family harmoniums with an application to information retrieval, In Advances in Neural Information Processing Systems 17, pp.1481–1488 (2004)

130) M. Welling, R.S. Zemel, and G.E. Hinton：Self supervised boosting, In S. Becker, S. Thrun, and K. Obermayer, editors, Advances in Neural Information Processing Systems 15, pp.681–688, MIT Press (2003)

131) D. Wingate：Predictively defined representations of state, In Reinforcement Learning, chapter 12, pp.415–439, Springer Berlin Heidelberg (2012)

132) S. Zhai, Y. Cheng, W. Lu, and Z. Zhang：Deep structured energy based models for anomaly detection, In Proceedings of the 33rd International Conference on Machine Learning (ICML 2016), pp.1100–1109 (Jun. 2016)

133) J.J. Zhao, M. Mathieu, and Y. LeCun：Energy-based generative adversarial network, CoRR, abs/1609.03126 (presented at the 5th International Conference on Learning Representations (ICLR 2017))

134) C.M. ビショップ：パターン認識と機械学習 下，丸善出版 (2012)

135) C.M. ビショップ：パターン認識と機械学習 上，丸善出版 (2012)

136) 中山英樹：画像解析関連コンペティションの潮流，電子情報通信学会誌，**100**, 5, pp.373–380 (2017)

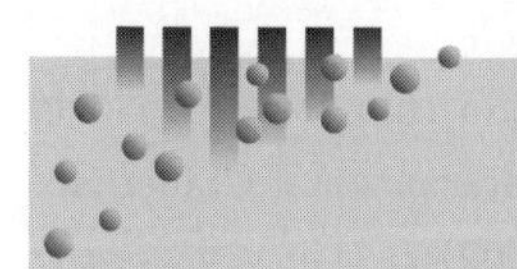

章末問題解答

1章

【1】 $k=1$ のときは，c の定義より

$$||\boldsymbol{\theta}_1-\boldsymbol{\theta}^\star||^2 \leq \frac{c}{1} \tag{1}$$

が成立するので，両辺について期待値をとれば，式 (1.44) が得られる。つぎに

$$\mathbb{E}\left[||\boldsymbol{\theta}_k-\boldsymbol{\theta}^\star||^2\right] \leq \frac{c}{k} \tag{2}$$

を仮定する（帰納法の仮定）。c の定義より

$$c \geq \frac{m^2}{\ell^2} \tag{3}$$

であるから，帰納法の仮定と式 (1.54) とから以下が示される。

$$\begin{aligned}\mathbb{E}\left[||\boldsymbol{\theta}_{k+1}-\boldsymbol{\theta}^\star||^2\right] &\leq \left(1-\frac{2}{k}\right)\frac{c}{k}+\frac{1}{k^2}c && (4)\\ &= \left(\frac{1}{k}-\frac{1}{k^2}\right)c && (5)\\ &\leq \frac{c}{k+1} && (6)\end{aligned}$$

よって，式 (1.44) は $k \leftarrow k+1$ についても成り立つので，帰納法により，任意の k について式 (1.44) が成り立つことが示された。

2章

【1】 式 (2.43) のエネルギーを次式で書き直そう。

$$\begin{aligned}&E_{\boldsymbol{\theta}}(\mathbf{x},\mathbf{h})\\ &\quad= -\left((\mathbf{b}^{\mathrm{V}})^\top\mathbf{x}+\mathbf{x}^\top\mathbf{W}^{\mathrm{VV}}\mathbf{x}\right)-\left((\mathbf{b}^{\mathrm{H}})^\top+\mathbf{x}^\top\mathbf{W}^{\mathrm{VH}}\right)\mathbf{h}-\mathbf{h}^\top\mathbf{W}^{\mathrm{HH}}\mathbf{h}\end{aligned} \tag{1}$$

このエネルギーを用いて，式 (2.55) の条件付き確率分布が定義される。

$$\mathbb{P}_{\boldsymbol{\theta}}(\mathbf{h} \mid \mathbf{x}) = \frac{\exp\left(-E_{\boldsymbol{\theta}}(\mathbf{x}, \mathbf{h})\right)}{\sum_{\tilde{\mathbf{h}}} \exp\left(-E_{\boldsymbol{\theta}}(\mathbf{x}, \tilde{\mathbf{h}})\right)} \tag{2}$$

エネルギー $E_{\boldsymbol{\theta}}(\mathbf{x}, \mathbf{h})$ の右辺の第一項は $\mathbf{h}$ に依存しないので，式 (2) の分母と分子で打ち消しあう。したがって，式 (2.79)，(2.80) で定義されるパラメータ $\boldsymbol{\theta}(\mathbf{x}) \equiv (\mathbf{b}(\mathbf{x}), \mathbf{W}(\mathbf{x}))$ を持つボルツマンマシンを考えよう。このとき

$$\mathbb{P}_{\boldsymbol{\theta}}(\mathbf{h} \mid \mathbf{x}) = \frac{\exp\left(-E_{\boldsymbol{\theta}(\mathbf{x})}(\mathbf{h})\right)}{\sum_{\tilde{\mathbf{h}}} \exp\left(-E_{\boldsymbol{\theta}(\mathbf{x})}(\tilde{\mathbf{h}})\right)} = \mathbb{P}_{\boldsymbol{\theta}(\mathbf{x})}(\mathbf{h}) \tag{3}$$

となるので，補題 2.1 が証明された。

【2】 入力ユニットを補題 2.1 の可視ユニットに対応させ，出力ユニットを補題 2.1 の隠れユニットに対応させよう。すると，入力ユニットの値 $\mathbf{x}$ を所与としたときの出力ユニットの条件付き確率が，ユニット間の結合がなくバイアス $\mathbf{b}(\mathbf{x})$ を持つボルツマンマシンで与えられることがわかる。したがって，入力ユニットの値 $\mathbf{x}$ を所与としたときの出力ユニットの値 $\mathbf{y}$ の条件付き確率は式 (2.174) で与えられる。

【3】 補題 2.2 の式 (2.175) を展開すると

$$\sum_{\tilde{\mathbf{y}}} \exp\left((\mathbf{b}(\mathbf{x}))^\top \tilde{\mathbf{y}}\right) = \sum_{\tilde{\mathbf{y}}} \exp\left(\sum_{i=1}^{N_{\mathrm{out}}} b_i(\mathbf{x})\, \tilde{y}_i\right) \tag{4}$$

$$= \sum_{\tilde{\mathbf{y}}} \prod_{i=1}^{N_{\mathrm{out}}} \exp\left(b_i(\mathbf{x})\, \tilde{y}_i\right) \tag{5}$$

$$= \prod_{i=1}^{N_{\mathrm{out}}} \left(1 + \exp(b_i(\mathbf{x}))\right) \tag{6}$$

となり，証明された。

【4】 補題 2.2 の式 (2.175) より，以下が得られる。

$$\mathbb{P}_{\boldsymbol{\theta}}(\mathbf{y} \mid \mathbf{x}) = \frac{\exp\left(\sum_{i=1}^{N_{\mathrm{out}}} b_i(\mathbf{x})\, y_i\right)}{\prod_{i=1}^{N_{\mathrm{out}}} \left(1 + \exp(b_i(\mathbf{x}))\right)} \tag{7}$$

$$= \prod_{i=1}^{N_{\mathrm{out}}} \mathbb{P}_{\boldsymbol{\theta}}(y_i \mid \mathbf{x}) \tag{8}$$

よって，系 2.1 が証明された。

【5】 式 (2.177) により，i 番目の出力ユニットが値 1 をとる確率は

$$\mathbb{P}_{\boldsymbol{\theta}}(Y_i = 1 \mid \mathbf{x}) = \frac{1}{1 + \exp\left(-b_i(\mathbf{x})\right)} \tag{9}$$

$$= \frac{1}{1 + \exp\left(-(b_i^{\mathrm{O}} + (\mathbf{W}^{\mathrm{IO}}_{:,i})^\top \mathbf{x})\right)} \tag{10}$$

のように書ける。ただし，$\mathbf{W}^{\mathrm{IO}}_{:,i}$ は $\mathbf{W}^{\mathrm{IO}}$ の第 i 列からなる列ベクトルとする。最後の式は，説明変数 $\mathbf{x}$ が二値変数であるロジスティック回帰のモデルと見ることができる。系 2.1 で示された条件付き独立性により，図 2.6 のボルツマンマシンは，共通の説明変数を持つ N 個の独立なロジスティック回帰モデルからなるとみなせる。

3章

【1】 命題 3.1 の式 (3.43) を展開すると

$$\sum_{\tilde{\mathbf{h}}} \mathbb{Q}_{\boldsymbol{\mu}}(\tilde{\mathbf{h}}) \ln \mathbb{Q}_{\boldsymbol{\mu}}(\tilde{\mathbf{h}})$$

$$= \sum_{\tilde{\mathbf{h}}} \left(\prod_i \mathbb{Q}_i(\tilde{h}_i) \right) \ln \prod_j \left(\mathbb{Q}_j(\tilde{h}_j) \right) \tag{1}$$

$$= \sum_j \sum_{\tilde{h}_j} \mathbb{Q}_j(\tilde{h}_j) \ln \mathbb{Q}_j(\tilde{h}_j) \left(\sum_{\tilde{h}_1} \cdots \sum_{\tilde{h}_{j-1}} \sum_{\tilde{h}_{j+1}} \cdots \sum_{\tilde{h}_M} \prod_{i \neq j} \mathbb{Q}_i(\tilde{h}_i) \right) \tag{2}$$

$$= \sum_j \sum_{\tilde{h}_j} \mathbb{Q}_j(\tilde{h}_j) \ln \mathbb{Q}_j(\tilde{h}_j) \tag{3}$$

$$= \sum_j \left(\mu_j \ln \mu_j + (1 - \mu_j) \ln(1 - \mu_j) \right) \tag{4}$$

となり，命題 3.1 が証明された。

【2】 $\tilde{\mathbf{h}}_{\backslash j}$ を $\tilde{\mathbf{h}}$ のうち第 j 要素を除く列ベクトルとし，$\tilde{\mathbf{h}}_{\backslash \{j,k\}}$ を $\tilde{\mathbf{h}}$ のうち第 j 要素と第 k 要素を除く列ベクトルとする。また

$$\mathbb{Q}_{\backslash j}(\tilde{\mathbf{h}}_{\backslash j}) \equiv \prod_{i \neq j} \mathbb{Q}_i(\tilde{h}_i) \tag{5}$$

$$\mathbb{Q}_{\backslash \{j,k\}}(\tilde{\mathbf{h}}_{\backslash \{j,k\}}) \equiv \prod_{i \notin \{j,k\}} \mathbb{Q}_i(\tilde{h}_i) \tag{6}$$

と定義する。このとき，式 (2) の左辺は以下のように書ける。

$$\sum_{\tilde{\mathbf{h}}} \mathbb{Q}_{\boldsymbol{\mu}}(\tilde{\mathbf{h}}) \left(\mathbf{b}^\top \tilde{\mathbf{h}}^\top + \tilde{\mathbf{h}}^\top \mathbf{W} \tilde{\mathbf{h}}\right)$$

$$= \sum_{\tilde{\mathbf{h}}} \left(\prod_i \mathbb{Q}_i(\tilde{h}_i)\right) \left(\sum_j b_j \tilde{h}_j + \sum_{j,k} W_{j,k} \tilde{h}_j \tilde{h}_k\right) \tag{7}$$

$$= \sum_j b_j \sum_{\tilde{h}_j} \mathbb{Q}_j(\tilde{h}_j) \tilde{h}_j \left(\sum_{\tilde{\mathbf{h}}_{\setminus j}} \mathbb{Q}_{\setminus j}(\tilde{\mathbf{h}}_{\setminus j})\right)$$

$$+ \sum_{j,k} W_{j,k} \sum_{\tilde{h}_j} \mathbb{Q}_j(\tilde{h}_j) \tilde{h}_j \sum_{\tilde{h}_k} \mathbb{Q}_k(\tilde{h}_k) \tilde{h}_k \left(\sum_{\tilde{\mathbf{h}}_{\setminus\{j,k\}}} \mathbb{Q}_{\setminus\{j,k\}}(\tilde{\mathbf{h}}_{\setminus\{j,k\}})\right) \tag{8}$$

すべての可能な二値ベクトルについて確率を足し合わせるので

$$\sum_{\tilde{\mathbf{h}}_{\setminus j}} \mathbb{Q}_{\setminus j}(\tilde{\mathbf{h}}_{\setminus j}) = \sum_{\tilde{\mathbf{h}}_{\setminus\{j,k\}}} \mathbb{Q}_{\setminus\{j,k\}}(\tilde{\mathbf{h}}_{\setminus\{j,k\}}) = 1 \tag{9}$$

であり，また，$\sum_{\tilde{h}_j} \mathbb{Q}_j(\tilde{h}_j) = \mu_j$ を用いると

$$\mathbb{Q}_{\boldsymbol{\mu}}(\tilde{\mathbf{h}}) \left(\mathbf{b}^\top \tilde{\mathbf{h}}^\top + \tilde{\mathbf{h}}^\top \mathbf{W} \tilde{\mathbf{h}}\right) = \sum_j b_j \mu_j + \sum_{j,k} W_{j,k} \tilde{\mu}_j \mu_k \tag{10}$$

が得られる。

4章

【1】 まず

$$E_{\boldsymbol{\theta}}^{(i)}(x_i, \mathbf{h}) = \frac{(x_i - b_i^{\mathrm{V}})^2}{2\sigma_i^2} - \sum_{j=1}^{M} x_i \frac{w_{i,j}}{\sigma_i} h_j \tag{1}$$

と定義すると

$$\exp(-E_{\boldsymbol{\theta}}(\mathbf{x}, \mathbf{h})) = \exp((\mathbf{b}^{\mathrm{H}})^\top \mathbf{h}) \prod_{i=1}^{N} \exp(-E_{\boldsymbol{\theta}}^{(i)}(x_i, \mathbf{h})) \tag{2}$$

のように書ける。この形から，$\mathbf{h}$ が所与のときに $\mathbf{x}$ の各要素はたがいに条件付

き独立であることがわかる。$\mathbf{x}$ が所与のときの $\mathbf{h}$ の条件付き独立性も同様に示すことができる。

以上のことから，各ユニットの条件付き確率の積で条件付き確率を書くことができる。

$$p_{\boldsymbol{\theta}}(\mathbf{x} \mid \mathbf{h}) = \prod_{i=1}^{N} p_{\boldsymbol{\theta}}^{(i)}(x_i \mid \mathbf{h}) \tag{3}$$

$$p_{\boldsymbol{\theta}}(\mathbf{h} \mid \mathbf{x}) = \prod_{j=1}^{M} p_{\boldsymbol{\theta}}^{(j)}(h_j \mid \mathbf{x}) \tag{4}$$

このとき，各ユニットの条件付き確率は以下で与えられる。

$$p_{\boldsymbol{\theta}}^{(i)}(x_i \mid \mathbf{h}) \sim \exp\left(-E_{\boldsymbol{\theta}}^{(i)}(x_i, \mathbf{h})\right) \tag{5}$$

$$= \exp\left(-\frac{x_i^2 - 2\left(b_i^{\mathrm{V}} + \sigma_i \sum_{j=1}^{M} w_{i,j}\, h_j + (b_i^{\mathrm{V}})^2\right)}{2\,\sigma_i^2}\right) \tag{6}$$

$$\sim \exp\left(-\frac{\left(x_i - \left(b_i^{\mathrm{V}} + \sigma_i \sum_{j=1}^{M} w_{i,j}\, h_j\right)\right)^2}{2\,\sigma_i^2}\right) \tag{7}$$

$$p_{\boldsymbol{\theta}}^{(j)}(h_j \mid \mathbf{x}) \sim \exp\left(\left(b_j^{\mathrm{H}} + \sum_{i=1}^{N} x_i\, \frac{w_{i,j}}{\sigma_i}\right) h_j\right) \tag{8}$$

ただし，可視ユニットは $x_i \in \mathbb{R}$ の実数値をとり，隠れユニットは $h_j \in \{0,1\}$ の二値をとる。確率の総和が 1 となるように正規化されることを考慮すると，式 (4.31) と式 (4.32) が得られる。

5 章 ……………………………………………………………………

【1】 Q_s を $r_i^{[s-1]}$ について偏微分すると，次式が得られる。

$$\frac{\partial Q_s}{\partial r_i^{[s-1]}} = \frac{\partial}{\partial r_i^{[s-1]}} (\mathbf{r}^{[s-1]})^{\top} \mathbf{U}\, \mathbf{h}^{[s]} + \sum_j \frac{\partial r_j^{[s]}}{\partial r_i^{[s-1]}} \frac{\partial Q_{s+1}}{\partial r_j^{[s]}} \tag{1}$$

$$= \mathbf{U}_{i,:}\, \mathbf{h}^{[s]} + \sum_j r_j^{[s]} (1 - r_j^{[s]})\, u_{i,j}\, \frac{\partial Q_{s+1}}{\partial r_j^{[s]}} \tag{2}$$

ただし，$\mathbf{U}$ の i 行目からなる行ベクトルを $\mathbf{U}_{i,:}$ とし，$\mathbf{U}$ の (i,j) 要素を $u_{i,j}$ とする。また，最後の等式は式 (5.30)～(5.33) から示すことができる。ベクトルと行列の記法を用いると，この偏微分を式 (5.37) のように書き直すことができる。

【2】 まず，Q の $\mathbf{U}$ についての勾配を求めてみよう。

$$\frac{\mathrm{d}Q}{\mathrm{d}u_{i,j}} = \sum_{t=0}^{T} \sum_{k} \frac{\partial r_k^{[t]}}{\partial u_{i,j}} \frac{\partial Q}{\partial r_k^{[t]}} + \frac{\partial Q}{\partial u_{i,j}} \tag{3}$$

であるから，式 (5.30)～(5.33) を用いると

$$\frac{\mathrm{d}Q}{\mathrm{d}u_{i,j}} = \sum_{t=1}^{T} r_j^{[t]} \,(1 - r_j^{[t]})\, r_i^{[t-1]} \frac{\partial Q}{\partial r_j^{[t]}} + \sum_{t=1}^{T} r_i^{[t-1]}\, h_j^{[t]} \tag{4}$$

が得られる。ベクトルと行列の記法を用いると，式 (5.41) で書き直すことができる。ほかのパラメータについての勾配も同様に導くことができる。

6章

【1】 式 (6.22) の最後の項は，以下のように二つに分割できる。

$$(\mathbf{x}^{[t]})^\top \mathbf{V}\, \boldsymbol{\gamma}_\mu^{[t-1]} = (\boldsymbol{\gamma}_\mu^{[t-1]})^\top \mathbf{V}\, \mathbf{x}^{[t]} \tag{1}$$

$$= (\boldsymbol{\alpha}_\mu^{[t-1]})^\top \mathbf{V}\, \mathbf{x}^{[t]} + \sum_{\delta=1}^{d-1} (\mathbf{x}^{[t-\delta]})^\top \acute{\mathbf{V}}^{[\delta]}\, \mathbf{x}^{[t]} \tag{2}$$

ただし，シナプス適格度トレースと同様に $\boldsymbol{\alpha}_\mu^{[t-1]}$ が定義されるが，この減衰率は μ である。また，$\acute{\mathbf{V}}^{[\delta]} \equiv \mu^{-\delta}\, \mathbf{V}$ と定義する。さらに，$\mathbf{W}^{[\delta]} \equiv -\mathbf{V}^{[\delta]} - \acute{\mathbf{V}}^{[\delta]}$ と定義して，式 (2) と式 (6.22) とを比べると，式 (6.23) の形で式 (6.22) を書けることがわかる。

【2】 次式のよう形で書き直せる。

$$E_{\boldsymbol{\theta}}(\mathbf{x}^{[t]} \mid \mathbf{x}^{[<t]}) = -\left(\mathbf{b}^\top + \sum_{\delta=1}^{d-1} (\mathbf{x}^{[t-\delta]})^\top \mathbf{W}^{[\delta]} + \sum_{\ell=1}^{L} (\boldsymbol{\gamma}_{\mu_\ell}^{[t-1]})^\top \mathbf{V}_\ell \right) \mathbf{x}^{[t]} \tag{3}$$

【3】 式 (6.23) のエネルギーは，以下の制約を入れると，式 (6.10) のエネルギーに帰着する。

$$\mathbf{W}^{[\delta]} = -\mu^{-\delta}\, \mathbf{V} - \mu^{\delta}\, \mathbf{V}^\top \tag{4}$$

$$\mathbf{U}^{[1]} = \mathbf{U} \tag{5}$$

$$\mathbf{U}^{[2]} = -\mu^{d}\, \mathbf{V}^\top \tag{6}$$

$$\lambda_1 = \lambda \tag{7}$$

$$\lambda_2 = \mu \tag{8}$$

$$L = 2 \tag{9}$$

また，$L > 2$ を許すと，異なる減衰率を持つ適格度トレースを追加することもできる。

【4】 式 (6.17) の右辺の第二項に $x_j^{[t]} = 0$ が与えられると LTD 重み $v_{i,j}$ が増加する傾向がある。これは，シナプス後神経細胞 j が発火しないと，シナプス前神経細胞 i から j の結合に長期抑圧が働くことに対応する。このときの $v_{i,j}$ の増加量が $\beta_i^{[t-1]}$ に比例するが，どれだけ直後に i から j にスパイクが到達するかを $\beta_i^{[t-1]}$ が表している。すぐにスパイクが伝わるのであれば，シナプス後神経細胞 j が発火しなかったときの $v_{i,j}$ の増加量が大きくなる。

さらに，式 (6.17) の右辺の最後の項に $x_i^{[t]} = 0$ が与えられると，LTD 重み $v_{i,j}$ が大きくなる傾向がある。これは，シナプス前神経細胞 j が発火したあとにシナプス後神経細胞 i が発火しないと，長期抑圧が働くことに対応する。このときの $v_{i,j}$ の増加量が $\gamma_j^{[t-1]}$ に比例するが，最近どれだけ頻繁にシナプス前神経細胞 j が発火したかを $\gamma_j^{[t-1]}$ が表している。シナプス前神経細胞 j が発火してから，すぐにシナプス後神経細胞 i が発火しないと $v_{i,j}$ の増加量は比較的大きくなる。

【5】 式 (6.28) の第 j を要素を書き出すと

$$m_j^{[t]} = b_j + \sum_{\delta=1}^{d-1} \sum_{j} x_i^{[t-\delta]}\, w_{i,j}^{[\delta]} + \sum_{\ell=1}^{L} \sum_{j} (\alpha_{\lambda_\ell}^{[t-1]})_i\, u_{i,j}^{[\ell]} \tag{10}$$

が得られる。これを式 (6.37) に代入して，各パラメータについて偏微分すると以下が得られる。

$$\frac{\partial}{\partial b_j} \log p_{\boldsymbol{\theta}}(\mathbf{x}^{[t]} \mid \mathbf{x}^{[<t]}) = \frac{x_j^{[t]} - m_j^{[t]}}{\sigma_j^2} \tag{11}$$

$$\frac{\partial}{\partial \sigma_j} \log p_{\boldsymbol{\theta}}(\mathbf{x}^{[t]} \mid \mathbf{x}^{[<t]}) = -\frac{1}{\sigma_j} + \frac{\left(x_j^{[t]} - m_j^{[t]}\right)^2}{\sigma_j^3} \tag{12}$$

$$\frac{\partial}{\partial w_{i,j}^{[\delta]}} \log p_{\boldsymbol{\theta}}(\mathbf{x}^{[t]} \mid \mathbf{x}^{[<t]}) = \frac{x_j^{[t]} - m_j^{[t]}}{\sigma_j^2}\, x_i^{[t-\delta]} \tag{13}$$

$$\frac{\partial}{\partial u_{i,j}^{[\ell]}} \log p_{\boldsymbol{\theta}}(\mathbf{x}^{[t]} \mid \mathbf{x}^{[<t]}) = \frac{x_j^{[t]} - m_j^{[t]}}{\sigma_j^2}\, (\alpha_{\lambda_\ell}^{[t-1]})_i \tag{14}$$

ただし，$\delta \in [1, d-1]$，$\ell \in [1, L]$，$i, j \in [1, N]$ とする。これらの偏微分を行列とベクトルの表記に直すと，式 (6.38)〜(6.41) の学習則が得られる。

7章

【1】 無限期間の期待累積報酬は，任意の T_0 について

$$\sum_{t=0}^{\infty}\gamma^t\,\mathbb{E}\Big[r(S_t,A_t)\Big]=\sum_{t=0}^{T_0-1}\gamma^t\,\mathbb{E}\Big[r(S_t,A_t)\Big]+\sum_{t=T_0}^{\infty}\gamma^t\,\mathbb{E}\Big[r(S_t,A_t)\Big] \tag{1}$$

と書ける。式 (1) の右辺の第一項は，有限期間 $[0,T_0-1]$ の期待累積報酬であるから，任意の $\varepsilon>0$ について，十分に大きな T_0 が存在して式 (1) の右辺の第二項を ε 以下に抑えられることを示せばよい。

式 (7.5) より，式 (1) の右辺の第二項は

$$\left|\sum_{t=T_0}^{\infty}\gamma^t\,\mathbb{E}\Big[r(S_t,A_t)\Big]\right|\le\sum_{t=T_0}^{\infty}\gamma^t\,\bar{r} \tag{2}$$

$$=\frac{\gamma^{T_0}}{1-\gamma}\bar{r} \tag{3}$$

と書けるので

$$T_0>\frac{\log\dfrac{(1-\gamma)\,\varepsilon}{\bar{r}}}{\log\gamma} \tag{4}$$

と選べば，式 (3) を ε より小さくできる。

【2】 式 (7.43) の右辺は $\pi'(s)$ によって最大になるので

$$\begin{aligned}&r(s,\pi'(s))+\gamma\sum_{s'\in\mathcal{S}}p_{\mathrm{tra}}(s'\mid s,\pi'(s))\,v(s')^{\pi}\\&\quad\ge r(s,\pi(s))+\gamma\sum_{s'\in\mathcal{S}}p_{\mathrm{tra}}(s'\mid s,\pi(s))\,v(s')^{\pi}\end{aligned} \tag{5}$$

が成り立つ。式 (7.41) より，上式の右辺は $v^{\pi}(s)$ に等しいので

$$r(s,\pi'(s))+\gamma\sum_{s'\in\mathcal{S}}p_{\mathrm{tra}}(s'\mid s,\pi'(s))\,v(s')^{\pi}\ge v(s)^{\pi} \tag{6}$$

が得られる。

ベクトルと行列の表記を用いると

$$\mathbf{r}^{\pi'}+\gamma\,\mathbf{P}_{\mathrm{tra}}^{\pi'}\,\mathbf{v}^{\pi}\ge\mathbf{v}^{\pi} \tag{7}$$

$$\mathbf{r}^{\pi'}\ge\Big(\mathbf{I}-\gamma\,\mathbf{P}_{\mathrm{tra}}^{\pi'}\Big)\,\mathbf{v}^{\pi} \tag{8}$$

が得られる。両辺に $(\mathbf{I}-\gamma\,\mathbf{P}_{\mathrm{tra}}^{\pi'})^{-1}$ を左から掛けると

$$\left(\mathbf{I}-\gamma\,\mathbf{P}_{\mathrm{tra}}^{\pi'}\right)^{-1}\mathbf{r}^{\pi'} \geq \mathbf{v}^{\pi} \tag{9}$$

が得られる。

なお，$\mathbf{P}_{\mathrm{tra}}^{\pi'}$ は確率行列で $0<\gamma<1$ であるから，逆行列は存在する。上式の左辺は $\mathbf{v}^{\pi'}$ と等しいので，補題 7.1 が証明された。

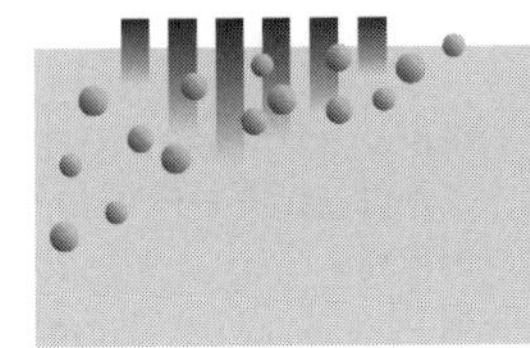

索　　引

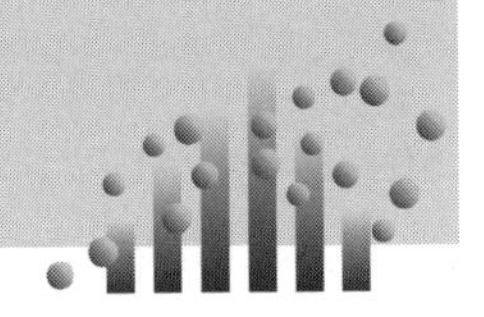

—— 著者略歴 ——

1998年　東京大学工学部電子工学科卒業
1998年　日本アイ・ビー・エム株式会社 東京基礎研究所 研究員
　　　　現在に至る
2001～
2005年　米国カーネギーメロン大学留学
2005年　カーネギーメロン大学コンピュータ・サイエンス学部博士課程修了，Ph.D

ボルツマンマシン
Boltzmann Machines

2019 年 2 月 22 日　初版第 1 刷発行
2019 年 8 月 10 日　初版第 2 刷発行

検印省略

著　者　恐神（おそがみ） 貴行（たかゆき）
発 行 者　株式会社　コ ロ ナ 社
　　　　代 表 者　牛 来 真 也
印 刷 所　三 美 印 刷 株 式 会 社
製 本 所　有限会社　愛 千 製 本 所

112–0011　東京都文京区千石 4–46–10
発 行 所　株式会社　コ ロ ナ 社
CORONA PUBLISHING CO., LTD.
Tokyo Japan
振替 00140–8–14844・電話(03)3941–3131(代)
ホームページ　http://www.coronasha.co.jp

ISBN 978–4–339–02832–4　C3355　Printed in Japan　（新井）

自然言語処理シリーズ

(各巻A5判)

■監　修　奥村　学

配本順	書名	著者	頁	本体
1.(2回)	言語処理のための機械学習入門	高村大也著	224	2800円
2.(1回)	質問応答システム	磯崎・東中・永田・加藤共著	254	3200円
3.	情報抽出	関根聡著		
4.(4回)	機械翻訳	渡辺・今村・賀沢・Graham・中澤共著	328	4200円
5.(3回)	特許情報処理:言語処理的アプローチ	藤井・谷川・岩山・難波・山本・内山共著	240	3000円
6.	Web言語処理	奥村学著		
7.(5回)	対話システム	中野・駒谷・船越・中野共著	296	3700円
8.(6回)	トピックモデルによる統計的潜在意味解析	佐藤一誠著	272	3500円
9.(8回)	構文解析	鶴岡慶雅・宮尾祐介共著	186	2400円
10.(7回)	文脈解析 —述語項構造・照応・談話構造の解析—	笹野遼平・飯田龍共著	196	2500円
11.(10回)	語学学習支援のための言語処理	永田亮著	222	2900円
12.(9回)	医療言語処理	荒牧英治著	182	2400円
13.	言語処理のための深層学習入門	渡邉・渡辺・進藤・吉野・小田共著		

定価は本体価格+税です。
定価は変更されることがありますのでご了承下さい。

図書目録進呈◆

マルチエージェントシリーズ

（各巻A5判）

■編集委員長　寺野隆雄
■編集委員　和泉　潔・伊藤孝行・大須賀昭彦・川村秀憲・倉橋節也
栗原　聡・平山勝敏・松原繁夫（五十音順）

配本順		書名	著者	頁	本体
A-1		マルチエージェント入門	寺野隆雄他著		
A-2	（2回）	マルチエージェントのための データ解析	和泉　潔・斎藤正也・山田健太共著	192	2500円
A-3		マルチエージェントのための 人工知能	栗原　聡・川村秀憲・松井藤五郎共著		
A-4		マルチエージェントのための 最適化・ゲーム理論	平山勝敏・松原繁夫・松井俊浩共著		
A-5		マルチエージェントのための モデリングとプログラミング	倉橋・高橋・中島・山根共著		
A-6		マルチエージェントのための 行動科学：実験経済学からのアプローチ	西野成昭・花木伸行共著		
B-1		マルチエージェントによる 社会制度設計	伊藤孝行著		
B-2	（1回）	マルチエージェントによる 自律ソフトウェア設計・開発	大須賀・田原・中川・川村共著	224	3000円
B-3		マルチエージェントシミュレーションによる 人流・交通設計	野田五十樹・山下倫央・藤井秀樹共著		
B-4		マルチエージェントによる 協調行動と群知能	秋山英三・佐藤　浩・栗原　聡共著		
B-5		マルチエージェントによる 組織シミュレーション	寺野隆雄著		
B-6		マルチエージェントによる 金融市場のシミュレーション	高安㈴・高安㈹・山田・和泉・水田共著		

定価は本体価格+税です。
定価は変更されることがありますのでご了承下さい。